ZEITSCHRIFT FÜR ANGEWANDTE GEOLOGIE

10 JAHRE
DEUTSCHE
DEMOKRATISCHE
REPUBLIK

HERAUSGEGEBEN VON
DER STAATLICHEN GEOLOGISCHEN KOMMISSION
UND DER ZENTRALEN VORRATSKOMMISSION
DER DEUTSCHEN DEMOKRATISCHEN REPUBLIK

AUS DEM INHALT

AKADEMIE-VERLAG · BERLIN

BAND 5 / HEFT 10
OKTOBER 1959
SEITE 421–516

INHALT

Die ZEITSCHRIFT FÜR ANGEWANDTE GEOLOGIE berichtet ständig ausführlich über folgende Arbeitsgebiete: Geologische Grundlagenforschung und Lagerstättenforschung / Methodik der geologischen Erkundung / Ökonomie und Planung der geologischen Erkundung / Technik der geologischen Erkundung / Geologie und Lagerstättenkunde im Ausland / Bibliographie, Verordnungen, Richtlinien, Konferenzen, Personalnachrichten

Die ZEITSCHRIFT FÜR ANGEWANDTE GEOLOGIE ist kein Organ einer engen Fachgruppe. Auf ihren Seiten können alle strittigen Fragen der praktischen Geologie behandelt werden. Die Autoren übernehmen für ihre Aufsätze die übliche Verantwortung

Herausgeber: Staatliche Geologische Kommission und Zentrale Vorratskommission für mineralische Rohstoffe der Deutschen Demokratischen Republik. Chefredakteur: Prof. Dr. Erich Lange, Berlin. Redaktion: Berlin N. 4, Invalidenstraße 44. Verlag: Akademie-Verlag GmbH, Berlin W 1, Leipziger Straße 3–4 (Fernsprecher 220441, Postscheckkonto: Berlin 35021). Bestellnummer des Heftes: 1047/5/10. Die „Zeitschrift für angewandte Geologie" erscheint monatlich. Bezugspreis 2,– DM je Heft. – Satz und Druck: Druckhaus „Maxim Gorki", Altenburg. Veröffentlicht unter der Lizenznummer ZLN 5008 des Ministeriums für Kultur, Hauptverwaltung Verlagswesen. Karten: MdI der DDR Nr. 4653, 5016, 5028/K 11. Printed in Germany

ZEITSCHRIFT FÜR ANGEWANDTE GEOLOGIE

CHEFREDAKTEUR: PROF. DR. E. LANGE

BAND 5 · OKTOBER 1959 · HEFT 10

Zehn Jahre Deutsche Demokratische Republik

Die Deutsche Demokratische Republik feiert den 10. Jahrestag des Bestehens des ersten Deutschen Arbeiter-und-Bauern-Staates in der Geschichte Deutschlands.

In 10 Jahren unermüdlichen Aufbaues der Grundlagen unserer sozialistischen Ordnung haben die Geologen unserer DDR große und verantwortungsbewußte Arbeit geleistet. Dafür gebührt ihnen Dank und Anerkennung.

Die vor uns stehenden Aufgaben erfordern jedoch gerade von unseren Geologen weiterhin alle Anstrengungen und den vollen Einsatz ihres Wissens und Könnens.

Der weitere Auf- und Ausbau insbesondere unserer Chemie und Metallurgie erfordern eine stetige Erweiterung der Rohstoffbasis.

Die Werktätigen unserer Republik schauen voll Erwartung auf die Ergebnisse der Arbeit unserer Geologen. Erdöl, Erdgas, Eisen und Kohle sowie Kupfer und Blei und viele andere einheimische Rohstoffe sind die unerläßliche Voraussetzung für die weitere rasche Entwicklung unserer Volkswirtschaft und des Lebensstandards der Bevölkerung der DDR.

Die Zielsetzung unserer Pläne in den nächsten Jahren erfordert die Meisterung und Anwendung der fortschrittlichsten Wissenschaft und Technik in der geologischen Arbeit, die Durchsetzung einer guten Ordnung und Disziplin verbunden mit der Anwendung sozialistischer Leitungsmethoden.

Für die erfolgreiche Lösung der bedeutenden volkswirtschaftlichen Aufgaben wünsche ich den Geologen unserer Deutschen Demokratischen Republik anläßlich des 10. Jahrestages unseres Staates viel Erfolg.

(Gregor)

Erster Stellvertreter des Vorsitzenden der Staatlichen Plankommission

Ein Beitrag zur Kenntnis der Erdöllagerstätte Volkenroda

WOLFGANG KARPE, Gotha

1. Einleitung

Seitdem 1930 durch einen Zufall erstmalig Erdöl in größeren Mengen in Volkenroda bekannt wurde und in den folgenden Jahren aus dem Hauptdolomit im Liegenden des Staßfurtsalzes durch Untertagebohrungen gefördert wurde, sind viele Veröffentlichungen über diese Lagerstätte erschienen. Als letzter hat DEUBEL 1954 in einem größeren Rahmen über Volkenroda berichtet.

In letzter Zeit ist das Interesse an Volkenroda und seinem Öl wieder gestiegen.

Die Ergebnisse neuerer, 1956—1958 im Thüringer Becken niedergebrachter Erkundungsbohrungen bestätigten die Tatsache, daß der für Öl und Gas im Hauptdolomit zur Verfügung stehende primäre Speicherraum für eine wirtschaftlich nutzbare Ölführung unbedeutend ist. Die Suche nach Gebieten mit guter sekundärer, an Kluft- und Zerrüttungszonen gebundener Speicherfähigkeit steht im Vordergrund.

Eine Beschäftigung mit dem Volkenrodaer Vorkommen war besonders von tektonisch-lagerstättenkundlicher Sicht aus erforderlich, um zu überprüfen, inwieweit sich hier Gesetzmäßigkeiten nachweisen lassen, die evtl. für die weitere Prospektion auf Erdöl von Wichtigkeit sein könnten. Besonders das Fehlen einer ins Detail gehenden Strukturkarte des Speichers machte eine andersartige Deutung des Erdölfundes von Volkenroda bisher unmöglich. So konzentrierte sich die Arbeit des Verfassers auf die Konstruktion einer solchen. Dazu wurden alle erreichbaren und einigermaßen gesicherten Werte zusammengestellt. Insgesamt sind für die Strukturkarte 179 Untertagebohrungen verwendet worden, die sich über das gesamte, damals aufgefahrene Grubengebäude verteilen. Davon sind 39 Senkrechtbohrungen, der Rest sind mit 45° Neigung niedergebrachte Schrägbohrungen. Die unter Annahme gleichbleibender Neigung gemachten Reduktionen auf die wahren Mächtigkeiten enthalten Fehler, auf die hingewiesen werden soll. Immerhin stimmt eine bei der St. G. K., Berlin, von K. SCHWARZER unabhängig von der des Verfassers angefertigte Strukturkarte sehr gut mit den vorliegenden Ergebnissen überein, obwohl sie nur 8 Schrägbohrungen berücksichtigt.

Der auf seine Lagerung hin untersuchte Hauptdolomit hat im Bereich des Grubenfeldes eine Mächtigkeit von 34 m bis 64 m. Er liegt in dichter Ausbildung, der sogenannten „Volkenrodaer Fazies" DEUBELs vor, einer ausgesprochen erdölhöffigen Fazies. (Näheres über die petrographische Ausbildung siehe DEUBEL 1954.)

2. Die Tektonik des postsalinaren Deckgebirges

Der großtektonische Bau des Deckgebirges im weiteren Bereich des Untersuchungsgebietes, wie er sich an Hand der Grubenaufschlüsse, einiger Tiefbohrungen und vor allem einer von DEUBEL durchgeführten Oberflächenkartierung zu erkennen gibt, wird bestimmt durch die nach ESE zur Ebeleben—Greußener Mulde hin abtauchende und durch einige herzynisch streichende Spezialsättel und -mulden modifizierte Triasplatte, die am rheinisch streichenden Höhenzug des Duen eine deutliche Heraushebung erfährt. Im Gebiet der Pöthenschächte wird die überwiegend bruchlose Tektonik von einer ausgesprochenen Bruchtektonik mit deutlichem Überschiebungscharakter im Salinar abgelöst (Schlotheimer Graben). Sie ist von KNIEG (1956) eingehend beschrieben worden.

Zur Diskussion steht im vorliegenden Falle nur der Bereich der Kaligrube Volkenroda, während Pöthen wegen der geringen Zahl der Aufschlußbohrungen aus den Betrachtungen herausgenommen werden soll.

Die von DEUBEL (1932) im Erdölgebiet von Volkenroda—Pöthen durchgeführte Spezialkartierung läßt eine Anzahl mittelherzynisch streichender Sättel- und Muldenachsen erkennen, die sich nach NW herausheben. Als markantestes Element tritt der Watte-Sattel hervor, der vom Höhenzug der Watte zwischen Menteroda und Holzthalleben (Ausstreichen von mm zwischen mo_1 und mo_2) bis zur Domäne Peuckendorf südlich Kleinbrüchter zu verfolgen ist (Abb. 1). Nach N zu tauchen die Triasschichten flach zur Holzthallebener Mulde ab. Vom Watte-Sattel in SW-Richtung zeigen die Schichten ein sanftes Gefälle, das wenig südlich des Schachtes Volkenroda seinen Tiefpunkt erreicht. Diese als Keulaer Mulde bezeichnete flache Einmuldung streicht dem Watte-Sattel parallel und fällt nach SE zum isolierten Keupervorkommen bei Urbach ein. Nach SW zu steigen dann die Schichten allmählich wieder an und bilden nördlich der Menterodaer Störung einen flachen Sattel. Die Grabenscholle des Schlotheimer Grabens zwischen der Menterodaer- und Schlotheimer Störung zeigt in sich ebenfalls eine flache Wellung. Die angeführten Strukturen sind nach KNIEG als Elemente dritter Ordnung

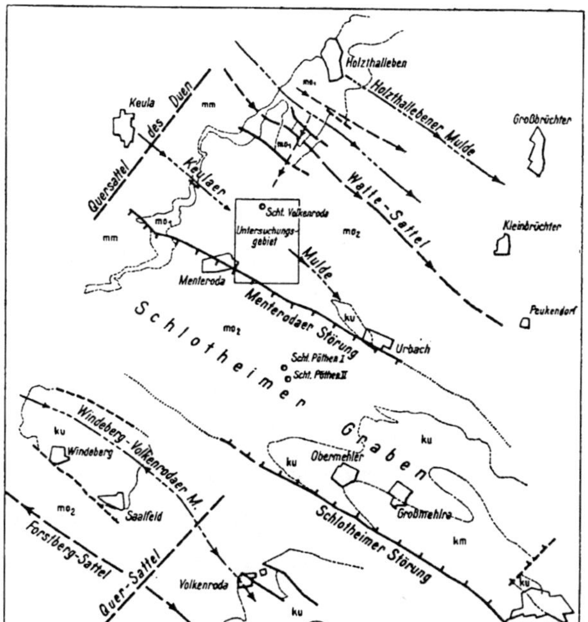

Abb. 1. Tektonische Übersicht des nordwestlichen Schlotheimer Grabens (nach F. DEUBEL 1932)

1 — nachgewiesene Verwerfungen 2 — vermutete Verwerfungen 3 — Erdfallinien 4 — Sattelachsen 5 — Muldenachsen (die Pfeile geben die Richtung des Achsengefälles an)

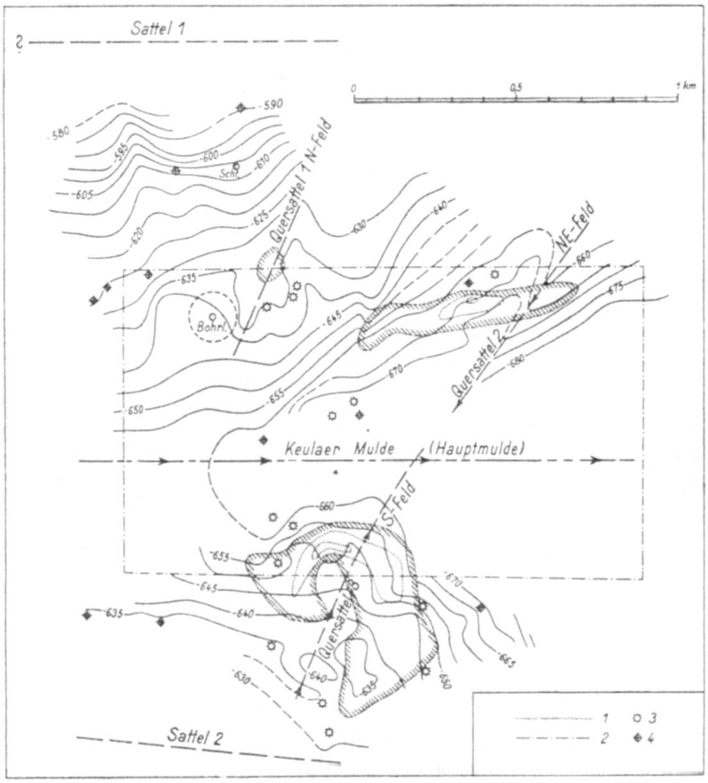

Abb. 2. Strukturkarte des Hauptdolomits (Oberkante) im Bereich der Kaligrube Volkenroda

1 — Linien gleicher Gesamtfördermenge 2 — Umriß des Blockbildes 3 — reine Gasbohrungen 4 — Bohrung verwässert

aufzufassen, wenn man die Thüringer Mulde als Element erster Ordnung und die Keupermulden von Mühlhausen—Langensalza oder Ebeleben z. B. als Elemente zweiter Ordnung betrachtet.

Bemerkenswert und wichtig für die Altersfolge ist die Tatsache, daß der Schlotheimer Graben spießwinklig zur Keulaer Mulde und zum Watte-Sattel verläuft.

3. Lagerungsverhältnisse im Staßfurtsalz und Hauptdolomit

Was die Tektonik in einem tieferen Stockwerk, im Staßfurt-Kalisalz anbelangt, so ist festzustellen, daß grundsätzlich ein ähnlicher Bau vorliegt, wenn man im Bereich der bruchlosen Tektonik bleibt. Eine für die Unterkante des Grauen Salztones gezeichnete Höhenlinienkarte der Grube (vgl. hierzu KNIEG 1956) zeigt ein flaches (durchschnittlich 4°) Einfallen der Schichtung nach SSE auf der S-Flanke des Watte-Sattels. In Höhe der A 23-Strecke schneidet die Achse der Hauptmulde (ALBRECHT 1932) die Hauptförderstrecke. Ihrem Verlauf entspricht über Tage die Keulaer Muldenachse (vgl. SCHWARZER 1958). Sie fällt wie diese nach E hin ein, doch ist sie in ihrer Streichrichtung mehr E—W orientiert. Das gleiche trifft für den Watte-Sattel zu, dessen Achse zwar unter Tage nicht erfaßt, aber aus dem flach erzgebirgischen Verlauf der Streichlinien an seiner S-Flanke gut zu rekonstruieren ist. Im allgemeinen zeigt die N-Flanke der Hauptmulde trotz einiger quergerichteter Unebenheiten, auf die noch zurückzukommen ist, eine relativ einheitliche, ungestörte Lagerung. Auf der S-Flanke dagegen biegen die Höhenlinien, die aus dem B-Feld mit durchschnittlich flach erzgebirgischer Richtung heranstreichen, im Gebiet der Hauptförderstrecke stark nach N aus und östlich davon in die herzyne Richtung um. Sie deuten auf ein quer zum Streichen der Hauptmulde gerichtetes Strukturelement hin.

Erdölgeologisch von besonderem Interesse sind die Strukturen im Liegenden des Staßfurtsalzes, da hier unser Haupterdölspeicher liegt. Auf Grund der Vielzahl der Untertagebohrungen ist es möglich, von der Oberkante des Hauptdolomits eine Höhenlinien-Karte zu zeichnen (Abb. 2).

Der großtektonische Bau zeigt als integrierendes Element die ebenfalls flach nach E eintauchende Achse der Keulaer Mulde, deren Generalstreichen etwa E—W gerichtet ist. Es muß hervorgehoben werden, daß zwischen dem Salinar im Hangenden des Hauptdolomits und dem Hauptdolomit selbst im großtektonischen Bild weitgehendst Konformität besteht. Die N-Flanke mit ihrem flachen Einfallen der Schichtung nach S bzw. SE und einem flach erzgebirgischen Streichen zeigt zudem deutliche Querelemente, die als Quersättel und -mulden zu deuten sind (s. Abb. 3).

Ein 200—300 m südlich des Schachtes gelegener Quersattel deutet sich im Verlauf der Streichlinien durch deutliche Ausbeulungen in Richtung auf die Muldenachse an. Diese Querwölbung ist sehr sanft und hat mehr den Charakter eines Zwischenplateaus. Südöstlich davon wird das Gefälle wieder stärker und erreicht stellenweise wieder 12—15°.

500 m östlich der Hauptstrecke deutet sich ein zweites, wenn auch weniger deutliches Querelement an. Es liegt tiefer an der Nordflanke und scheint durch Störungen noch modifiziert zu sein. Verfasser neigt zu der Auffassung, daß es sich um einen kleinen rheinisch streichenden Quersattel handelt, dessen NW-Flanke

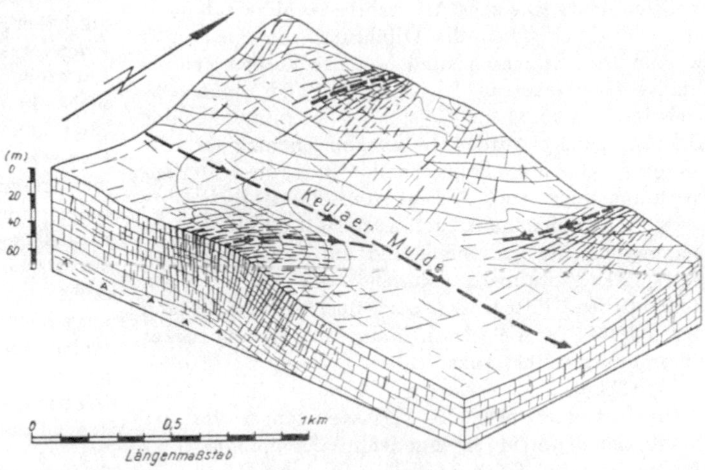

Abb. 3. Blockbild des Hauptdolomitlagers im Bereich der Kaligrube Volkenroda

gestört ist (s. hierzu Abb. 3). Wenn die Deutung der Querelemente an der N-Flanke der Hauptmulde mit großer Vorsicht geschehen muß, so liegen auf dem Gegenflügel die Verhältnisse eindeutiger. Die bei der Beschreibung der Salinartektonik gegebene Andeutung eines Quersattels größeren Ausmaßes trifft auch auf den Hauptdolomit zu. Auch hier zeigen die Höhenlinien jenes merkwürdige umlaufende Streichen, das auf einem Quersattel mit auf die Hauptmulde zu abtauchender Sattelachse hindeutet.

Es liegt im Bereich der Kaligrube Volkenroda demnach eine deutliche Vergitterung tektonischer Achsen vor. Die E—W streichenden Hauptachsen der Keulaer Mulde, des Watte-Sattels (Sattel 1) und des Sattels 2 (nach ALBRECHT 1932) werden überlagert von in ihren Ausmaßen untergeordneten, rheinisch bis erzgebirgisch verlaufenden Querelementen. Inwieweit letztere selbständige tektonische Elemente darstellen, die ihre Prägung in einer von der Hauptfaltung (anti-herzynisch) unabhängigen Faltungsphase mit antirheinisch ansetzendem Kräfteplan erhalten haben, soll nicht entschieden werden. KNIEG (1956) läßt seiner normalmittelherzynischen Einengung, die zur Anlage herzynischer Sattel- und Muldenzonen führte, eine normal erzgebirgische Pressung vorausgehen, die erzgebirgisch bis rheinisch streichende Strukturen schuf. Solche begegnen uns in der Steilkante des Duen, dem Höhenzug der Watte (nicht Watte-Sattel!) und im Quersattel des Forstberges und haben ihrerseits wieder Kleinstrukturen im Gefolge (Abb. 1). Ein Hinweis auf die relative Altersfolge ergibt sich auch im Falle Volkenroda aus dem Abbiegen der Querachsen zur Hauptmulde, d. h., wenn hier primär selbständige Elemente vorgelegen haben, so sind sie von der Hauptfaltung stark überprägt worden.

Auch eine andere Art der Entstehung ist denkbar. Bei einer Rahmenfaltung im Sinne STILLEs, wie sie für die Thüringer Scholle durchaus zutrifft, können sekundäre Druckkomponenten ebenfalls eine Querbeanspruchung hervorrufen. Daß diese in der Nähe des wirksamen Rahmens besonders stark ist, leuchtet ein. Immerhin liegt in unmittelbarer Nachbarschaft die vorwiegend rheinisch orientierte Eichsfeldschwelle.

4. Ölführung und Tektonik

Als erster Bearbeiter hat ALBRECHT (1932) versucht, Zusammenhänge zwischen Ölführung und Tektonik auf Volkenroda zu erkennen. Als wichtigstes Merkmal nennt er „die Abhängigkeit der Ölführung von einer Aufwölbung der Schichten" und faßt das Vorkommen als Flankenlagerstätte an den Sätteln 1 und 2 auf. Das trifft insofern zu, als im Tiefsten der Hauptmulde keine Bohrung fündig wurde. Die zur Speicherung des Öls nötige Zerklüftung (Transversalklüftung) streicht rheinisch und wurde nach Ansicht ALBRECHTs durch echte tektonische Vorgänge erzeugt. Auch DEUBEL (1954) hebt hervor, daß das Öl vorwiegend auf den rheinischen Zerrspalten zirkuliert, während die geschlossenen herzynischen Klüfte trocken sind. Doch wird die Bildung der Klüfte als Folgeerscheinung des Abbaudruckes unter unversetzten Abbaufeldern angesehen (DEUBEL 1954, S. 806).

Die Untersuchungen des Verfassers gingen von der Frage nach der Strukturgebundenheit der ölproduzierenden Sonden aus. Trägt man alle ölfündigen Bohrungen (über $^1/_3$ der Gesamtzahl der Bohrungen) und Quellen in die Strukturkarte ein, so ergeben sich bestimmte Häufungen, auch Ölzellen genannt. Noch deutlicher wird dies, legt man einem Vergleich die Gesamtförderleistung der einzelnen Bohrungen in cbm zugrunde. Es lassen sich drei Ölbezirke unterscheiden:

1. Das Nordfeld

Es liegt im Bereich des Quersattels 1; seine Produktion war gering. Von den wenigen fündigen Bohrungen hat allein die Bohrung a neben der Quelle 1 eine Gesamtförderung von über 1000 cm^3 gebracht (vgl. Abb. 2).

2. Das Nordostfeld

Auch hier liegen mehrere Bohrungen mit einer Gesamtergiebigkeit von mehr als 1000 cm^3, unter ihnen die Bohrung 3a, die produktivste Sonde überhaupt. Beziehungen zu Strukturen des Speichers sind weniger deutlich, doch ist immerhin auffällig, daß der Quersattel 2 dort hindurchstreicht. Die Bohrung 3a liegt auf seiner gestörten NW-Flanke und kann an Zerrüttungszonen gebunden sein, die mit der angenommenen Störung in ursächlichem Zusammenhang stehen. Immerhin muß bei derartigen Ergiebigkeiten schon ein größerer Speicherraum vorliegen.

3. Das Südfeld

Am instruktivsten sind die Verhältnisse auf dem Südflügel der Hauptmulde. Hier liegen alle produktiven Sonden im Bereich einer größeren, sich schon im Staßfurtsalinar andeutenden Querstruktur, während die Bohrungen außerhalb Lauge antrafen oder völlig steril blieben. Konstruiert man Kurven gleicher Förderleistung, so weichen diese richtungsmäßig nur wenig von den Höhenlinien der Dolomitoberkante ab, d. h. sie machen das umlaufende Streichen mit. Die produktivsten Sonden liegen auf den höheren und tieferen Flanken des Spezialsattels 3, während strukturhöher und strukturtiefer Bohrungen geringerer Leistung, vielfach auch reine Gasbohrungen angetroffen werden.

5. Zur Klufttektonik

Die Beziehungen zwischen Tektonik und Ölführung sind m. E. offensichtlich. Besonders die Gebiete, in denen Querelemente auftreten, scheinen zur Ölanreicherung prädestiniert gewesen zu sein. Das hat natürlich seine geomechanischen Gründe, die in einer stärkeren Zerklüftung und Zerrüttung innerhalb der Quersättel zu suchen sind. Hier liegen Bezirke vor, die nacheinander oder gleichzeitig eine doppelte tektonische Beanspruchung in verschiedener Richtung erfahren haben, die selbstverständlich auch eine doppelt intensive Auflockerung des Dolomitgefüges zur Folge hatte. Auf den vornehmlich rheinisch streichenden Klüften und Kluftzonen sammelte sich das Öl an, besonders auf den Flanken, da hier die Auflockerung am intensivsten zu sein scheint. Eine deutliche räumliche Trennung von Gas und Öl scheint bei der Migration nicht stattgefunden zu haben, selbst innerhalb eines Ölfeldes nicht. Die Frage, weshalb oft strukturhöher (jedoch außerhalb der Querzone) nur Lauge angetroffen wird, kann man nicht befriedigend beantworten. Vieles scheint im Charakter eben solcher räumlich eng begrenzter Kluftlagerstätten mit örtlich sehr verschiedenen Speicherbedingungen zu liegen. DEUBELs Ansicht (1949, 1954) indessen befriedigt nicht. Sie berücksichtigt nicht die speziellen tektonischen Bedingungen. Auch ist nicht einzusehen, warum bei einem derart flächenhaften Abbau und den daraus resultierenden Abbaudrucken ausgerechnet gerade bevorzugt rheinische Klüfte aufreißen sollen. Sicherlich hat der Abbaudruck mitgeholfen, die echte tektonisch entstandene starke Klüftung in den Quersattelzonen weiter zu öffnen und dem Öl und Gas einen Weg nach oben zu bahnen.

6. Zusammenfassung

Das Erdölvorkommen von Volkenroda liegt in einem Gebiet vorwiegend bruchloser Tektonik, in der das für die Ölspeicherung wichtige Staßfurtsalz intakt blieb. Die über Tage erkennbare mittelherzynische flache Wellung läßt sich für die Keulaer Mulde auch im Salinar und Hauptdolomit nachweisen, doch scheint die sich nach Westen heraushebende Achse mehr E—W zu streichen. Hinzu kommen deutliche rheinische Querelemente, in denen auf Grund doppelter tektonischer Beanspruchung eine intensive Zerklüftung des Dolomitgefüges vorliegt.

Die drei Ölbezirke zeigen deutliche Beziehungen zur Quertektonik. Nicht durch den Abbau gestörte statische Bedingungen des Grubenfeldes, sondern echte tektonische Vorgänge führten zur Bildung einer Kluftlagerstätte mit unvollkommener, aber deutlicher Strukturgebundenheit.

Bei der weiteren Prospektion auf Erdöl sollte das Augenmerk auf jene Querelemente gelegt werden, die dort, wo sie sich mit herzynischen Achsen vergittern, Anlaß zur Bildung wirtschaftlich nutzbarer Vorkommen geben können.

Literatur

ALBRECHT, H.: Das Erdölvorkommen von Volkenroda. — Kali etc. 26, S. 25—33, 1932.

BENTZ, A.: Geolog. Voraussetzungen für das Auftreten von Erdöllagerstätten in Deutschland. — Z. d. G. G. 84, S. 369, 1932.

DEUBEL, F.: Zur Frage der Erdölhöffigkeit Thüringens. — Z. d. G. G. 84, S. 334, 1932.

— Über das Vorkommen von Erdöl und Erdgas in Thüringen. — Unveröffentlichtes Gutachten, Jena 1949.

— Betrachtungen über das Auftreten von Erdöl und Erdgas im Zechstein des Thüringer Beckens. — Geologie, Jg. 3, H. 6/7, S. 804—831, 1954.

KNIEG, N.: Zur Tektonik des westl. Schlotheimer Grabens (Thüringer Becken) unter besonderer Berücksichtigung der Untertageaufschlüsse des Kaliwerkes Volkenroda. — Pöthen, Diss., Berlin 1956.

STUTZER, O.: Über die im Mikroskop sichtbare Bitumenführung des Hauptdolomits von Volkenroda und des Stinkschiefers von Mansfeld. — Kali, etc. 27, S. 43, 1933.

SCHWARZER, K.: Zur Kenntnis der bisherigen Ergebnisse der Aufschlußtätigkeit auf Erdöl/Erdgas in den Kaligruben Volkenroda—Pöthen und die wichtigsten geologischen Verhältnisse im Gebiet dieser Gruben — zusammengestellt nach bisher vorliegenden Unterlagen. — Zwischenbericht, unveröffentl., StGK. — Zentr. Geol. Dienst, 1958.

Refraktionsseismische Arbeiten in der Egelner Südmulde

(Mitteilung aus dem VEB Geophysik)

WALTER MARTIN, Leipzig

1. Aufgabe

Im Zusammenhang mit Projektierungsarbeiten für den Braunkohlenbergbau wurden im Bereich der Egelner Südmulde vom VEB Geophysik refraktionsseismische Messungen durchgeführt.

Sie hatten die Aufgabe, die Lage der Tertiär-Basis festzustellen. Dies machte sich notwendig, weil durch artesisch gespanntes Wasser im Liegenden des Tertiärs (im Unteren und Oberen Muschelkalk) Schwierigkeiten bei den Tiefbohrungen aufgetreten waren. Durch die Messungen sollten die Endteufen der zur Erkundung der Flöze noch niederzubringenden Tiefbohrungen so festgelegt werden, daß ein Durchstoßen der abdichtenden tonigen Sedimente des Eozäns mit Sicherheit vermieden werden kann.

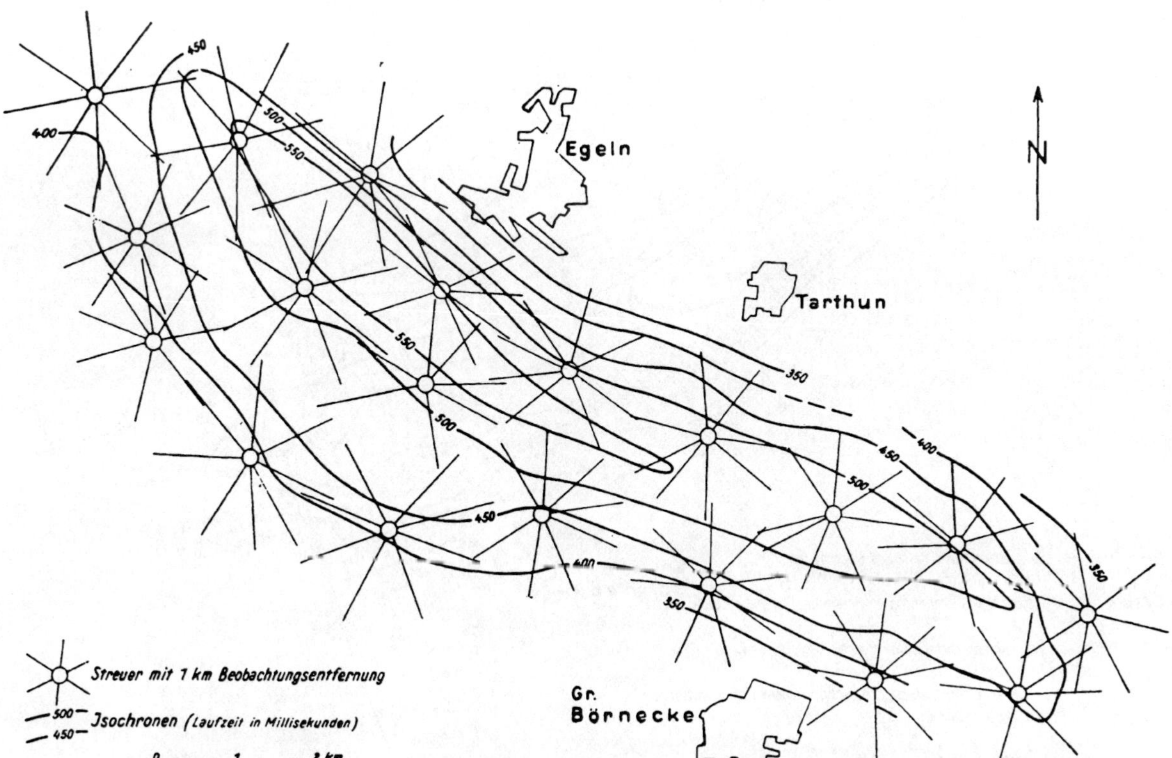

Abb. 1 . Laufzeitplan

1.1 Geologische Bedingungen und geophysikalische Unterlagen

Durch den seit langem umgehenden Bergbau ist der großräumige Bau der Egelner Südmulde zu einem gewissen Grade bekannt. Die Egelner Südmulde gehört zum Staßfurter Rogensteinsattel und streicht wie dieser herzynisch. Den Untergrund der Mulde bilden Schichten der Trias, diskordant überlagert von die Mulde ausfüllenden tertiären und pleistozänen Sedimenten. An der Grenzfläche Tertiär-Trias beißen in südwestlicher Richtung nacheinander Oberer Buntsandstein, Unterer, Mittlerer und Oberer Muschelkalk aus. Diese Schichten fallen nach Südwesten ein, nahe dem Sattel am steilsten. Durch Bohrungen war die größte Tiefe des Prätertiärs mit 258 m ermittelt worden. Die Muldenachse wird nicht in der Mitte der Mulde, sondern näher zum Sattel hin vermutet.

Die Egelner Südmulde ist von der refraktionsseismischen Übersichtsmessung bisher nicht berührt worden.

Die Schwerekarte der DDR zeigt durch eine Minusachse deutlich den Einfluß des Staßfurter Sattels und der Südmulde.

In der geomagnetischen Karte der DDR sind naturgemäß keinerlei Hinweise auf den Sattel oder die Mulde zu bemerken.

2. Arbeitsweise

Der Meßtrupp arbeitete mit 4 Registrierstationen, von denen jede mit 4 elektrodynamischen Seismographen ausgerüstet war.

Die Meßarbeiten gliederten sich in zwei Abschnitte: Streumessungen und Linienbeobachtungen.

2.1 Streumessungen

Zu Beginn wurde das Gebiet der Mulde mit einem Streuernetz (Abb. 1) überdeckt. Im Hinblick auf die notwendige Eindringtiefe wurden 1000 m als konstante Beobachtungsentfernung gewählt. Als Resultat von insgesamt 19 Streuern ergab sich ein Laufzeitplan, der es ermöglichte, die Refraktionslinien in der richtigen Orientierung zur Mulde anzulegen.

2.2 Linienbeobachtungen

Bei Anlage und Durchführung der Linienbeobachtungen (Abb. 2) mußte von der Forderung ausgegangen werden, die Tertiär-Trias-Grenze fortlaufend zu profilieren. Dazu war es notwendig, die Schußpunkte auf dem Refraktionsprofil zu versetzen. Die Abstände zwischen den einzelnen Schußpunkten durften dabei ein gewisses Maß nicht überschreiten. Dieses Maß ergibt sich daraus, daß in beiden Richtungen über die ganze Länge des Refraktionsprofils die von der Tertiär-Trias-Grenze herrührenden ersten Einsätze zumindest lückenlos aneinander schließen, besser aber überlappen müssen. Bei Erfüllung dieser Forderung ist es möglich, aus den Einzellaufzeitkurven gegengeschossene zusammengesetzte Laufzeitkurven zu konstruieren (Abb. 3).

Aus diesen zusammengesetzten Laufzeitkurven wurden Profildarstellungen der Tertiär-Trias-Grenze konstruiert. Erstmalig für den VEB Geophysik wurde dabei

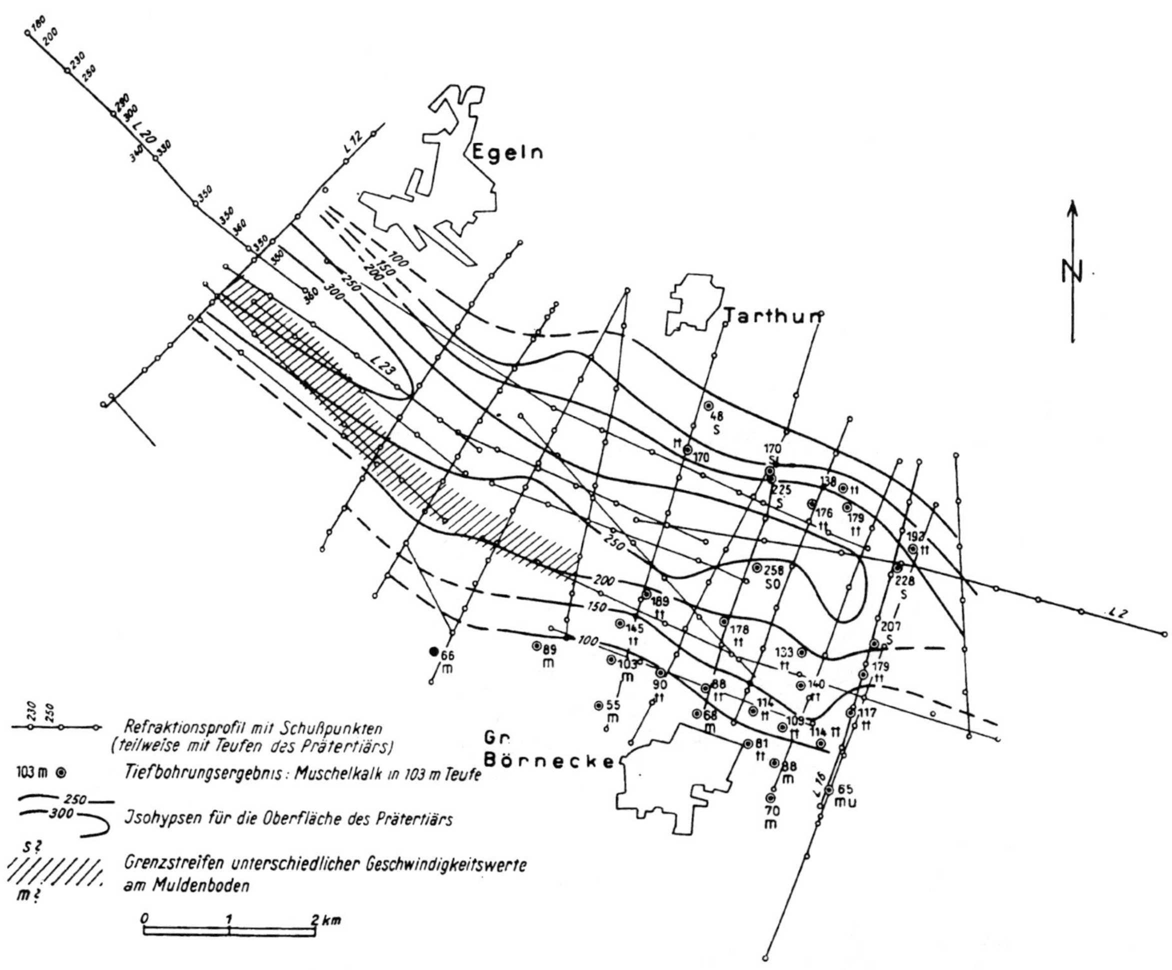

Abb. 2. Linien- und Teufenplan

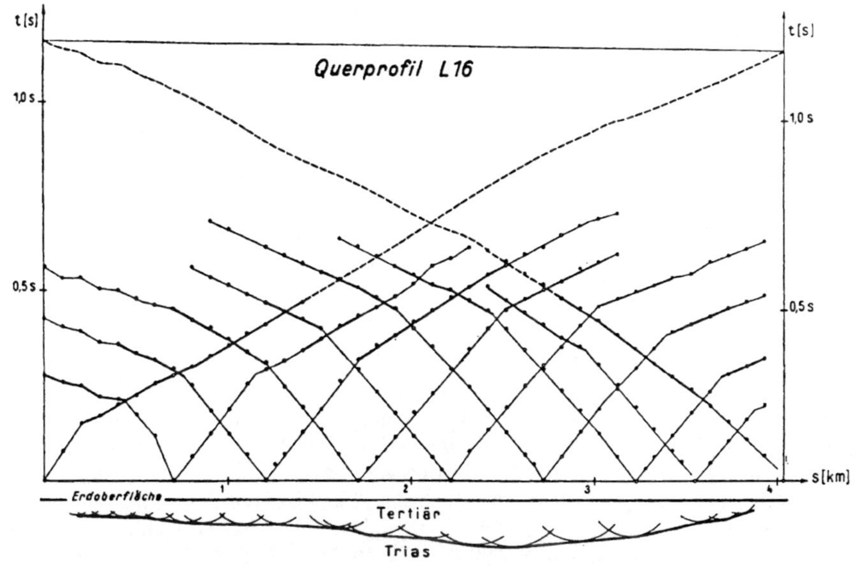

Abb. 3. Laufzeitkurven und zusammengesetzte Laufzeitkurven eines Querprofiles mit Tertiär-Trias-Grenze

das von HALES (1958) angegebene Verfahren angewendet. Die so gewonnenen Profile wurden einer Kontrolle unterworfen. Es wurden in die konstruierten Profilschnitte die kritischen Strahlenwege eingezeichnet und die sich daraus ergebenden Laufzeitwerte in Laufzeitkurven dargestellt. Wenn zwischen einer gemessenen Laufzeitkurve und einer berechneten wesentliche Abweichungen auftraten, wurde das Profil korrigiert, so daß keine größeren Zeitabweichungen als 20 ms vorkommen. In der Regel sind die Abweichungen bedeutend kleiner.

Da sich Quer- und Längsprofile vielfach kreuzen, sind zahlreiche Vergleichsmöglichkeiten gegeben. Danach ist der Schluß gestattet, daß es im allgemeinen gelungen ist, eine Genauigkeit der Teufenangaben von $\pm$ 10% zu erreichen.

3. Ergebnisse

3.1 Laufzeitplan

Der Laufzeitplan, zunächst nur das Ergebnis der Streumessungen, wurde nach Abschluß der gesamten Messungen dadurch noch weiter vervollständigt, daß auch die zahlreichen, aus den Linienbeobachtungen gewonnenen Zeitwerte mit verwendet wurden. Dieses ergänzte Isochronenbild wird in Abb. 1 wiedergegeben.

Im Laufzeitplan zeigt sich die Mulde als Langzeitengebiet, das sich in zwei Teile gliedert. Der südöstliche Teil wird von der flachherzynischen Streichrichtung beherrscht, während der nordwestliche Teil herzynisch gerichtet ist.

Der nordwestliche Teil ist der flächenmäßig größere. Die Isochrone 400 ms umfaßt ein rund 4,5 km breites Areal. Auffällig ist der unsymmetrische Isochronenverlauf. Das Gebiet längster Zeiten, innerhalb der Isochrone 550 ms, liegt dicht an der Nordostflanke, die sich durch enge Scharung der Isochronen deutlich vom Südwesten unterscheidet, wo die Isochronen in relativ weitem Abstand verlaufen und dabei nach Südwesten ausbeulen.

Der südöstliche Teil ist etwa 1 km schmaler als der nordwestliche. Die Isochronen laufen nahezu parallel. Ein Unterschied zwischen Nord- und Südflanke hinsichtlich der Isochronenabstände ist nicht zu erkennen. Laufzeiten von mehr als 0,55 s beschränken sich auf eine schmale von Nordwesten hereinreichende Zunge.

3.2 Geschwindigkeitsverhältnisse

Die Geschwindigkeiten, mit denen die seismischen Longitudinalwellen die beteiligten Gebirgsschichten durchlaufen, sind für die Berechnungen und Konstruktionen der Tertiär-Trias-Grenze von Bedeutung. Die Teufenangaben werden um so genauer, je richtiger die Geschwindigkeitswerte erfaßt werden.

3.21 Känozoikum

Die Geschwindigkeitswerte der känozoischen Deckschichten liegen durchweg zwischen 1600 und 1800 m/s, im südöstlichen Muldenteil werden auch Geschwindigkeiten bis zu 2000 m/s beobachtet. An der Südwestflanke der Mulde treten außerdem Geschwindigkeiten unter 1500 m/s auf. Deren Problematik wird in diesem Rahmen nicht erörtert.

3.22 Prätertiär

Die Geschwindigkeitswerte des Prätertiärs interessieren im vorliegenden Falle nicht nur wegen ihrer Bedeutung für die Teufenberechnungen, sondern vor allem im Hinblick auf eine mögliche Unterscheidung von Muschelkalk und Buntsandstein.

Das artesische Wasser ist im Unteren und Oberen Muschelkalk unter den tonigen Sedimenten des

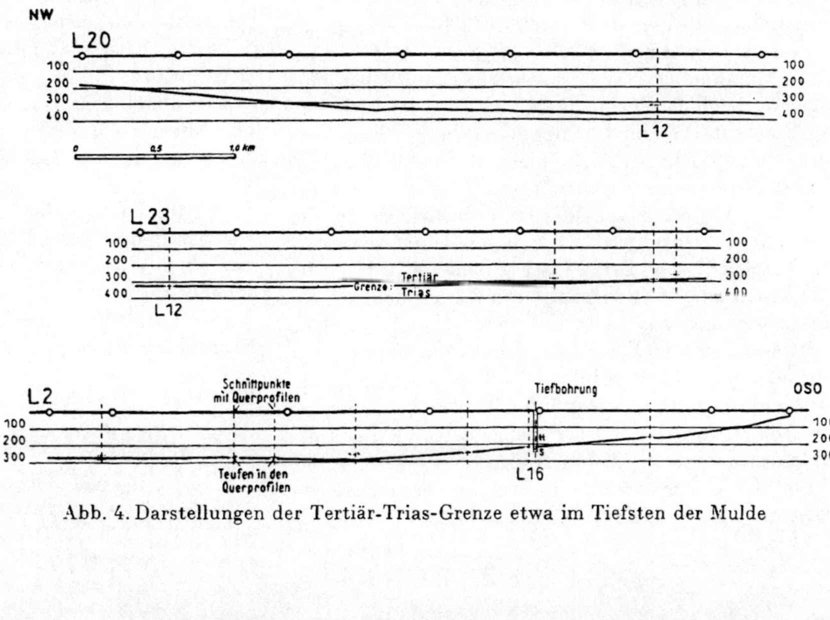

Abb. 4. Darstellungen der Tertiär-Trias-Grenze etwa im Tiefsten der Mulde

Eozäns gespeichert. Im Oberen Buntsandstein ist das nicht der Fall. Deshalb wurde versucht, unter dem Tertiär den Ausstrich des Buntsandsteins gegen den Muschelkalk abzugrenzen. Refraktionsseismisch ist das möglich, wenn ein deutlicher Unterschied in den Geschwindigkeitswerten vorhanden ist.

Die Wellen-Geschwindigkeiten wurden vorwiegend mit Hilfe der Differenzen-Laufzeitkurve nach GAMBURZEW (1952) festgestellt. Dabei mußte häufig über wechselnde Geschwindigkeitswerte gemittelt werden.

Im allgemeinen ergaben sich aus den im Streichen geschossenen Linien, deren Aussage ein größeres Gewicht beizumessen ist, etwas kleinere Geschwindigkeitswerte als bei den Querlinien.

Die Werte für den Buntsandstein variieren von 3200—4000 m/s, die des Muschelkalks schwanken zwischen 3800 und 5000 m/s. Das bedeutet, daß es dort, wo sich die Geschwindigkeitsbereiche überschneiden, nicht möglich ist Buntsandstein gegen Muschelkalk abzugrenzen.

Eine solche Differenzierung ist nur im nordwestlichen und mittleren Muldenteil möglich (Abb. 2). Hier konnte ein rund 500 m breiter Grenzstreifen eingezeichnet werden. Nach dem vorher Gesagten ist dieser jedoch nicht sicher als Ausbißlinie der Muschelkalkbasis zu bewerten. Nur Tiefbohrungen, die das Prätertiär identifizieren, könnten die eingetragene Markierung als reale Grenze bestätigen. In diesem Falle wäre also die angewandte Geophysik u. a. auch aus methodischen Gründen an den Ergebnissen der Tiefbohrungen interessiert.

3.3 Teufenplan

Während dem Geologen und dem Tiefbohrfachmann an Hand von Geschwindigkeitswerten kaum ein praktischer Hinweis gegeben werden konnte, zeigt sich der Teufenplan des Prätertiärs als brauchbares Hilfsmittel, um das Durchstoßen der eozänen Abdichtung zu vermeiden.

Der Teufenplan (Abb. 2) stimmt in den meisten Einzelheiten mit dem Laufzeitplan überein. Das ist verständlich, weil bei den gewählten Meßbedingungen vor allem die Tertiärmächtigkeiten den 1-km-Laufzeitplan beeinflussen.

Die Achse der Mulde deckt sich mit der des Langzeitengebietes, beide sind auch an der gleichen Stelle geknickt. Im Südosten herrscht flachherzynisches und im Nordwesten herzynisches Streichen.

Die größten Teufen des Prätertiärs (300—350 m) liegen im Nordwesten innerhalb der Isochrone 0,55 s. Eine rasche Abnahme der Tertiärmächtigkeit in nordöstlicher Richtung (südlich Egeln) deckt sich mit der hier festgestellten stärkeren Isochronenscharung. Doch an dieser Stelle wirkt vielleicht nicht allein die Abnahme der Tertiärmächtigkeit laufzeitvermindernd, es könnte auch das Ansteigen schallhärterer Schichten an der Flanke des Rogensteinsattels in diesem Sinne wirken. Ein Vergleich der Breite der Mulde mit der des Isochronenbildes läßt sich im Nordwesten nicht durchführen, weil das Liniennetz hier unvollständig ist. Nach Nordwesten nimmt die Teufe der Mulde entlang der Linie 20 von rund 340 m auf rund 180 m gleichmäßig ab.

Im Südostteil liegen die größten Teufen durchweg bei 260—280 m. Am Ostrand des Meßgebietes verflacht die Mulde auf weniger als 200 m Teufe.

Von den bisher bekanntgewordenen Tiefbohrergebnissen weicht der Teufenplan um weniger als 10% ab.

3.4 Vergleich mit der Schwerekarte

Die Schwerekarte zeigen ein ähnliches Bild wie der Laufzeit- und der Teufenplan. An Stelle der langen Zeiten bzw. großen Tertiärmächtigkeiten erscheint ein Schwereminimum. Die Minusachse, die im nordwestlichen Teil herzynisch gerichtet ist, verläuft im südöstlichen Teil wiederum flachherzynisch.

Muldenachse und Minusachse decken sich jedoch nicht völlig. Die Minusachse ist zum Sattel hin parallel versetzt. Dies ist offenbar das Resultat gleichgerichteter Wirkungen der tertiären Muldenfüllung und des salinaren Sattelkerns.

3.5 Schlußbetrachtung

Die gestellte Aufgabe — Festlegung der Tertiärmächtigkeit — konnte durch fortlaufendes Profilieren der ersten Unstetigkeitsfläche mittels refraktionsseismischer Messungen gelöst werden. Der Teufenplan dürfte die Mächtigkeit des Deckgebirges im allgemeinen mit $\pm 10\%$ Genauigkeit angeben. Nach den bisherigen Bohrergebnissen überschreiten die Angaben des Teufenplanes an keiner Stelle die Fehlergrenze.

Bereits der Laufzeitplan gibt ein qualitativ richtiges Bild der Mulde. Wenn es auch im vorliegenden Fall durch quantitative Aussagen vervollständigt werden mußte, so sind doch Fälle möglich, in denen die qualitativen Angaben als wesentliche Erkenntniserweiterung ausreichen. Im Hinblick darauf ist es bemerkenswert, daß die Streumessungen weniger als 15% des Gesamtaufwands in Anspruch genommen haben.

Begünstigt wurden die Arbeiten durch die vorteilhaften Geschwindigkeitsverhältnisse, die eine klare Trennung von Tertiär und Prätertiär ermöglichten.

Eine Unterscheidung von Buntsandstein und Muschelkalk nach Geschwindigkeitswerten erwies sich dagegen als problematisch.

Infolge der methodisch bedingten kleinen Linien- und Schußpunktabstände sind Messungen mit fortlaufender Profilierung teurer als die Übersichtsmessungen, die bisher in unserer Republik üblich waren. Sie liefern jedoch wesentlich genauere und ins Einzelne gehende Ergebnisse.

Ob der höhere Aufwand in diesem Falle (Meßdauer: 3 Monate) gerechtfertigt ist, mag an den Schäden abgeschätzt werden, die durch Anbohren der wasserführenden Schichten seinerzeit eingetreten waren:

Die Bohrarbeiten wurden schwer gestört, so daß Material- und Zeitverluste entstanden.

Durch Überschwemmung von Kulturland ergaben sich Verluste in der Landwirtschaft.

Vor allem aber trat als Folge des Wasserausbruchs ein Absinken des Wasserspiegels in den umliegenden Brunnen ein, so daß die Trinkwasserversorgung gefährdet war.

Aus diesen Gründen mußten von seiten der Wasserwirtschaft und der TBBI Garantien gefordert werden, die eine Wiederholung ähnlicher Zwischenfälle ausschließen.

Die Refraktionsseismik hat sich für diese Aufgabe als brauchbare Methode erwiesen.

Literatur

GAMBURZEW, G. A. u. a.: Korrelationsmethode gebrochener Wellen (Übersetzung ins Deutsche im VEB Geophysik). — Moskau 1952.

HALES, F. W.: An Accurate Graphical Method for Interpreting Seismic Refraction Line Data. — Geophysical Prospecting Nr. 3, September 1958.

Unveröffentlichte Abschlußberichte des VEB Geophysik von MARTIN, SCHÖSSLER, Juni 1958, April 1959.

Neue Untersuchungsergebnisse über den Untergrund SW-Brandenburgs (Vorläufige Mitteilung)

JOHANNES PCHALEK, Gommern

Durch refraktionsseismische Übersichtsmessungen des VEB Geophysik Leipzig in den Jahren 1953—1957 sind auf dem nach Norden an den „Mitteldeutschen Hauptabbruch" anschließenden etwa 30 km breiten Streifen von Niemegk nach NW eine große Anzahl Anomalien gefunden worden, die als antiklinalartige Aufwölbungen des Untergrundes zu deuten sind. Einige dieser im Isochronenplan scharf abgegrenzten Strukturen mit dichtgescharten Laufzeitkurven lassen auf kleine Salzstöcke im Untergrund schließen. Die Anomalien sind generell wie der „Mitteldeutsche Hauptabbruch" NW—SE (herzyn) gerichtet. Es zeichnen sich einige etwa parallel laufende Antiklinalzüge ab, zwischen denen Tertiärsenken vermutet werden.

Die vom VEB Erdöl und Erdgas in diesem Gebiet durchzuführenden Untersuchungen stehen zwar noch im Anfangsstadium, doch dürften die bisher erzielten stratigraphischen und tektonischen Teilergebnisse von Interesse sein, da außer den zwei Bohrungen bei Golzow (1955) und den in der Nähe des Abbruches niedergebrachten (Deetz, Dobritz 1, 2 und 3, Serno und Köselitz) noch wenig über den prätertiären Untergrund SW-Brandenburgs bekannt ist. Es wird im folgenden über die Ergebnisse einiger Kartierungsbohrungen von 300 bis 500 m Teufe an der Struktur Viesen nordöstlich Ziesar berichtet (Abb. 1).[1]

Das Kurzzeitengebiet von Viesen wurde bereits von REINHARDT (s. Lit.) als möglicher Salzstock gedeutet. Eine Topbohrung und mehrere Flankenbohrungen haben diese Annahme bestätigt.

Die Bohrung Viesen 1 (+ 1 E) sollte den Scheitel der Struktur treffen, kam aber nach 89 m Pleistozän und Durchteufen des Tertiärs bei ca. 214 m in steil einfallenden hellgrauen bis grauen Feinsandstein, z. T. mit kohligen Schlieren und dolomitisch-mergligem Bindemittel und festem, grauem Dolomitsandstein mit Quarzdrusen. Diese bis etwa 255 m Teufe reichende Gesteinsfolge gehört vermutlich zum Oberrät. Bis ca. 283 m konnten graue und grünliche Mergel, Mergelstein mit dolomitischen Einlagerungen und graugrüne Mergel und Feinsandsteine als Ober-, Mittel- und Unterrät an Hand von Megasporen durch D. SPIEGLER nachgewiesen werden. Bei 330,60 m mußte die Bohrung im fast senkrecht einfallenden Sandstein (Schilfsandstein des Mittleren Keuper?) eingestellt werden. Der Kernverlust war sehr hoch. Diese Bohrung steht in den aufgeschleppten Schichten am Nordrand des Salzstockes Viesen, der durch die Bohrung Viesen 6, 270 m südlich Viesen 1, nachgewiesen wurde.

Das Pleistozän ist hier 105,50 m mächtig, die Tertiärbasis liegt bei 348 m über grauem, marmoriertem, dichtem bis feinkörnigem Gips (bis 352,30 m). Dann folgt bis Endteufe 498,0 m grauer bis schwarzgrauer Anhydrit. Der Kern des Hutanhydrits weist zahlreiche Klüfte und Harnische auf.

[1]) Die geologische Bearbeitung wurde vom Verfasser, Dipl.-Geol. PESTER und Geol.-Ing. FRIEDRICHSEN durchgeführt. Die Bestimmung der stratigraphischen Horizonte verdanken wir vor allem den mikropaläontologischen Untersuchungen von Frau Dipl.-Geol. D. SPIEGLER, einige makropaläontologische Datierungen den Dipl.-Geol. W. SPIEGLER und H. DIETZE, sämtlich Mitarbeiter des VEB Erdöl und Erdgas, Gommern.

Besonders bemerkenswert ist bei dieser Bohrung das Vorkommen von marinem und terrestrischem Paläozän über der Auslaugungszone des Salzstockes. Es ist ca. 85 m mächtig und enthält im oberen Teil mehrere Braunkohlenflöze (bis 2,50 m Mächtigkeit), die nach Mitteilung von KRUTZSCH paläozänes Alter besitzen.

Die Flanken des Salzstockes wurden mit den Bohrungen Viesen 2, 3, 5 und 9 untersucht, 10 und 11 sind noch nicht beendet. Die genauere Lage der Bohrungen ist aus Abb. 2 zu ersehen. Es sollten hiermit besonders die petrophysikalischen Eigenschaften der angetroffenen Speichergesteine festgestellt werden.

An der Nordseite des Salzstockes folgt in der Bohrung Viesen 2 nach 217 m Känozoikum bis ca. 302 m hellgrauer und weißer, lockerer Feinsandstein mit sehr wenig Glimmer, der bis 316 m in grauen bis schwarzgrauen Schluffstein übergeht, Einfallen 20—30°. Bis 331 m folgt schwarzer, z. T. schluffiger, bitumenreicher Schieferton, der sehr viel Muschelschill enthält. Bis zur Endteufe von 404,80 m wurde wieder hellgrauer bis weißer, wenig fester, feinkörniger Sandstein erbohrt, Einfallen 20—30°.

Die Schieferton-Serie von 216 bis 231 m konnte makropaläontologisch dem Valendis in Wealdenfazies zugeordnet werden.

Unter dem Schieferton und Sandstein folgt in der Bohrung Viesen 3 an der Südflanke des Salzstockes von 453,40 m bis Endteufe 493,50 m nochmals schwarzer schluffiger, fossilreicher Schieferton und Schiefermergel. Mikropaläontologisch gehören sie nach SPIEGLER zum Ober-Valendis 2 (mittlere Dichotomitenschichten) und Ober-Valendis 1 (untere Dichotomitenschichten) in Wealdenfazies. Bei ca. 25° Einfallen der Schichten waren in der Bohrung Viesen 3 die unter dem Tertiär folgenden Sandsteine und Schiefertone des Valendis mit 275 m noch nicht durchbohrt.

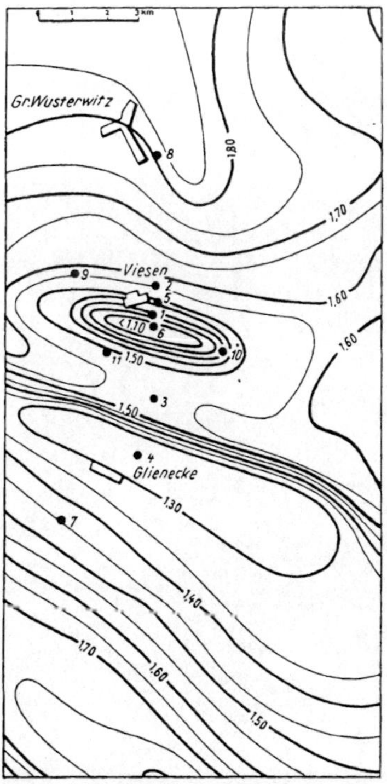

Abb. 1 Ausschnitt aus dem Isochronenplan f. SW-Brandenburg (Nach LEHNERT u. REINHARDT; m. Genehm. d. VEB Geophysik, Leipzig)

Das Liegende dieser Folge wurde in der Bohrung Viesen 5 (zwischen V 1 und V 2) als Malm angetroffen. Unter dem Schieferton und -mergel des Valendis, dessen Tiefstes hier als Ober-Valendis nachgewiesen wurde und bis 315 m reicht, wurden bis ca. 318 m nur einige dm graublauer, mittelsandiger Sandstein mit kieseligem und schwach dolomitischem Bindemittel, dann bis Endteufe 345,90 m weißer, hellgrüner, rotbrauner und violetter Kalkstein, Dolomit und Schiefermergel, z. T. als Schiefermergel-Kalkbrekzie, erbohrt. Diese sandigkalkige, sehr fossilarme Folge konnte bei 223 m als Malm (*Dentalina muendensis* MART.) und bei 345 m durch *Macrodentina* (*Polydentina*) *steghausi steghausi* (KLINGLER) als mittleres Kimmeridge belegt werden.

Die Bohrungen Viesen 10 und 11, an der O- bzw. SW-Flanke des Salzstockes, haben das Deckgebirge gerade erst durchteuft und erbohrten an der Tertiärbasis Sandstein und Schieferton des Valendis (Wealden). Bohrung Viesen 9 an der NW-Flanke brachte ebenfalls keine neuen Ergebnisse, sie durchteufte die bekannte

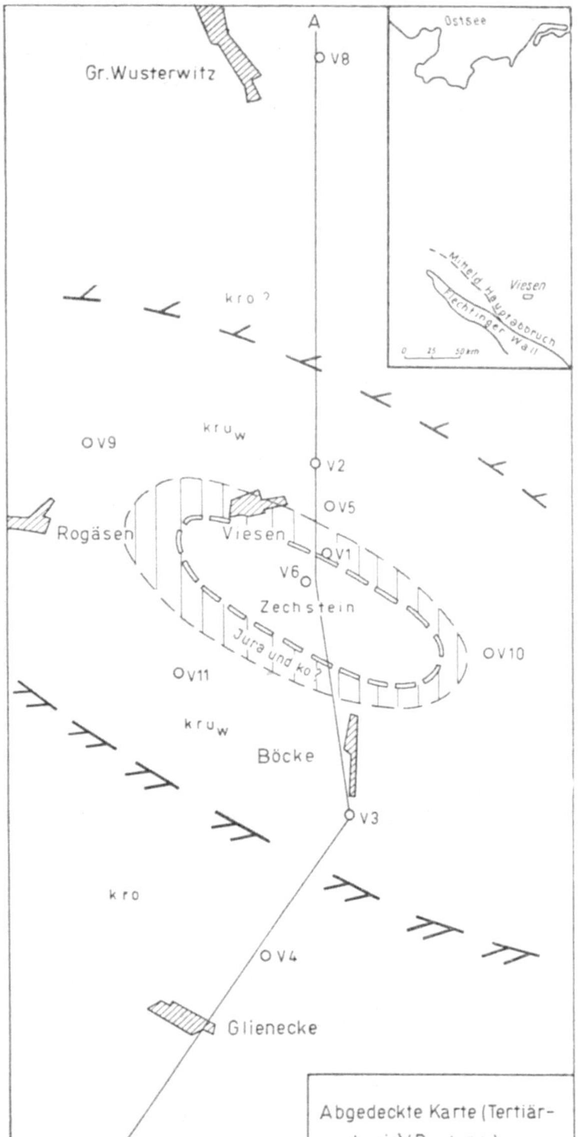

Abb. 2

Schieferton-Sandsteinfolge. Mit diesen Bohrungen wurde der Salzstock auf einen kleinen Raum eingeengt, und die Kenntnis der Lagerung und Ausbildung der Speichergesteine ist wichtig für die Lösung anderer lagerstättenkundlicher Probleme (Gasspeicherung).

Nördlich der Struktur Viesen wurde die Bohrung Viesen 8 zur Untersuchung der Tertiär-Mächtigkeit und des Prätertiärs angesetzt, konnte aber nur bis 347,40 m niedergebracht werden. Bei 315 m wurde noch obereozäner Sandstein nachgewiesen; bis Endteufe wurde kein Kern mehr gewonnen, die Bohrung stand wahrscheinlich noch im sandigen Tertiär.

Das Kurzzeitengebiet von Glienecke südlich des Salzstockes Viesen (s. Abb. 1) wurde mit den Bohrungen Viesen 4 und 7 untersucht. Die hier von REINHARDT (s. Lit.) und LEHNERT (s. Lit.) vermutete „Struktur Glienecke" wurde durch die Bohrergebnisse nicht bestätigt. Unter 216 m Pleistozän und Tertiär erbohrte die „Top"-Bohrung Viesen 4, die noch nicht beendet ist, bisher 30 m sehr harte sandig-kalkige Oberkreide (Coniac). Die an der vermuteten Südflanke angesetzte Bohrung Viesen 7 kam an der Tertiärbasis (237 m) in dunkelgrauen Tonmergelstein des höheren Coniac bis Santon, der bei Endteufe 501,80 m noch nicht durchsunken war. Die sich danach ergebenden tektonischen Verhältnisse zeigt Abb. 3.

Die bisher in SW-Brandenburg an der Struktur Viesen durchgeführten Bohrungen haben demnach folgende Formationsglieder angetroffen:

Zechstein: Tritt als Gips und Anhydrit in der Bohrung Viesen 6 im Salzstock auf.

Keuper: Paläontologisch nur durch Megasporen belegt. Erbohrt in Viesen 1 (E) als hellgrauer bis grauer Feinsandstein, z. T. mit kohligen Schlieren und dolomitisch-mergeligem Bindemittel, und fester, grauer Dolomitsandstein mit Quarzdrusen (vermutlich Oberrät); graue und grünliche Mergel, Mergelstein mit dolomitischen Einlagerungen und grüngraue Mergel und Feinsandsteine des Ober-, Mittel- und Unterrät, möglich auch Schilfsandstein des Mittleren Keuper. Die Schichten sind am nördlichen Salzstockrand hochgeschleppt worden.

Jura: Lias und Dogger noch nicht erbohrt; Dogger wurde von F. KÖLBEL in der Bohrung Golzow 2/1955 nachgewiesen.

Malm wurde in Viesen 5 unter dem Wealden als graublauer, mittelsandiger Sandstein mit kieseligem und schwach dolomitischem Bindemittel, bunte Kalksteine, Dolomit und Schiefermergel, z. T. brekziös ausgebildet, erbohrt, ohne ihn ganz zu durchteufen. Im tiefsten Teil wurde mittleres bis oberes Kimmeridge mikropaläontologisch belegt.

Kreide: Von der Unterkreide sind bisher nur Sandsteine und bituminöse Schiefertone des Valendis bekannt. Die Sandsteine sind feinkörnig und zeichnen sich durch gute Speichereigenschaften aus.

Oberkreide ist wahrscheinlich in der Mulde südlich des Salzstockes mächtig entwickelt. Bisher wurde in Viesen 4 unter dem Tertiär hartes, sandig-kalkiges Coniac, in Viesen 7 Tonmergelstein des höheren Coniac bis Santon erbohrt.

Tertiär: Paläozän wurde nur über dem ausgelaugten Gipshut des Salzstockes vorgefunden. Marine kalkige Sande werden von einer limnisch-terrestrischen Folge mit Tonen, Sanden und Braunkohlenflözen überlagert. Gesamtmächtigkeit ca. 85 m. Das aus Sanden und Mergeln bestehende Obereozän wurde in allen Bohrungen mit etwa 20 m Mächtigkeit als älteste tertiäre Bildung angetroffen, außer in der Bohrung Viesen 6, wo es in der Auslaugezone des Salzstockes 35 m mächtig auf das Paläozän folgt. Auch in der Bohrung Viesen 8 ist es mächtiger entwickelt, die Tertiärbasis wurde dort nicht erreicht.

Unter- und Mitteloligozän sind ebenfalls mit ca. 100 m in allen Bohrungen vorhanden, der Rupelton ist etwa 90 m mächtig.

Jüngere Ablagerungen des Tertiärs, die nur in wenig brauchbaren Spülproben enthalten sein könnten, wurden noch nicht festgestellt.

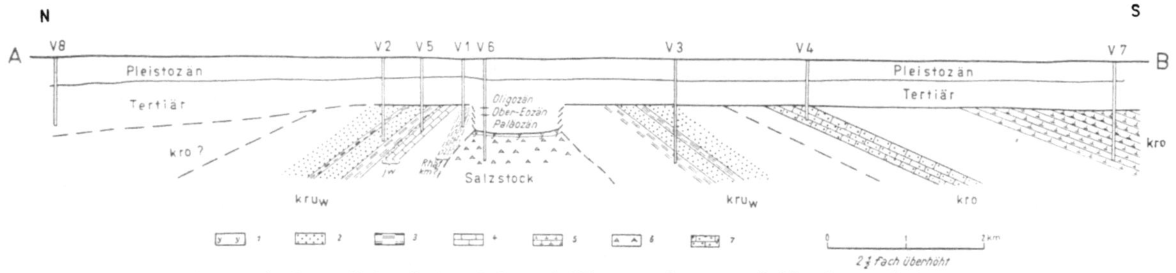

Abb. 3. N-S-Profil durch den Salzstock Viesen gedeutet nach Kartierungsbohrungen
1 – Gips 2 – Sandstein 3 – Schieferton und Schiefermergel 4 – Kalkstein 5 – Tonmergelstein 6 – Anhydrit 7 – Kalkstein, sandig

Pleistozän: Diese vor allem als Sande und Kiese angetroffenen Ablagerungen sind 90 bis 120 m mächtig.

Über den Bau der Struktur Viesen lassen sich bereits einige Aussagen machen. Es handelt sich hierbei um einen kleinen Salzdiapir, an dessen Nordrand steil aufgeschleppte Schichten des Oberen Keupers unter dem Tertiär angetroffen wurden (Bohrung Viesen 1 E). Es ist möglich, daß zwischen dieser Bohrung und der in den Flankenbohrungen unter Tertiär folgenden Unterkreide (Wealden) noch Jura ausstreicht, von dem bisher nur Malm erbohrt wurde. Zur südlichen Randmulde des Salzstockes hin folgt auf die in der Bohrung Viesen 3 mit ca. 20° einfallenden Sandsteine und Schiefertone des Valendis (Wealden) flach einfallende Oberkreide. In Bohrung Viesen 4 wurden davon an der Tertiärbasis harte, dichte Kalksandsteine des Coniac, weiter südlich in Bohrung Viesen 7 weniger harter Tonmergelstein des höheren Coniac bis Santon erbohrt. Auf Grund dieser großen Dichteunterschiede zwischen den lockeren Sandsteinen und Schiefertonen des Wealden, der schallharten, sandig-kalkigen Oberkreide und schließlich dem weniger harten oberkretazischen Tonmergelstein kam man nach den refraktionsseismischen Ergebnissen zu der Annahme einer Struktur bei Glienecke südlich Viesen (s. Abb. 1), die sich also nicht bestätigt hat. Der Versuch, nach den jetzigen Bohrergebnissen die stratigraphischen und tektonischen Verhältnisse bis etwa 600 m Tiefe im Gebiet von Viesen darzustellen, wird mit einem N-S-Profil in Abb. 3 und einer abgedeckten Karte in Abb. 2 unternommen.

Der Aufstieg des Salzstockes erfolgte wahrscheinlich bis zum Ober-Eozän. Ehemals vorhandenes marines Paläozän in der Umgebung des Salzstockes dürfte wieder abgetragen worden sein. Nur das über der Auslaugungszone des Salzstockes abgelagerte Paläozän blieb vor der Erosion geschützt, sank tiefer und wurde von den als lokale Bildung aufzufassenden limnisch-terrestrischen paläozänen Sedimenten, die Braunkohlenflöze enthalten, überdeckt. Das Obereozän transgrediert auf ein gemäßigtes Relief und ist ebenso wie die jüngeren Sedimente in der näheren Umgebung des Salzstockes in nahezu gleichbleibender Mächtigkeit entwickelt. Auch in der etwa 6 km südlich vom Salzstock stehenden Bohrung Viesen 7 liegt die Tertiärbasis bei 237 m in fast gleicher Tiefe, während die Bohrung Viesen 8, etwa 5 km nördlich des Salzstockes, bei 315 m Teufe noch im Obereozän stand und auf länger anhaltende Senkungstendenz hinweist.

Die bisher auf einem kleinen Raum gewonnenen Ergebnisse werden sich erst nach weiteren Untersuchungen in einen größeren Rahmen einfügen lassen und ein genaueres Bild vom tieferen Untergrund SW-Brandenburgs vermitteln.

Literatur

BECK, H.: Der Flechtinger Höhenzug. Sein varistischer und saxonischer Bauplan. – Schriften Geol.-Paläont. Inst. der Univ. Kiel, H. 4, März 1935.

KÖLBEL, H.: Dogger, Malm, Purbeck und Valendis bei Zossen südlich von Berlin (vorläufige Mitteilung). – Geologie Jg. 3, Heft 4, S. 451 f. 1954.

– Die bisherigen Ergebnisse der erdölgeologischen Erforschung Nordostdeutschlands. – Ztschr. f. Angew. Geologie Heft 1, S. 9–14, 1956.

– Entwicklung, Ergebnisse und Perspektiven der Erkundung auf Erdöl und Erdgas im Gebiet der Deutschen Demokratischen Republik. – Ztschr. f. Angew. Geologie, Heft 5/6, S. 201–209, 1957.

LORENSER, E.: Abschlußbericht ü. refraktionsseism. Untersuchungen im Geb. Süd-Brandenburg. – VEB Geophysik, Leipzig (unveröffentl.).

MARTIN, W.: Abschlußbericht über refraktionsseismische Untersuchungen im Gebiet Altmark (Burgstall). – VEB Geophysik, Leipzig (unveröffentlicht).

MEINHOLD, R.: Bemerkungen zur Frage des Salzaufstiegs. – Freiberger Forschungshefte, C 22, Berlin 1956.

REINHARDT: Abschlußbericht über refraktionsseismische Untersuchungen im Gebiet Viesen (Westbrandenburg). – VEB Geophysik, Leipzig (unveröffentlicht).

SIEMENS & WEGNER: Geophysikalische Strukturkarte der DDR.

THOMAS & LEHNERT: Abschlußbericht über refraktionsseismische Untersuchungen im Gebiet SW-Brandenburg (Ziesar-Rabenstein). – VEB Geophysik, Leipzig (unveröffentlicht).

TRUSHEIM, F.: Über Halokinese u. ihre Bedeutung für die strukturelle Entwickl. Norddeutschlands. – Ztschr. d. D. G. G. Bd. 109, 1. Teil, 1957.

Unveröffentlichte Bohrakten der Staatlichen Geologischen Kommission und des VEB Erdöl und Erdgas, Gommern.

Ein Vorkommen von Schwefelkristallen im Stinkschiefer aus der Bohrung Bösenrode 9 am Südharzrand

BODO STEINBRECHER, Berlin

In der Bohrung Bösenrode 9, etwa 700 m westlich der Ortslage Bösenrode (Blatt Heringen, 4531), nördlich der Straße Sangerhausen—Nordhausen, wurden im Stinkschiefer bei 320 m unter Geländeoberkante Schwefelkristalle gefunden, die Anlaß gaben, einige Betrachtungen über die Genese derartiger Vorkommen anzustellen, zumal sekundär gebildeter Schwefel im Zechstein in Verbindung mit dem Auftreten von Erdöl nicht selten ist, obgleich er in Deutschland bisher wirtschaftlich bedeutungslos war.

Genannte Bohrung stand an der Nordseite der Goldenen Aue, die sich zwischen dem Harz im N und dem Kyffhäuser-Gebirge im S in O-W-Richtung erstreckt. Die Schichten des subsalinaren Untergrundes fallen generell nach S ein. Der Gebirgskörper in diesem Gebiet wird durch zahlreiche flach- bis steil herzynische Verwerfungen gegliedert, die je nach dem Ausmaß der Sprunghöhen auch das supersalinare Gebirge disloziert haben. Die Zechsteinschichtenfolge liegt in der Goldenen Aue subrosiv bedingt heute nur noch unvollständig vor. Die Salze sind bis auf Reste (Staßfurt-Steinsalz und Werra-Steinsalz) abgelaugt. Zum S-Harzrand hin unterliegen die Anhydrite und Gipse des Zechsteins 1, 2 und 3 in zunehmender An-

Gekürztes Schichtenverzeichnis der Bohrung Bösenrode 9
(Bearbeitet von E. v. HOYNINGEN-HUENE und B. STEINBRECHER, 1954)

von	bis	Mächtigkeit	Petrographie	Stratigraphie
0,0	16,0	16,0	Sande, Kiese, Gerölle	Holozän und Pleistozän
16,0	22,0	6,0	Ton mit Kohle	Eozän
22,0	184,0	162,0	Schiefertone, bunt	Unterer Buntsandstein
184,0	196,0	12,0	Schiefertone, bunt, Gips	Einsturzgeb.
196,0	212,7	16,7	Gips	Hauptanhydrit
212,7	249,0	36,3	Anhydrit	
249,0	252,5	3,5	Gips, grobkrist.	
252,5	276,8	24,3	Tongips, grau	Grauer Salzton
276,8	311,3	34,5	Gips	Sangerhs. Anhydrit
311,3	314,1	2,8	Anhydrit	Basalanhydrit
314,1	321,0	6,9	Mergelkalk, schw. grau, feingescht., b. Anschlagen stinkend, auf Klüften Schwefelkristalle und Kalkspat	Stinkschiefer
321,0	394,9	73,9	Anhydrit	Werra-Anhydrit
394,9	399,45	4,55	Kalkstein	Zechsteinkalk
399,45	399,79	0,34	Mergelschiefer	Kupferschiefer
399,79	399,94	0,15	Konglomerat, grau	Zechsteinkonglomerat
399,94	400,85	0,91	Sdst. u. Kongl., grau	Grauliegendes
400,85	404,0	3,15	Kongl. mit Sdst.-lagen, rotbraun	Mansfelder Schichten
Endteufe				

näherung an das Ausgehende der Auslaugung. Die Bohrung Bösenrode 9 durchsank obenstehende Schichten.

In dem Stinkschiefer fanden sich einige gelbe, z. T. idiomorphe Schwefelkristalle, rhombisch-bipyramidaler Tracht in einigen von Klüften ausgehenden bis 5 cm großen Kavernen (Abb. 2) und gelbe, derbe Schwefelaggregate, die diese Hohlräume mehr oder weniger ausfüllen (Abb. 1), neben wohlausgebildeten Kalkspataggregaten und -einzelindividuen. Der Stinkschiefer macht einen durchbewegten Eindruck; es sind neben zahlreichen mit Kalkspat verheilten Klüften reichlich glänzende Harnische entwickelt.

Der Schwefel hat sich entsprechend seiner Tracht bei normalen Druck- und Temperaturverhältnissen gebildet. Eine Entstehung aus vulkanischen Exhalationen ist nach der geologischen Situation und unseren derzeitigen Kenntnissen als unwahrscheinlich abzulehnen. Mithin ist anzunehmen, daß sich der Schwefel aus der Reduktion von Calciumsulfat zu Calciumsulfid durch Erdöl, dessen reduzierende Eigenschaften bekannt sind, gebildet hat. Calciumsulfid ist insbesondere bei Anwesenheit von Kohlendioxyd instabil und wandelt sich zu Calciumkarbonat um, wobei Schwefelwasserstoff frei wird. Bei gehemmtem Sauerstoffzutritt, besonders in den tieferen Grundwasserstockwerken, erfolgt eine langsame Oxydation des Schwefelwasserstoffes, wobei sich elementarer Schwefel abscheidet. Diese Umsetzungen erfolgten wahrscheinlich nach untenstehendem Schema.

Der Mitwirkung von desulfurierenden Bakterien kommt wohl in einigen Fällen ebenfalls eine größere Bedeutung zu, soweit die geologische Situation die Voraussetzung dafür bot (A. LASZKIEWICZ 1956), besonders dann, wenn Gipse von marinen Serien transgressiv überlagert werden und die Fazies geeignete Lebensbedingungen bot. Diese Möglichkeit ist im vorliegenden Falle nicht gegeben.

Eine möglicherweise ehemals vorhandene Öl- und Gasführung im Zechstein im Bereich der Bohrung Bösenrode 9 liegt durchaus im Bereich der Möglichkeit, jedoch ist sie durch die oberflächennahe Lagerung des Zechsteins und durch die fehlende Salzüberdeckung vernichtet. Auch heute noch haben die Erdöl- und Erdgasvorkommen in den nördlichen Teilen des Thüringer Beckens wirtschaftliche Bedeutung. — In der Bohrung selbst wurden keine Anzeichen von Öl oder Gas wahrgenommen.

In mitteldeutschen Gebieten finden sich im Gegensatz zu anderen Räumen keine wirtschaftlich nutzbaren Schwefelanreicherungen (wie z. B. in Süd-Texas und Louisiana an der Mississippi-Bucht, wo große Vorkommen in der Cap-Rock-Zone von Salzdiapiren (P. K. KELLEY 1925) auftreten und ausgebeutet werden), obgleich am Nord-Harzrand Hinweise dafür vorhanden sind, daß in geologischer Zeit Schwefelwasserstoffquellen, wahrscheinlich beträchtlichen Ausmaßes, auftraten. Die Schwefelkieslagerstätte in den Tertiärsanden bei Teufelsbad westlich Blankenburg (H. HARASSOWITZ 1933), die als sekundär durch Schwefelwasserstoff reduzierte, primär oxydische Eisenerze aufgefaßt werden, kann ebenfalls auf die Tätigkeit schwefelwasserstoffhaltiger Quellen zurückgeführt werden. Das auf die Sulfate des Zechstein reduzierend einwirkende Agenz

Abb. 1. Schwefelaggregate im Stinkschiefer der Bohrung Bösenrode 9 bei 320 m, dunkel: Stinkschiefer mit Schwefel; hell: Kalkspat; Schwefel hervorgehoben

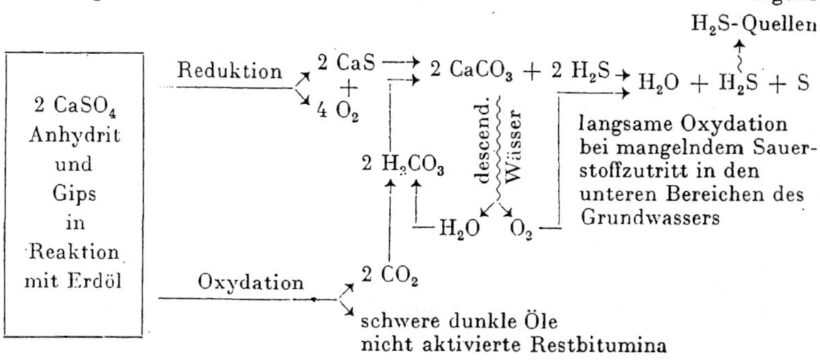

Abb. 2. Schwefeleinzelkristall im Stinkschiefer der Bohrung Bösenrode 9 bei 320 m

Erdöl ist heute noch in wirtschaftlich nutzbaren Mengen am Fallstein im Hauptdolomit erhalten geblieben und wird gefördert. Auch außerhalb des Fallsteins wurden verschiedentlich Öl- und Gasanzeichen bei Bohrungen festgestellt, und zwar im Unteren Werra-Anhydrit und im Zechsteinkalk in der Bohrung Ilberstedt 2 bei Bernburg am Friedhof Waldau, aus dem Stinkschiefer in den UT-Bohrungen Schierstedt 1, im Grubengebäude des Schachtes 4 bei Aschersleben und in der UT-Bohrung Friedenshall 6, in der Schachtanlage des Kaliwerkes Friedenshall bei Bernburg, wo der H_2S-Anteil besonders groß war.

In diesem Zusammenhang sei auch auf die Schwefelwasserstoffquellen des Serpulits hingewiesen, die sich parallel zum Nordrand der Weserketten hinstrecken und die auch am Deister auftreten (Nammen, Eilsen, Nenndorf. (D. GRUPE 1933 und H. STILLE 1901). Die Gipse des Münder Mergels werden durch die Bitumina des Serpulits zu Schwefelwasserstoff reduziert. Die Schwefelwasserstoffquellen von Münder selbst und die von Soldorf werden aus den Gipsen und Bitumen der Münder Mergel abgeleitet.

Es bestehen also sehr enge Beziehungen zwischen Schwefelwasserstoffquellen einerseits und Calciumsulfat und Bitumina andererseits. Schwefel bzw. Schwefelwasserstoff sind in unseren Bereichen wohl stets als Hinweise für eine noch vorhandene oder vorhanden gewesene Öllagerstätte zu bewerten. Schwefel, soweit nicht exhalative Entstehung entsprechend der allgemeinen geologischen Situation wahrscheinlich ist, kann als Indikator gewertet werden, und es wäre ratsam, bei geologischen Erkundungsarbeiten dem Auftreten von Schwefel besonders im Zechstein Beachtung zu schenken.

Literatur

STILLE, H.: Gebirgsbau und Quellenverhältnisse bei Bad Nenndorf am Deister. – Jb. Preuß. Geol. L-A. **22**, S. 347, 1901.

GRUPE, D.: Bitumenführende Horizonte im nordwestdeutschen Weißen Jura und ihre Bedeutung als Bildner schwefelwasserstoffhaltiger Grundwässer und Quellen. – Jb. Preuß. Geol. L-A. **53**, S. 702–730, Berlin 1933.

HARASSOWITZ, H.: Das Schwefelkiesvorkommen vom Teufelsbad westlich Blankenburg im Harz. – Z. prakt. Geol. **41**, S. 41–56, Halle 1933.

KELLEY, P. K.: Sulphur salt dome, Louisiana. – Bull. Amer. Ass. Petrol. Geol. **9**, S.479–496, 1925.

LASZKIEWICZ, A.: Siarka Celestyn z Tarnobrzega i Szydlowa. – Archivum Mineralogiczne **20**, S. 95–120, 1956 (engl. sprach. Zusammenfassg.).

Entwicklungsstand und Probleme der geochemischen Prospektionsmethoden auf Kohlenwasserstoffe

RUDOLF MEINHOLD, Gommern

1. Einleitung

Die geochemische Prospektion auf Erdöl und Erdgas, etwa gleichzeitig in Deutschland und der UdSSR durch LAUBMEYER und SOKOLOW begründet, hat im Laufe der Jahre sehr wechselndes Interesse hervorgerufen. Auf dem Gebiete der DDR wurden die ersten Messungen 1932 in Thüringen von LAUBMEYER durchgeführt, die hoffnungsvoll verliefen. Jedoch erlahmte in Deutschland nach anfänglichem Enthusiasmus das Interesse bald, da die Erfolge nicht immer den Erwartungen entsprachen, besonders aber auch, weil die sich mächtig entwickelnden geophysikalischen Verfahren bessere Erfolge versprachen. Die Mißerfolge beruhten zum größten Teil auf der angewandten Meßmethodik. LAUBMEYER benutzte das Bolometerprinzip, d. h., er maß die Widerstandsänderung eines glühenden Platinfadens unter Einwirkung der Verbrennungswärme der ihm zugeleiteten Kohlenwasserstoffgase aus Bodengasproben. Damit bekam er aber nur den Gesamtwert aller verbrennbaren Gase, und eine Unterscheidung zwischen Methan und höheren Kohlenwasserstoffen, die ja diagnostisch für Erdölgase sind, konnte nicht geschehen. Die Trennung war nun damals nur mit chemisch-physikalischen Mitteln möglich, die einen hohen Aufwand erforderten und für den Feldgebrauch ausfielen. Aus dem gleichen Grunde vernachlässigte man auch in den USA die Bodengasanalyse bald und benutzte die von HORVITZ und ROSAIRE entwickelte Analyse der an Bodenproben adsorbierten Bitumina.

In der UdSSR jedoch wurde von SOKOLOW und seinen Mitarbeitern die Methode der Bodengasanalyse zielstrebig weiterentwickelt. SOKOLOW analysierte die Bodengase durch Fraktionierung in der flüssigen Phase bei tiefen Temperaturen. Der Aufwand dafür ist beträchtlich, und die Genauigkeit entsprach nicht immer den Anforderungen. Es konnten jedoch sehr wertvolle Erkenntnisse gewonnen werden, die SOKOLOW und seine Mitarbeiter in zahlreichen Publikationen niedergelegt haben (W. A. SOKOLOW 1955 u. 1956).

Daß Bodengase durch Filtration, Effusion oder Diffusion an die Oberfläche gelangen, ist nachgewiesen und unterliegt keinem Zweifel mehr. Da aber die Wanderwege, welche sich auf Grund der genannten physikalischen Vorgänge für die Kohlenwasserstoffe ergeben, verschiedene sein werden, macht die Zuordnung von gefundenen Anomalien zu Lagerstätten vielfach Schwierigkeiten. Über vielen Lagerstätten treten Anomalien nicht auf, während andererseits Anomalien abgebohrt wurden und trockene Löcher ergaben. Es ist kein Wunder, daß auch in der UdSSR und den sozialistischen Ländern Europas, in denen diese Methoden verstärkt Anwendung fanden, immer mehr kritische Stimmen laut wurden, welche die Brauchbarkeit der geochemischen Prospektion auf Kohlenwasserstoffe verneinten. Zwei große Arbeitskonferenzen, die erste in Brünn vom 1.—5. 10. 1957 und die zweite in Moskau vom 21.—26. 4. 1958, beschäftigten sich mit Wert und Unwert dieser Methoden. Ihre Ergebnisse sind die Hauptstütze dieser zusammenfassenden Darstellung. Außer den bereits genannten Verfahren der Bodengasanalyse und der Analyse von Bodenproben auf adsorbierte Bitumina (bituminologische Methode) können noch andere Verfahren angewendet werden, die gleichfalls auf der Migration des Lagerstätteninhaltes beruhen. Statt des chemischen oder physikalischen Nachweises können auch Bakterien als Indikatoren verwendet werden (geomikrobiologische Methode). Ferner gehören hierzu die Untersuchung von Bodensalzen, welche migrierten Lagerstättenwässern entstammen, die Verteilung radioaktiver Elemente und schließlich die Untersuchung der unterirdischen Wässer selbst, deren chemischer Zustand ja wichtige Hinweise auf Erdöllagerstätten gibt. Im Zusammenhang mit diesen Methoden muß man auch die Untersuchungen zur Aufklärung des geochemischen Zustandes der Sedimentgesteine zur Zeit ihrer Ablagerung nennen. Sie geben gleichfalls Hinweise über mögliche Muttergesteinsfolgen.

Alle diese Methoden verdienen Interesse, da sie billig sind und zusätzlich zu anderen Untersuchungsergebnissen, z. B. denen der Geophysik, Informationen liefern.

2. Die Bodengasanalyse

Das LAUBMEYERsche Verfahren nach dem Bolometerprinzip wurde im EÖTVÖS-Institut in Ungarn (Arbeitskonferenz Brno 1957) wieder aufgegriffen und weiterentwickelt. In dem einen Zweig einer WHEATSTONschen Brücke liegt die Verbrennungsspirale, das Gas strömt nach Abkühlung über eine Spirale im zweiten Brückenzweig, die Differenz zwischen beiden Brückenzweigen wird gemessen. Damit ließ sich die Grenzempfindlichkeit auf $5 \cdot 10^{-4}\,\%$ steigern. Der Fehler des LAUBMEYER-Gerätes, resultierend aus der verschiedenen spezifischen Wärme der Trägerluft, ist durch diese Differenzmessung ausgeschaltet. Auch in Polen wurde ein ähnliches Gerät entwickelt. Das Barytgerät nach SOKOLOW (1955), bei welchem das aus der Verbrennung resultierende CO_2 mit Hilfe der Reaktionszeit gemessen wird, welche man benötigt, um mit Barytwasser die ersten Kristalle von Bariumkarbonat zu erzeugen, wird in Ungarn als nicht geeignet erachtet, da es subjektive Werte ergebe. In Polen ebenso wie in der ČSR sind jedoch solche Geräte noch erfolgreich in Anwendung.

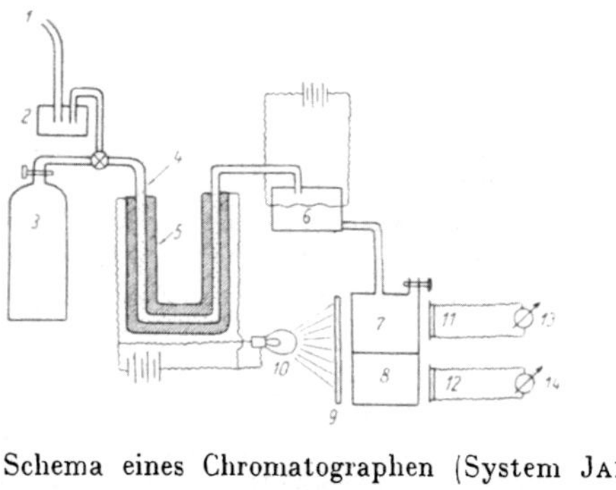

Abb. 1. Schema eines Chromatographen (System JANÁK)

1 — Einlaß f. Analysengas, 2 — Trockenflasche, 3 — Trägergas, 4 — Säule, 5 — Heizvorrichtung, 6 — Verbrennungsraum, 7 — Kolorimetr. Reaktionskammer, 8 — Vergleichsflüssigkeit, 9 — Farbfilter, 10 — Beleuchtung, 11 u. 12 — Fotozellen, 13 u. 14 — Registriergalvanometer

Bei diesen Geräten verzichtet man der Einfachheit halber auf die Trennung der höheren Kohlenwasserstoffe. Sie dienen also vornehmlich der Rekognoszierung. Die von SOKOLOW und TURKELTAUB (1954) in der UdSSR und die in den USA entwickelten Geräte zur Abtrennung der höheren Kohlenwasserstoffe bei sehr tiefen Temperaturen sind nicht mehr im Gebrauch, weil sie im Feldbetrieb nicht anwendbar sind. Ein Gerät nach SPECTOR-DODGE (1947) ist in Ungarn versucht worden. Das aus der Verbrennung am Platinfaden resultierende CO_2 wird in Natriumphenolphtalatlösung geleitet und die Farbänderung photometriert. Die Grenzempfindlichkeit war nur $10^{-3}\,\%$, zudem dauerte eine Analyse etwa 20 Minuten (A. BERGH & L. STEGENA 1956).

Die größte Aufmerksamkeit verdient jedoch die von JANÁK (Arbeitskonferenz Brno 1957) in der ČSR weiterentwickelte Gaschromatographie, besonders der fotokolorimetrische Ultramikro-Chromatograph, mit dem Konzentrationen von $10^{-6}\,\%$ bei einer sauberen Trennung der Komponenten noch sicher nachgewiesen werden können. Das aus der Chromatographen-Kolonne austretende Gas wird verbrannt und das entstehende CO_2 kolorimetrisch nachgewiesen, die Farbänderung der Lösung wird fotoelektrisch registriert. Bei einem neueren Verfahren, das auch in der DDR angewendet wird, wird das Gas an Aktivkohle im Azetometer angereichert, der Chromatographensäule aufgegeben und dann in der unten angegebenen Weise registriert.

Auch in anderen Ländern (UdSSR, USA, England) wird in der Geochemie sowohl die Feststoff-Gas-Chromatographie als auch die Gas-Flüssigkeits-Chromatographie angewandt. Bei ersterer wird das zu untersuchende Gemisch einer Säule aufgegeben, welche aus einem festen Adsorbenten besteht und die danach mit einem inerten Gas gespült wird. Die sich je nach Adsorptionsfähigkeit nacheinander ablösenden Komponenten werden durch eine Zelle geschickt, welche einen geheizten Platinfaden enthält. Die Änderungen der Wärmeleitfähigkeit bei Anwesenheit des zu bestimmenden Gases werden mittels Brückenschaltung elektrisch ermittelt und in Kurvenform aufgeschrieben. Bei der hieraus abgeleiteten Thermo-Chromatographie wird außerdem die Säule mit veränderlicher Temperatur geheizt, wodurch die Trennmöglichkeiten weiter erhöht werden. Bei der zweiten Art ist die Säule mit einem Träger und einer nichtflüchtigen Flüssigkeit gefüllt. Die verschiedene Absorption und Löslichkeit der einzelnen Komponenten dient zu ihrer Trennung. Bei der Feststoff-Gas-Chromatographie ist sonach die verschiedene Adsorption der Kohlenwasserstoffe der entscheidende Vorgang. Bei der Gas-Flüssigkeits-Chromatographie gilt dies nach TÓTH (Arbeitskonferenz Brno 1957) nur im Bereich kleiner Flüssigkeitsmengen und großer Oberflächen des inerten Trägers. Bei kleiner spezifischer Oberfläche und großen Flüssigkeitsmengen spielt neben Lösungsvorgängen die Absorption die wesentlichste Rolle. Aktive Träger für die Feststoff-Gas-Chromatographie sind künstliche Natriumzeolithe, Silikagel, Aluminiumoxyd, Aktivkohle u. a. Inerte Träger der Gas-Flüssigkeits-Chromatographie sind Kieselgur, Bleicherde, Aluminiumsilikat u. a. Stoffe verschiedener Korngröße. Als Flüssigkeiten dienen Dibutylphtalat, Silikonöl, Paraffinöl, Dimathylformamid u. a.

In der UdSSR ist ein Chromatograph nach der Zirkulationsmethode entwickelt worden (TURKELTAUB

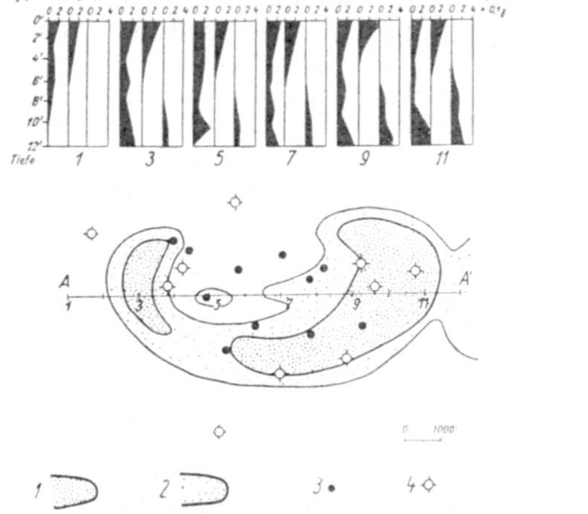

Abb. 2. Abhängigkeit der Gasführung von der Entnahmetiefe. Die Methananomalien an der Oberfläche gehen parallel der organischen Substanz und sind von ihr verursacht; die Anomalien ab 8' Tiefe entstammen der Lagerstätte (n. HORVITZ)

M = Methan, Ä = Äthan, O = organische Subst. %, 1 Teilstrich = 0,1 γ für M. u. Ä.

1 – stärkere Gasanomalien, 2 – schwächere Gasanomalien (in 12' Tiefe), 3 – produktive Bohrungen, 4 – unproduktive Bohrungen

1954). Man läßt das zu untersuchende Gasgemisch schnell durch eine Adsorptionsschicht zirkulieren. Dadurch erfolgt eine allmähliche Anreicherung der Kohlenwasserstoffgase, die dann auf eine der üblichen Arten getrennt werden. Damit sollen Konzentrationen von 10^{-7} % nachweisbar sein.

Durch die Kombination mehrerer chromatographischer Methoden hintereinander ist es gelungen, bis zu 25 Komponenten zu trennen (Konferenz Moskau 1958). Ein englisches Gerät arbeitet mit Kapillarsäulen aus Kupfer von 300 m Länge, gefüllt mit einer Trägerflüssigkeit. Damit wurden bis zu ca. 40 Komponenten getrennt, sogar Isomere sollen damit zu trennen sein.

Die mit der Gaschromatographie erreichbare hohe Empfindlichkeit hat einige überraschende Ergebnisse ermöglicht, die zu einer kritischen Betrachtung geochemischer Prospektionsergebnisse anregen. So fand JURÁNEK (Arbeitskonferenz Brno 1957) höhere Kohlenwasserstoffe bis C_5 auch in völlig erdölfreien Gebieten (z. B. im Kulm) und sogar über vulkanischen Gesteinen mit Konzentrationen, die denen über Erdöllagerstätten entsprachen. Sie wurden in Bohrlöchern gewonnen. Die Konzentration stieg dabei mit der Härte des Gesteins. Vorgeschlagen wurde eine Erklärung, welche die Entstehung dieser höheren Kohlenwasserstoffe durch thermische Zersetzung organischer Stoffe beim Bohrvorgang annimmt. Einfluß auf die Prospektionsarbeiten dürften derartige Vorgänge kaum haben, da Untersuchungen auf Kohlenwasserstoffe in Gebieten mit anstehenden harten Gesteinen wenig vorkommen. Außerdem wurden aber Spuren von höheren Kohlenwasserstoffen auch in Sumpfgasen gefunden. Sie können durch die bakterielle Tätigkeit in Oberflächennähe entstehen, ihre Menge ist um Größenordnungen geringer als in Erdölgasen. SOKOLOW wies mit Recht in der Diskussion darauf hin, daß man wegen des hohen Störpegels oberflächennahe Schichten meiden müsse; oft sind Tiefen von 8 bis 10 m nötig, um ein ungestörtes Resultat zu bekommen. In diesen Tiefen spielen, wie SOKOLOW nachgewiesen hat, auch biochemische Oxydationen keine Rolle mehr.

Von den noch zur Verfügung stehenden Nachweismethoden hat sich das Massenspektrometer in der Prospektion nicht einführen können. Grund dafür sind die Kostspieligkeit der Apparaturen, ihre schwierige Bedienung, die anspruchsvolle Stromversorgung und eine Empfindlichkeit, die an die der Chromatographie nicht heranreicht. Auch die Ultrarotabsorptions-Spektroskopie, die in der DDR (PRÖHL) versucht wurde, kann die Genauigkeit der Chromatographie nicht erreichen. Sie ist jedoch in den USA (s. Lit. u. Anonym) erfolgreich für Prospektion über Wasser angewendet worden. Während der Fahrt eines Schiffes wird laufend Wasser hochgepumpt, und die Kohlenwasserstoffe, die vom Seeboden ins Wasser austreten, werden durch Ultrarotanalyse laufend registriert.

3. Gasmessung in der Spülung

Gasaustritte in die Spülung beim Bohren messend zu verfolgen und in einer kontinuierlichen Kurve aufzuschreiben, ist ebenfalls eine bewährte und seit langem angewendete Methode. Auch hier herrschte bis vor kurzem das Bolometer- oder das Orsatprinzip vor, die ja beide die Verbrennung der Kohlenwasserstoffe zur Anzeige benutzen, wobei einmal die Verbrennungswärme, beim Orsat das entstehende CO_2 als Druckdifferenz registriert wurden. Der Nachteil dieser Methoden ist, daß alle brennbaren Gase zusammen angezeigt werden. In den USA (SCHMIDT 1958, CARAN 1959) hat man sich nun eingehend mit der Weiterentwicklung des Verfahrens beschäftigt. Auch hier hat man aus den schon genannten Gründen die Versuche mit der Massenspektroskopie aufgegeben. Man kann sie für kontinuierlich schreibenden Betrieb einrichten, doch ist die Trennung der Komponenten auf diese Weise schwierig, und es kommen die bereits genannten Nachteile für den Feldbetrieb hinzu. Die Methode eignet sich hauptsächlich für Standardanalysen im Laboratorium.

Industriell verwendet wird dagegen die Ultrarot-Analyse. Die untere Nachweisgrenze liegt hier bei $50 \cdot 10^{-6}$ %. Das Auflösungsvermögen für Einzelkomponenten wird durch Verwendung schmaler Infrarot-Frequenzbänder erreicht. Will man damit Konzentrationskurven schreiben, muß man allerdings für jede Komponente einen Ultrarotanalysator benutzen. Manche der Gasmeßgeräte schreiben daher nur die Methankurve mit der Ultrarotanalyse und vervollständigen sie durch diskontinuierliche, also punktweise, chromatographische Vollanalysen.

In der UdSSR (Konferenz 1958) hat man auch die Chromatographie für kontinuierlich schreibenden Betrieb entwickelt, wobei jedoch nur die Methankomponente aufgenommen wird, die anderen Komponenten müssen punktweise bestimmt werden. Die Meßmethode besteht darin, daß man das Gasgemisch auf den Adsorbenten ununterbrochen aufgibt, den Heizofen periodisch entlang der Säule bewegt und so einstellt, daß die am wenigsten adsorbierte Komponente, das Methan, den Adsorbenten verläßt und mit einer der genannten Methoden angezeigt wird.

4. Die bituminologischen Verfahren

Da die Probenahme bei der Bodengasuntersuchung schwierig und umständlich ist, hat man sich schon sehr bald der Bodenprobenuntersuchung zugewendet, welche die an die Bodenteilchen adsorbierten höheren Kohlenwasserstoffe zum Nachweis benutzt. Die Bindung ist

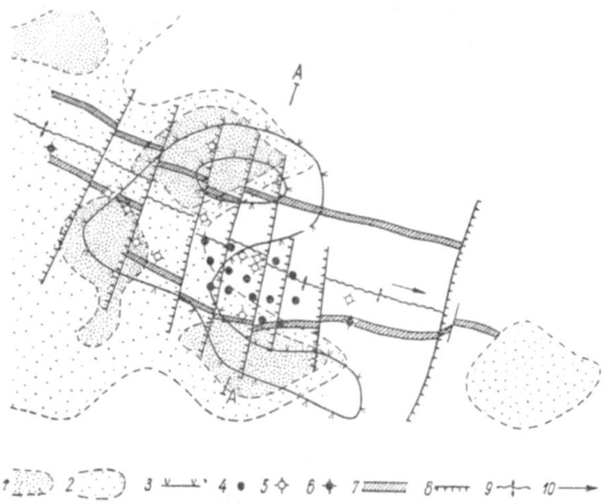

Abb. 3. Geologisch-geochemische Karte der Potok-Falte (zusammengefaßt u. vereinfacht n. STRZETELSKI)

1 — starke Bitumenanomalien, 2 — schwache Bitumenanomalien, 3 — Gammastrahlen-Anomalie, 4 — produktive Bohrungen, 5 — unproduktive Bohrungen, 6 — prod. Bohrg., aufgelassen, 7 — Ausstrich d. Hornsteins im Menilithschiefer, 8 — Störungen, 9 — Haupt-Faltenachsen, 10 — Richtung des Faltentauchens

so fest, daß die Proben ohne besondere Vorsichtsmaßregeln genommen und transportiert werden können. Zum Nachweis der Bitumina im Boden sind sowohl die Extraktionsmethode als auch die Lumineszenzmethode (nach FERGUSON) in Gebrauch. Die Extraktionsmethode (gewichtsmäßige Bestimmung der Kohlenwasserstoffe im Chloroformauszug) wurde von den ungarischen Kollegen nicht für geeignet erachtet, auch die von BLAU angegebene Methode der kalten alkalischen Extraktion, die in der ČSR versucht wurde, gab nur verzerrte Bilder der Wirklichkeit (D. RAŠIN).

Weitere Anwendung fand die Lumineszenzanalyse meist nach der von FLOROWSKAJA (1954) angegebenen Variation. In der ČSR (ŠMERAL, Arbeitskonferenz Brno 1957) trennt man am hochaktiven Silikagel die Kohlenwasserstoffe in drei Gruppen, und zwar mit Petroläther als Lösungsmittel in eine Paraffin- und Naphthengruppe. Zwei weitere Gruppen erhält man mit Chloroform und Äthylalkohol, in ihnen sind Harze, Asphaltene und Aromaten enthalten. Die Extrakte werden mit ultraviolettem Licht durch ein Wellenfilter bestrahlt und die Intensität der Lumineszenz im fluorometrischen Aufsatz des Pulfrich-Photometers bestimmt. Die Fluoreszenz der verschiedenen Bitumenarten ist sehr unterschiedlich, deshalb besteht die große Schwierigkeit darin, Standardproben für den photometrischen Vergleich herzustellen. In Ungarn extrahiert man mit CCl_4 und mit äther- und benzolhaltigen Lösungsmitteln, wobei sich Benzol am besten bewährte. Beim Photometrieren vergleicht man mit einem Ölfilm auf MgO. Dieser ermüdet aber schnell. Bessere Vergleichsmuster ergaben WG-9 Jenaglas-Prismen. Man erhält auch hier nur sehr relative Werte. Dies ist der Grund, weshalb die tschechischen Kollegen (Konferenz Brno) die Methode als nichtquantitativ ablehnten. Diese Ablehnung besteht m. E. nicht ganz zu Recht. Es liegt in der Methode, daß durch die außerordentlich verschiedene Adsorptionsfähigkeit der Bodenteilchen ein quantitativer Vergleich von Meßpunkt zu Meßpunkt sowieso keinen Sinn hat. Es ist dies das alte Problem dieser Methode, das noch nicht gelöst ist. Die Faktoren, welche die Adsorptionsfähigkeit bestimmen, sind so komplex, daß man mit einfachen Parametern, etwa Korngröße, mineralogische Zusammensetzung usw., keine quantitativen Aussagen machen kann. Die Methode hat also nur einen Sinn, wenn man abgestufte Relativwerte ermittelt. Aber auch diese geben schon sehr wertvolle Hinweise.

Auch diese Methode hat Erfolge und Mißerfolge. In Polen (GLOGOCZOWSKI) wird sie als die erfolgreichste geochemische angesehen, in Ungarn wird sie als „nicht unbrauchbar" bezeichnet. Auch in Rumänien wird sie günstig beurteilt. Allgemein wird festgestellt, daß die bituminologischen Verfahren bessere und deutlichere Anomalien ergeben als die Bodengasmethode.

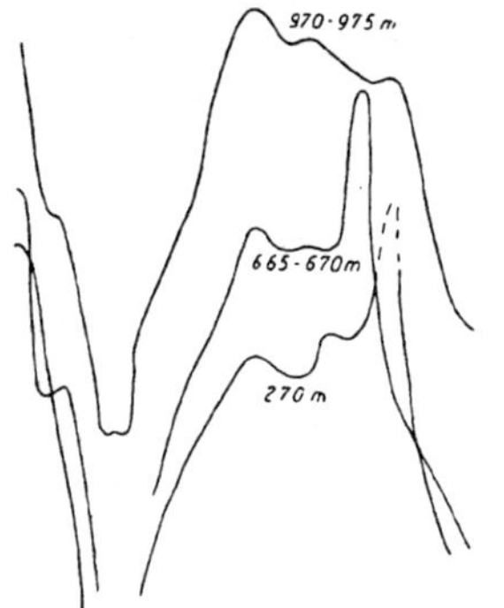

Abb. 5. Vertikale Wanderung der KW. Differential-Thermoanalyse an Kernen aus verschiedenen Tiefen einer Erdölsonde. Zunahme der Intensität und Verschiebung der Selbstentzündungstemperaturen mit wachsender Tiefe zeigt Verschiebung der Sorptionsgleichgewichte: Anreicherung von höheren KW in der Tiefe (n. MARESCH)

ŠMERAL (ČSR) (Arbeitskonferenz Brno 1957) stellte fest, daß bituminologische Anomalien auch über vulkanischen Gesteinen und in ölfreien Gebieten durch die Tätigkeit von Bodenbakterien auftraten. Dies wurde durch Untersuchungen in verschiedener Tiefe bestätigt. Entscheidend für die Erkennung migrierten Bitumens ist das Fehlen von Huminsäuren. Hoher Gehalt an Huminsäuren geht zusammen mit größerem Gehalt an bakteriellen Bitumen. Bituminologische Untersuchungen sollten daher stets gleichzeitig mit Huminsäureanalysen durchgeführt werden. Fluoreszenzmessungen sind auch bei der Aufnahme von Bohrungen von großem Wert, besonders zum Zwecke der Korrelation verschiedener Erdölspeicher (ZIERFUSS und COUMOU 1956). Hierfür sind spezielle Fluorimeter entwickelt worden. Das Grundprinzip der Fluorimeter ist jedoch stets die Messung der Intensität des Fluoreszenzlichtes mittels Photozellen.

Außer der Lumineszenzanalyse können für die Untersuchung der Bitumina auch die Differential-Thermoanalyse (MARESCH 1959), die Chromatographie oder die Papierchromatographie angewendet werden.

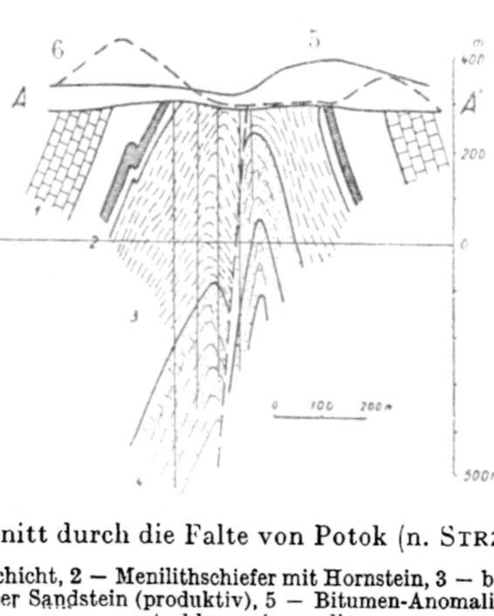

Abb. 4. Schnitt durch die Falte von Potok (n. STRZETELSKI)

1 — Krosno-Schicht, 2 — Menilithschiefer mit Hornstein, 3 — buntes Eozän, 4 — Ciężkowicer Sandstein (produktiv), 5 — Bitumen-Anomalie, 6 — Gammastrahlungs-Anomalie

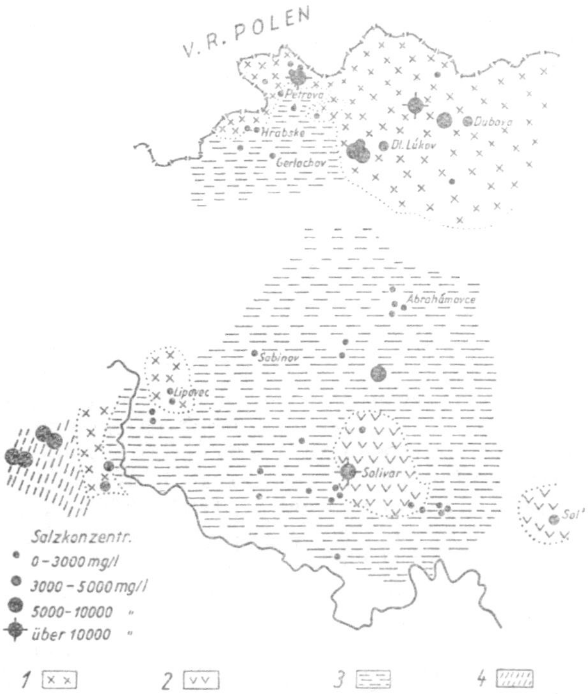

Abb. 6. Hydrochemie der Mineralwässer im Kreis Prešov (n. ZYKA & JURÁNEK)

1 — Natrium-Bikarbonat-Typ (Erdöl-Lagerst.-W.), 2 — Natriumchlorid-Typ (Salzlagerst.), 3 — Kalziumbikarbonat-Typ (Süßwasser), 4 — Kalzium-karbonat-Typ (Evaporite)

Zur Methodik ist ein in Polen angewendetes Verfahren bemerkenswert. Dort werden aus den seismischen Schußbohrungen Bodenproben entnommen und analysiert, so daß gleichzeitig mit der seismischen auch die geochemische Aufnahme vorliegt (Konferenz Brno 1957).

5. Erkenntnisse über die Migration der Kohlenwasserstoffe

Die erfolgreiche Anwendung geochemischer Methoden setzt Migration und Diffusion voraus, die von der Lagerstätte senkrecht nach oben verläuft. Natürlich sind auch andere Wanderwege möglich, welche in permeablen Gesteinen von Druckgefällen und Unterschieden im Kapillardruck abhängen und jede Richtung haben können. Es sind dies Vorgänge, die zur Lagerstättenbildung führen, aber auch zur Vernichtung von Lagerstätten. Wenn eine Lagerstätte erhalten werden soll, müssen diese Wege verschlossen sein. Es bleiben sonach für die Bewegung der Kohlenwasserstoffe hauptsächlich der Gasaustausch Molekül für Molekül in Kapillaren, die kleiner sind als die mittlere freie Weglänge der Kohlenwasserstoff-Moleküle, und die Diffusion, welche durch die Kristallgitter hindurch erfolgt. Diese Bewegungen gehen senkrecht nach oben. Dabei tritt eine selektive Adsorption an den Teilchen des Gesteins ein, die Zusammensetzung des wandernden Gemisches ändert sich demgemäß längs des Weges. Durch Analyse der adsorbierten Kohlenwasserstoffe aus Bohrkernen über Erdöllagerstätten ließ sich der Weg dieser Stoffe nachweisen (HORVITZ 1954). Außer dem direkten Nachweis der Migration haben diese Erkenntnisse auch zu weiteren Prospektionsmöglichkeiten geführt. Darüber wird aus Österreich (MARESCH 1959) und aus USA (B. NAGY & J. P. WOURMS jr.) berichtet. MARESCH untersuchte mittels Differential-Thermoanalyse Ton- und Mergelgesteine aus Bohrkernen über Erdöllagerstätten. Er konnte eine Gesetzmäßigkeit in der Mengenzunahme und Zusammensetzung der adsorbierten Stoffe mit Annäherung an die Lagerstätte feststellen. Die gefundene Gesetzmäßigkeit versuchte er dafür anzuwenden, Blindproben aus anderen Bohrungen teufenmäßig zu bestimmen. Dies gelang überraschend gut. Da Mengen von 10^{-5} g mit DTA nachweisbar sind, besteht gute Aussicht, eine neue Erkundungsmethode zu entwickeln, wobei natürlich auch andere Verfahren zum Nachweis verwendet werden können. Wird diese Methode ausgebaut, dann erlaubt sie uns, Schlüsse auf Richtung und Entfernung der Lagerstätte aus Kernproben oder auch aus Proben des Anstehenden zu ziehen. Denselben Weg gehen Forschungsarbeiten, die unter Leitung von NAGY (1959) in den USA durchgeführt werden.

6. Die bodengeochemische Methode

Außer den Kohlenwasserstoffen und Wässern migrieren auch noch andere Stoffe, die als Hinweis für Lagerstätten dienen können. Es handelt sich hier besonders um Salze der Halogene und die biogenen Elemente J und Br. Jedoch ist hierbei zu beachten, daß deren adsorptive Bindung an die Bodenteilchen viel weniger fest ist, so daß sie im humiden Klima leicht ausgewaschen werden. Dazu kommen chemische Prozesse und Reaktionen mit anderen Salzen, welche die Zusammensetzung der wandernden Stoffe völlig verändern können. Die Prozesse bringen aber charakteristische Besonderheiten in der Zusammensetzung der Böden und der Bodenwässer hervor sowie Anomalien in deren physikalischem Verhalten (Redoxpotential). Diese Untersuchungen wurden hauptsächlich in der UdSSR unter der Leitung von GEODEKJAN (Konferenzen in Brno u. Moskau) durchgeführt. Direkte Anzeiger für Öl im Bodenwasser können Ölsäuren oder Jod sein. Der Cl-Gehalt ist dagegen nur bedingt brauchbar. Über einigen Erdöllagerstätten fanden sich erhöhte Gehalte an $CaCO_3$. Über der Struktur Neftetschala fand man Gehalte an leichtlöslichen Salzen von 3,5—8%, in erdölfreien Gebieten aber nur 0,5—2%. Das Verhältnis Cl/SO_4 war 3 bis 5, außerhalb 1 bis 2. Die Jodgehalte über der Struktur waren 1000 bis $1200 \cdot 10^{-6}$%, in erdölfreien Gebieten $370 \cdot 10^{-6}$. Die migrierenden Gaswässer verursachten Abweichungen vom Redoxzustand; über der Erdölstruktur fanden sich 400—700 mV, sonst 100—300 mV; die löslichen Bitumina der Extrakte betrugen entsprechend 40% gegen 8—10%. Freier Schwefel zeigt das Reduktionsverhalten

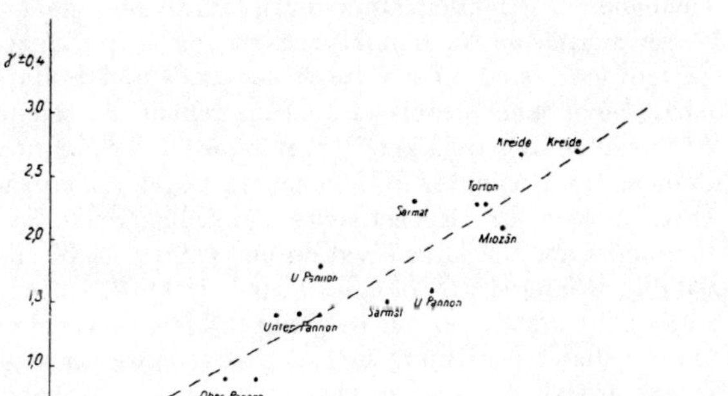

Abb. 7. Deuteriumoxydgehalt der Tiefenwässer in Abhängigkeit von Tiefe und geologischem Alter (n. ILLES)
Karstwasser (Trias-Dolomit) 2500 m Tiefe

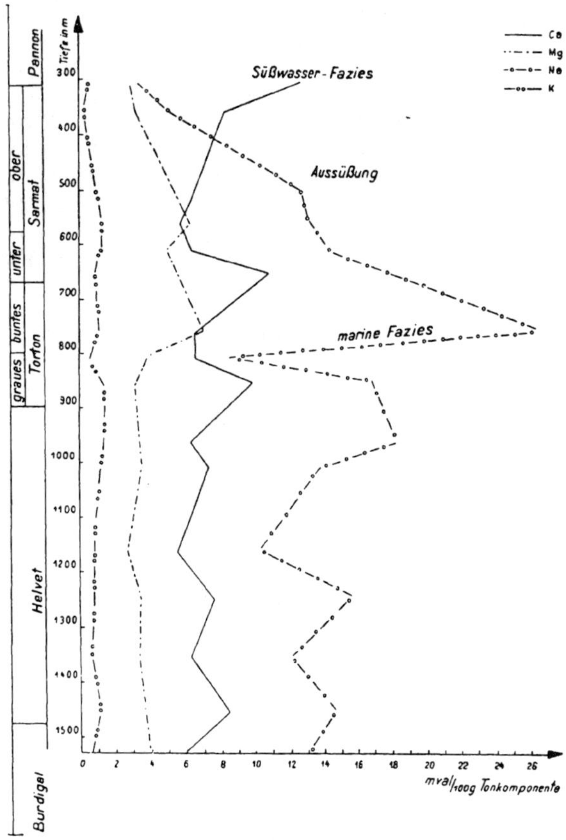

Abb. 8. Gehalte an austauschfähigen Kationen in einem Bohrprofil (nach MICHALIČEK, ČSR)

des Bodens an und ist damit auch ein Anzeiger für die Anwesenheit von Kohlenwasserstoffen. In Polen wurden recht gute Ergebnisse mit der Feststellung von Schwefelanomalien erzielt, sie fallen mit den Bitumenanomalien zusammen.

7. Hydrogeochemische Methoden

Die umfangreichsten Arbeiten auf diesem Gebiet wurden in der UdSSR geleistet (E. A. BARS u. a.) (Konferenzen in Brno u. Moskau). Die Wässer von Erdöllagerstätten unterscheiden sich in typischer Weise von anderen Wässern. Zwar ist der Chemismus der Wässer von der Geologie abhängig, die Kennzeichen der Lagerstättenwässer können aber als Anomalien diesen aufgesetzt erkannt werden. Im Gegensatz zu den oberflächennahen Chlorkalziumwässern sind die Tiefenwässer meist vom Natrium-Hydrokarbonat-Typ. Lagerstättenwässer sind jedoch durch den Jod- und Sulfatgehalt nicht mehr genügend gekennzeichnet, da solche Wässer auch in artesischen Becken ohne Öl vorkommen können. Die genannten Komponenten zeigen allgemein Abschluß von der Erdoberfläche und reduzierende Bedingungen an. Die Mineralisation der Wässer ist 30 bis 200 g/l; Cl überwiegt, Na und Ca sind reichlich, Karbonate und Sulfate aber nur in geringen Mengen vorhanden. In dieser Beziehung sind Lagerstättenwässer und Wässer artesischer Becken also etwa gleich. Das kann auch für die Jodgehalte zutreffen. Es sollte deshalb immer festgestellt werden, ob der Jod- und Borgehalt in bezug auf die Umgebung hoch ist. Charakteristisch für Lagerstättenwässer ist aber Ammonium, auch H_2S als Indikator erhöhter Reduktion. In den Randgebieten der Lagerstätten ist H_2S an der Oberfläche zu freiem Schwefel oxydiert. Der Schwefelindex kann daher zur Erkundung dienen. Wichtig ist ferner die Untersuchung auf organische Säuren, Naphthene, Ölsäuren, auch Phenole.

Das Verhältnis Cl/Br verringert sich stark mit Annäherung an Lagerstätten bis zur Größenordnung von 150—180. Als charakteristische Indexe für Lagerstättenwässer wurden der Gehalt an organischem Kohlenstoff, an organischem Stickstoff, das Verhältnis C/N und die Jodoxydationszahl neu eingeführt. Bei Erdölwässern geht das Verhältnis C/N bis auf 1 zurück, das Verhältnis C/O_{Jod} wächst über 0,4.

Diese Untersuchungen sind natürlich nur in Gebieten mit Bohrungen möglich. Im unerschlossenen Gebiet werden die Oberflächenwässer hydrochemisch untersucht (einschließlich der Grund- und Quellwässer). Diese Untersuchungen geben Aufschluß über den allgemeinen geochemischen Zustand eines Gebietes in Abhängigkeit von seinem geologischen Bau. Große Gebiete von Aserbaidschan, des Ural-Wolgagebietes, des zentralen Teiles der Russischen Tafel, Sibiriens, der Ukraine und Armeniens sind untersucht und hydrogeochemische Karten hergestellt worden.

Auch aus der ČSR liegen Prospektionserfahrungen vor (Konferenz Brno 1957). Als analytische Methoden wurden hier verwendet: Chromatographie an Ionenaustauschharzen für die Alkali-Analyse, komplexometrische Titration für alkalische Erden, Nephelometrie für Naphthensäuren, Gaschromatographie für gelöste Gase. Eine Reihe von Beispielen zeigte die Abhängigkeit des Wassertyps vom geologischen Bau. Über die zur Charakterisierung der Wässer anzuwendenden Indexe besteht noch keine Übereinstimmung. In Polen verwendete man

$$\frac{Cl \cdot HCO_2 \cdot H_2S}{SO_4 \cdot NO_2 \cdot NO_3}; \quad \frac{Na + K}{Ca + Mg}; \quad \frac{K}{Na} \quad \frac{Na - Cl}{SO_4}$$

In der ČSR dagegen verwendet man das PALMERsche System mit

$$CO_3; \quad \frac{Cl \cdot SO_4}{Cl}; \quad \frac{Na}{K}; \quad \frac{Ca}{Mg}$$

In der UdSSR wendet man das SULINsche System an (W. A. SULIN 1946). In Anwendung auf die Verhältnisse in der DDR dürfte die hydrogeochemische Methode mit Oberflächenwässern im Norddeutschen Flachland auf beträchtliche Schwierigkeiten stoßen. Einmal deckt eine mächtige känozoische Decke von etwa 600 m und mehr Mächtigkeit alle Strukturen zu, zum anderen sind die Störungen der chemischen Verhältnisse durch Industrie, Kultur und alle Arten von Abwässern beträchtlich. Die Methode kommt daher nur für begrenzte Gebiete innerhalb der DDR in Frage. Um so wichtiger ist die genaue Untersuchung aller Tiefenwässer, die zu den wichtigsten Prospektionsaufgaben gehört.

Interessante Arbeiten über den Deuteriumoxyd-(Schwerwasser-) Gehalt der Tiefenwässer wurden von ungarischen Kollegen durchgeführt (ILLES, Konferenz Brno 1957). Der Deuteriumgehalt wurde durch eine Mikrodichtebestimmung ermittelt. Angewendet wurde die Tropfenfallmethode mit Orthofluortoluol als Fallmedium, die pyknometrische Methode und besonders die Schwimmermethode bei verschiedenen Temperaturen. Dabei wird die Dichteänderung bei Temperaturänderungen in einem bekannten Vergleichswasser und dem unbekannten Wasser mit einem Quarzschwimmer gemessen und aus den Differenzen die D_2O-Gehalte ermittelt, wobei das Wasser vorher ohne Verschiebung der Isotopenverhältnisse sorgfältig gereinigt werden muß. Die Analyse dauert etwa 12 Stunden. Es ergab sich aus etwa 30 Analysen eine Zunahme des D_2O-Gehaltes mit der Tiefe und dem geologischen Alter, das man mit dieser Methode bestimmen kann. Aber auch eingedrungene Oberflächenwässer in tieferen Schichten lassen sich erkennen. Weitere Untersuchungen müßten den Befund erhärten.

8. Andere geochemische Untersuchungen

Über die Messung radioaktiver Strahlungen an der Erdoberfläche zum Zwecke der Erdölerkundung soll hier nicht gesprochen werden. Auch die mikrobiologische Prospektionsmethode braucht keine nähere Erläuterung, da hier eine kompetente Arbeit von SCHWARTZ (1959) erschienen ist. Erwähnt werden müssen aber die Arbeiten zur Untersuchung des geochemischen Sedimentationsmilieus. Auch hier sind besonders in der UdSSR (TEODOROWITSCH 1947 u. 1952) zahlreiche Untersuchungen durchgeführt worden, die nunmehr auch in der DDR aufgegriffen wurden. Außer den Erscheinungsformen von Fe, S, J, Br, V, Ni, Co werden jetzt auch die organischen Stoffe untersucht. Besonderes Interesse gilt dem Redoxpotential, das meist auf physikalischem Wege potentiometrisch bestimmt wird. In der ČSR wurde durch JANÁK und MICHALIĆEK (Konferenz Brno 1957) auf diesem Gebiet ebenfalls gearbeitet. Sie untersuchten insbesondere die Ionenaustausch-Komplexe. Die Kolloid- und Aluminosilikatkomponenten der Tone sind Träger der Ionenaustauschkomplexe. Die austauschfähigen Kationen der sedimentären Gesteine zeigen den chemischen Charakter des Sedimentationsmilieus, Na, K und Mg sind typisch für die Salinität des Milieus. Zur Bestimmung austauschfähiger Kationen der Tone eignet sich eine Lösung von Ammoniumazetat. Zur Verhinderung der Lösung von Ca- und Mg-Karbonaten wird alkoholische 1n-Ammoniumazetatlösung benutzt. Der Gehalt an adsorbiertem Na ist für limnische Sedimente 1—3 mval, für brackische 2—5 mval und für marine 10—15 mval pro 100 g. Die Gehalte an K und Mg sind geringer, aber ebenfalls charakteristisch.

Neben den Schwermetallen und den Halogenen sind auch die Tone wichtige Indikatoren für die geochemische Fazies. Sie haben ganz bestimmte Stabilitätsbereiche, die besonders in den USA von KELLER (1956) untersucht wurden. Die Kaolin-Mineralien sind typisch für oxydierende Auslaugungszonen, die Montmorillonite für Reduktionszonen und alkalische Umgebung, die Illite sind Anzeiger normaler mariner Bedingungen und die Bauxite und Laterite sind Mineralien der Bodenzone warmer, feuchter Klimate.

Die Stabilitätsbedingungen einer Reihe von Typenmineralien bei verschiedenen Redoxpotentialen und p_H-Werten hat TEODOROWITSCH untersucht und aus deren Kombination eine große Zahl von geochemischen Faziestypen aufgestellt mit den dazugehörigen Komponenten.

Die Untersuchung von Isotopenverhältnissen findet auch in der Erdölgeologie immer weitere Anwendungen. Ein interessantes Ergebnis haben THODE, MONSTER und DUNFORD (1958) bekannt gegeben. Sie untersuchten von verschiedenen Ölfeldern in den USA und Canada das Verhältnis S^{34}/S^{32} in den Ölen und den schwefelhaltigen Begleitmineralen. Es zeigte sich dabei, daß absoluter Schwefelgehalt und Isotopenverhältnisse in weiten Grenzen schwanken, nicht aber, und das ist das Bemerkenswerte, das Isotopenverhältnis in einem bestimmten Speichergestein selbst über weite Entfernungen. Dies führt zu der Vorstellung, daß bei der Lagerstättenbildung weite laterale Migrationen stattgefunden haben, aber keine vertikalen.

9. Schlußbetrachtungen

Die geochemischen Verfahren zur Aufsuchung von Erdöl- und Erdgaslagerstätten haben eine durchaus reale und wissenschaftlich gesicherte Basis. Die Erfolgsrate liegt nach JASENEWA in der UdSSR bei 200 untersuchten Fällen etwa bei 60%. Ebenso hoch ist sie bei den etwa 100 von HORVITZ in USA untersuchten Fällen. Sie läßt sich sicher noch steigern, wenn man die Vorgänge noch genauer erforscht haben wird. Wir sind dabei, die verschiedenen Wanderwege der Kohlenwasserstoffe kennenzulernen, sowohl die, welche zur Lagerstättenbildung führen, als auch die, welche die Anomalien an der Erdoberfläche erzeugen. Wir haben bereits verbesserte Vorstellungen über die geochemischen Bedingungen für die Entstehung von Kohlenwasserstoffen. Weshalb über manchen Lagerstätten keine Anomalien auftreten, muß noch geklärt werden. Anomalien in Gebieten, in denen keine Lagerstätte angetroffen wurde, können auf zerstörte Lagerstätten zurückgehen. Noch nicht geklärt sind die haloförmigen Anomalien der im Boden adsorbierten Bitumina über Erdöllagerstätten. Ob sie auf die Tätigkeit von Bakterien zurückzuführen sind, die über der Lagerstätte optimale Bedingungen finden und dort die Kohlenwasserstoffe verzehren, wie SOLI (1957) meint, ist noch nicht entschieden. Wenn man alle diese Methoden der Geochemie kritisch anwendet, miteinander kombiniert und sie zusätzlich zu geophysikalischen Messungen ausführt, dann sind sie wertvolle Hilfsmittel bei der Erdölerkundung, die noch dazu den Vorteil haben, billig zu sein.

Literatur

ANTONOW, P. L.: Über die Diffusionspermeabilität einiger Tongesteine; Sammelwerk: Geochemische Methoden der Erdöl- und Erdgasprospektion. — Gostoptechisdat, Moskau 1954 (Russisch).

BAECKER, B.: Hydrochemie und Tektonik. — Gas- u. Wasserfach 94 (1953), No. 14, S. 417—420.

BEERSTECHER, E.: Petroleum Microbiology. — Elsevier Press, Houston 1954.

BERGH, A. & STEGENA, L.: A geokémiai szenhydrogénkutatás néhány modszertani Kérdéseröl. (Einige geochemische Fragen über geochemische Kohlenwasserstoff-Forschung.) — Geofizikai Közlemények, Budapest 5 (1956), Nr. 4, S. 21—39.

BOLZ, H. M.: Das registrierende Ultrarotspektralphotometer UR 10. — Feingerätetechnik H. 1 (1957), S. 4.

CARAN, J. G. & CARAN, S. H.: What's new in mud logging techniques. — Oil- a. Gas-Journ. V 57 (1959,) Nr. 7, S. 116—120.

FLOROWSKAJA, W. N.: Lumineszenz-bituminologische Untersuchungsmethode bei der Suche nach Erdöllagerstätten (Russisch). — Moskau-Leningrad 1954.

GŁOGOCZOWSKI, J.: Nowy geochemiczny wskażnik ropo-i gazonośności (Neuer geochemischer Indikator zur Bestimmung von Öl- und Gasansammlungen). — Nafta (Krakau) 1954, H. 1, S. 2—6.

HORVITZ, L.: Near-surface hydrocarbons and petroleum accumulation at depth. — Mining Engineering 6 (1954), H. 12, S. 1205—1209.

— How geochemical analysis helps the geologist find oil. — Oil- a. Gas-Journ. 55 (1957), H. 45, S. 234—242.

JANÁk, J.: Teorie spojité iontové a koncentračni rovnováhy hlubinných vod v sedimentačních pānvích. (Theorie des kontinuierlichen Ionen- und Konzentrationsgleichgewichtes der Untergrundwässer in den Sedimentationsbecken.) — Práce ústavu pro naftový výzkum, řada E, Nr. 4—8, Prag 1955, S. 26.

— Klacifikace hlubinných vod čs časti vnitroalpské pānve. (Klassifikation der Untergrundwässer des tschechoslowakischen Teils des Inneralpinen Beckens.) — Ebenda, S. 29—75.

— Chromatografická plynovà prospekce z hlubinných vod. (Chromatographische Erdöl- und Erdgasprospektion mit Tiefenwässern.) — Práce ústavu pro naftový výzkum, řada E, Nr. 17—21, Prag 1956, S. 5—28.

JURÁNEK, J.: Oxydačně redukčni potenciály hornin. Metodika analys. Sledováni ve vrstvách podpovrchových. (Redoxpotentiale der Gesteine; Methodik der Analysen; Untersuchung in unteren Oberflächenschichten.) Práce ústavu pro naftový výzkum, řada E, Nr. 26—30, Prag 1956, S. 37—58.

KARZEW, A. A., TABASSARANSKIJ, S.M., SUBBOTA, M. J. & MOGILEWSKIJ, G. A.: Geochemische Methoden bei der Suche und Erkundung von Erdöl- und Erdgaslagerstätten (Russisch). — Moskau-Leningrad, Gostoptechisdat, 1954.

KELLER, W. D.: Clay minerals as influenced by environments of their formation. – Bull. A. A. P. G., V. 40 (1956), Nr. 11, S. 2724–2734.

KMIECIK, M., SZURA, T. & DOBRZYNIECKI, L.: Elektryczny aparat do oznaczania zawartości gasów i par painych w powietrzu. (Elektr. Apparat zur Bestimmung des Gehaltes von brennbaren Gasen in Luft.) – Prace instytutu naftowego, Seria B, Nr. 26, 1953.

MARESCH, O.: Anwendung der Differenzen-Thermoanalyse auf Spuren organischer Substanzen. – Erdöl-Zeitschrift 75 (1959), H. 3, S. 67–71.

NAGY, B.: Fundamentals of geochemistry. – The Oil- a. Gas-Journ. V, 56 (1958), H. 28–31.

NAGY, B. & WOURMS, J. P. jr.: Experimental study of chromatographic-type accumulation of organic compounds in sediments; an introductory statement. – Bull. of the Geol. Soc. of Am. V 70 (1959), Nr. 5, S. 655 bis 660, sowie kurze Notiz in Petroleum Week, H. 4, 1959 (30. Januar), S. 26.

RAŠIN, D.: Kriticke zho-dnocení naftoprospekční metody barevnych reakci (Blau). (Kritische Bemerkungen zu Erdölprospektionsmethoden mittels Farbreaktionen [Blau].) – Práce ústav pro naftový výskum, řada E, Prag 1956.

SOKOLOW, W. A.: Die Gasvermessung. Übersetzung aus dem Russ. – Berlin, VEB Verlag Technik, 1955.

– Erdgas- und Erdölmigration (Russisch). – Verlag d. Akad. d. Wi. d. UdSSR, Isd. Akademii Nauk SSSR, Moskau 1956.

SOLI, G. G.: Microorganisms and geochemical methods of oil prospecting. – Bull. A. A. P. G., Tulsa. 41 (1957), H. 1, S. 134–140.

SPECTOR, N. A. & DODGE: Calorimetric method for determination of traces of carbon dioxide in air. – Analytical chemistry, V. 19 (1947).

SULIN, W. A.: Die Wässer der Erdöllagerstätten im Bodenwassersystem (Russisch). – Gostoptechisdat, Moskau 1946.

ŠMERAL, J.: Luminescentrú bitumenologická naftoprospekční metoda. – Práce ústavu pro naftový výzkum, řada E., Nr. 4–8, Prag 1955.

– Chromatografická mikroanalysa horninových bitumenú. (Chromatographische Mikroanalyse der Gesteinsbitumen.) – Práce ústavu pro naftový výzkum, řada E, Nr. 17–21, Prag 1956.

SCHMIDT, K. H.: Improved logging methods reveal productive zones. – World Oil, V 147 (1958), Nr. 6, S. 125–129.

SCHOELLER, H.: Géochimie des eaux souterraines-application aux eaux des gisements de pétrole. – Rev. de l'Inst. Franç. d. Pétrole (1955), H. 3–8.

SCHWARTZ, W. & MÜLLER, A.: Methoden der Geomikrobiologie. – Freiberger Forschungshefte C 48, 1958.

STRZETELSKI, J.: Wyniki i interpretacja doświad czalnych badań geochemicznych. (Ergebnisse und Interpretation geochemischer Untersuchungen.) – Prace instytutu naftowego, Seria A, Nr. 40 (1955).

TEODOROWITSCH, G. J.: Sedimentäre geochemische Fazies (Russisch). Bull. d. Mosk. Ges. f. Naturforscher (Bull. Mosk. Obschtschestwa ispgtalelei prirody), Bd. 1, Ausg. 1, (1947).

– Über geochemische und andere die Bildung von Erdölbitumina begünstigende Bedingungen (Russisch). – Erdölwirtschaft Nr. 12 (1952), Neftjanoje Chosjaistwo Nr. 12 (1952).

THODE, H. G., MONSTER, J., DUNFORD, H. B.: Sulphur isotope abundances in petroleum and associated materials. – Bull. A. A. P. G., V. 42 (1958), H. 11, S. 2519–2641.

TURKELTAUB, N. M. & SUBBOTA, M. J.: Geochemische Methoden der Erdöl- und Erdgasprospektion (Russisch). – Gostoptechisdat, Moskau 1954.

ZIERFUSS, H. & COUMOU, D. J.: Use of quantitative fluorescence measurements in drilling operations. – Bull. A. A. P. G., V. 40 (1956), H. 11, S. 2724–2734.

ZÝKA, V. & JURÁNEK, J.: Příspěvek ke geochemii minerálních vod severní a severozápadní části Prešovskéno Kraje. (Beitrag zur Geochemie der Mineralwässer im nördlichen und nordwestlichen Teile des Kreises Prešov.) – Práce ústavu pro naftový výzkum, řada E, Nr. 17–21, Prag 1956.

Arbeitskonferenz über Fragen der angewandten Chemie und Mikrobiologie in der Erdölforschung, -bohrung und -förderung, 1.–5. X. 1957, Ústav pro naftový výzkum, Brno.

Materialien der Konferenz über geochemische und radiometrische Erdölerkundung, Moskau, 21.–26. IV. 1958.

Anonym: Offshore gas-seeps are detected quickly with new technique. – Oil- a. Gas-Journ., Tulsa, 46 (1958), H. 48, S. 82.

Autorenkollektiv: Die Hydrogeologie im Dienste der Erdölprospektion. – Gosgeolisdat, Moskau 1957.

Zum Abhängigkeitsverhältnis zwischen Geochemie und Nutzporosität in der Karbonatfolge des Zechstein 2 am Westteil der Struktur Mulkwitz (Niederlausitz)

KARL HINZ, Gommern

1. Voraussetzungen, Aufgabenstellung

In Anlehnung an die Untersuchungen von CHILINGAR und TERRY (1954/56) in Karbonatgesteinen Nordamerikas sollte geprüft werden, ob sich auch in den Karbonatgesteinen Mitteldeutschlands der für die Erdölexploration außerordentlich wichtige ursächliche Zusammenhang zwischen Ca/Mg-Verhältnis und effektiver Nutzporosität nachweisen läßt[1]). Vor allem kommt hierfür der Hauptdolomit des Zechstein 2 (Staßfurt-Serie) in Frage, der nach den Erfahrungen aus Thüringen und dem Harzvorland als Erdölspeicher anzusehen ist.

CHILINGAR und TERRY kamen auf Grund ihrer Untersuchungen an amerikanischen Dolomiten zu der Erkenntnis, daß das Ca/Mg-Verhältnis der Porosität umgekehrt proportional ist. Sie konnten ferner beweisen, daß sekundäre Lösungs- und Dolomitisierungsvorgänge das Ca/Mg-Verhältnis karbonatischer Gesteine nachträglich verändern.

Im Falle der sekundären Dolomitisierung führt der Austausch von Kalzit durch Dolomit zu einer Volumenverkleinerung und damit zu einer erhöhten Porosität.

Sekundäre Lösungen, etwa zirkulierende Untergrundwässer, verursachen die bei den Dolomiten weit verbreitete Lösungsporosität.

Nach HOHLT (1948) zeigen Dolomite mit wenig orientierten c-Achsen eine höhere Lösungsporosität als solche mit bevorzugt orientierten c-Achsen.

Die diesbezüglichen Vergleichsuntersuchungen wurden im Westteil der Struktur Mulkwitz durchgeführt, wo auf Grund der großen dortigen Bohrtätigkeit auf Kupfererze neues Kernmaterial vom Hauptdolomit zur Verfügung stand (vgl. F. KÖLBEL 1958).

Aus diesem Kernmaterial wurden für petrographische Untersuchungen 7 Hauptdolomitprofile ausgewählt, während für die geochemischen und petrophysikalischen Untersuchungen 4 Hauptdolomitprofile herangezogen wurden.

[1]) Vgl. hierzu R. MEINHOLD, „Probleme der Erdölerkundung im Zechstein"; Vortrag, gehalten auf der Jahrestagung der Geol. Ges. DDR, Weimar 1959.

2. Petrographie

Der zwischen 20 und 35 m mächtige Hauptdolomit des Zechstein 2 ist im Bereich der Struktur Mulkwitz megaskopisch zumeist dicht- bis feinkristallin, von hell- bis dunkelbrauner Farbe und nur örtlich stärker bituminös ausgebildet.

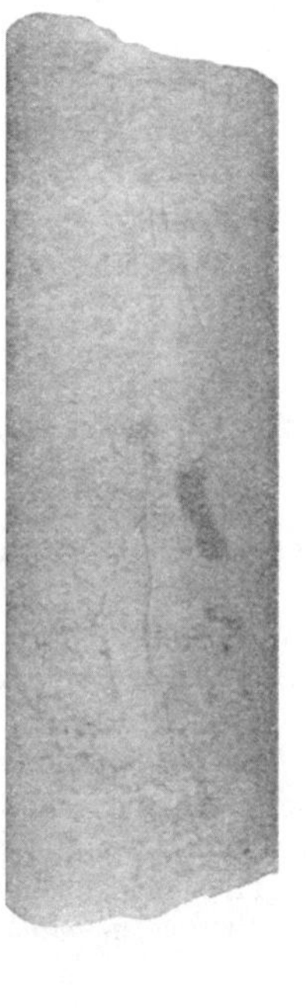

Abb. 1. Hauptdolomitkern mit vereinzelt auftretenden Anhydritaugen und Klüften, Bhg. Spremberg 15

Bezeichnend ist eine ausgesprochen klüftige Entwicklung der Dolomite. Die Klüfte sind fast durchweg nachträglich wieder durch Anhydrit und Gips verheilt. Lokal erscheint der Dolomit, hervorgerufen durch feine Bitumenlagen, feiner oder gröber gebändert (s. Abb. 1 u. 2).

Eine feinstratigraphische Gliederung der Karbonatfolge des Zechstein 2, insbesondere das Ausscheiden einer oolithischen Zone bzw. einer Algenzone, wie es DEUBEL (1932) im nordwestlichen Thüringer Becken getan hat, ist hier nicht möglich.

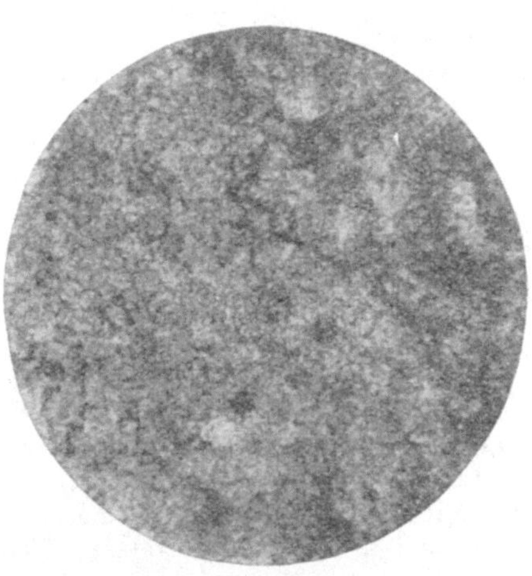

Abb. 2. Stylolithennaht im Dolomit mit Bitumenbesteg. + Nicols, 120fach vergrößert, Bhg. Spremberg 15

Die wesentlichen Mineralbestandteile sind vor allem Dolomit, Anhydrit und sehr selten Pyrit.

Der Dolomit findet sich, wie Dünnschliffuntersuchungen ergeben, in Form xenomorpher, selten auch hypidiomorpher Kristalle; strukturell erscheint er pflasterartig.

Der Anhydrit liegt als körniges oder stengeliges Kalziumsulfat in Form kleiner Nester vor. Vorwiegend ist er an Klüften und feinen Haarrissen zu beobachten. Er scheint durchweg jünger als der Dolomit zu sein.

Daneben treten im Gestein runde bis elliptische, zuweilen auch unregelmäßig begrenzte Poren auf (∅: 0,02 bis 0,4 mm), die isoliert im Gestein liegen. Die ermittelten Nutzporositäten in Vol.-% variieren zwischen 0,4 und 14%.

Die für die strömenden Vorgänge wichtige Hohlraumgröße wird als effektive Porosität (Nutzporosität) bezeichnet.

Meßmethodik:

Nach erfolgter Massebestimmung des bei 105° C getrockneten Gesteinskörpers von 6 bis 10 cm³ Größe wird der Meßkörper in einem Exikator im Niederdruck mit einer gasfreien Vergleichsflüssigkeit (CCl_4), die in ihren physikalischen Eigenschaften bekannt ist, getränkt.

Die Masse des Gesteins mit den mit Meßflüssigkeit erfüllten Poren wird gemessen und aus diesen beiden Größen schließlich die Nutzporosität in Vol.-% ermittelt (HAMEISTER 1957).

Relativ hohe Nutzporositäten finden sich nach den vorliegenden Ergebnissen meistens im Bereich des Überganges vom Hauptdolomit zum Werra-Anhydrit bzw. Basalanhydrit.

Im Hauptdolomit der Bohrung Spremberg 15 (siehe Abb. 3) nehmen die ermittelten Nutzporositätswerte vom Hangenden zum Liegenden ab; in der Bohrung Spremberg 17 ist es gerade umgekehrt.

Der Nachweis feinstratigraphisch definierbarer und auch korrelierbarer Zonen, die sich durch größere Nutzporositäten auszeichnen, läßt sich zunächst innerhalb des Hauptdolomits im Untersuchungsgebiet nicht erbringen.

3. Geochemie

Methodik:

Die Karbonatfolge des Zechstein 2 kann recht beachtliche Mengen Anhydrit enthalten. Aus diesem Grunde wurde vom üblichen Verfahren der Ca/Mg-Bestimmung Abstand genommen und ein vom Zentrallabor des VEB Erdöl und Erdgas ausgearbeitetes verkürztes Verfahren der Vollanalyse zur Anwendung gebracht.

Bestimmt wurden: Glühverlust, CaO, MgO, SO_3, Al_2O_3 + Fe_2O_3 + SiO_2.

Die zusammenhängende Karbonatfolge des Zechstein 2 setzt im Westteil der Struktur Mulkwitz häufig erst nach einer geringmächtigen karbonatischen Vorphase (siehe Abb. 3) ein. In den so bearbeiteten Bohrungen lassen sich auf Grund des chemisch erfaßten $CaMg(CO_3)_2$-Gew.-%-Anteils in dem sonst petrographisch eintönig erscheinenden Hauptdolomit deutlich chemische Ablagerungsrhythmen erkennen. Wenngleich die numerische Änderung des Dolomitgehaltes, der sich zwischen 84 und 98 Gew.-% bewegt, nur maximal 14% erreicht, können nach den vorliegenden geochemischen Diagrammen mehrere, etwa 5—6 Kleinrhythmen ausgeschieden werden.

Eine Feinhorizontierung auf geochemischer Basis, wie sie JUBITZ (1958) im Muschelkalk zur Anwendung brachte, scheint zumindest im Untersuchungsbereich recht wahrscheinlich, wie aus dem bisher vorliegenden

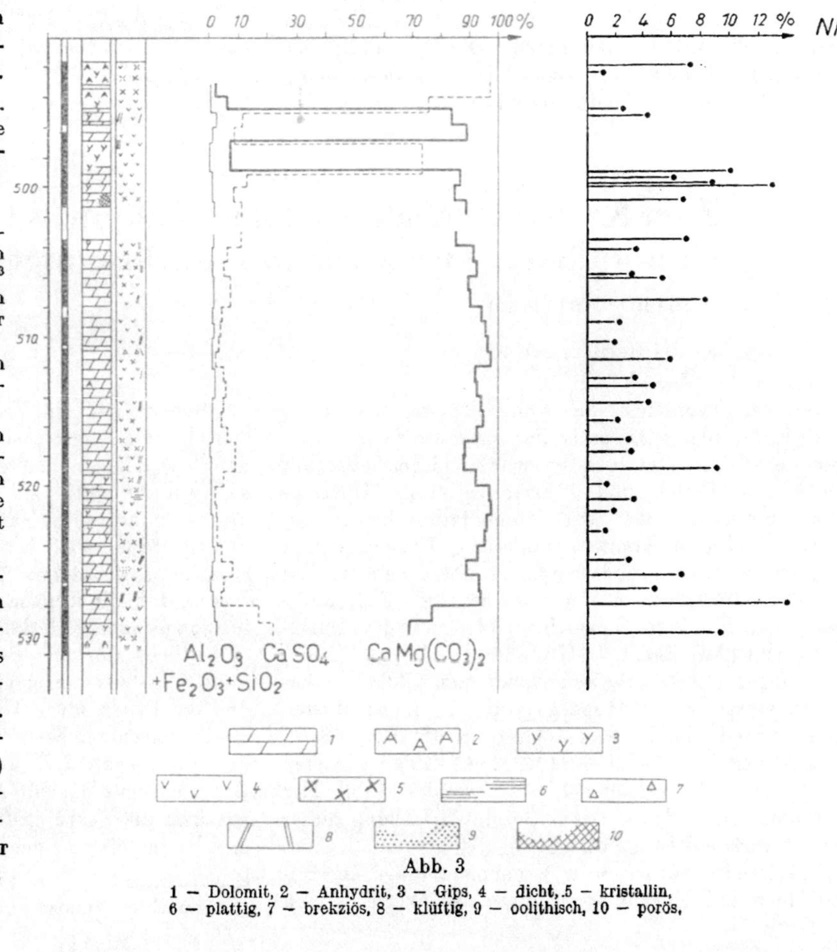

Abb. 3

1 — Dolomit, 2 — Anhydrit, 3 — Gips, 4 — dicht, 5 — kristallin, 6 — plattig, 7 — brekziös, 8 — klüftig, 9 — oolithisch, 10 — porös,

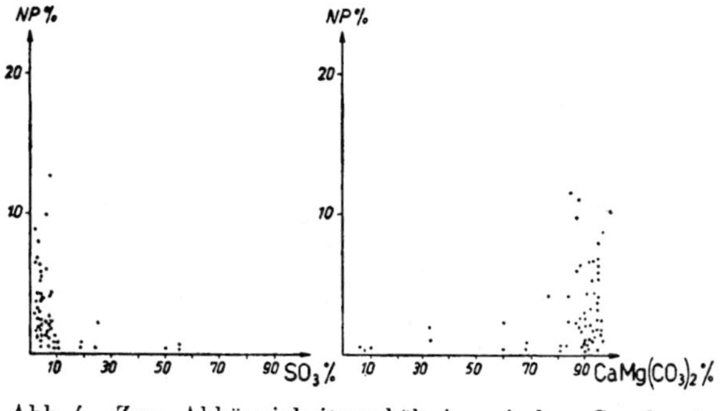

Abb. 4. Zum Abhängigkeitsverhältnis zwischen Geochemie und Nutzporosität in der Karbonatfolge des Zechstein 2 am Westteil der Struktur Mulkwitz (Niederlausitz)

Analysenmaterial der Struktur Mulkwitz abgeleitet werden kann.

Das CaO/MgO-Verhältnis bleibt auch über größere Gesteinsabschnitte sowohl vertikal als auch horizontal nahezu konstant; die Werte liegen in den Grenzen 1,45 : 1 und 1,65 : 1. Anders sind die Verhältnisse bereits in Calau (ca. 45 km nordwestl. der Struktur Mulkwitz). Das CaO/MgO-Verhältnis variiert hier in der Vertikalen von ca. 1,0 : 1 bis 55 : 1.

Der SO_3-Gew.-%-Anteil schwankt in den einzelnen Mustern, überschreitet jedoch nicht 8%.

Die summarisch erfaßten Komponenten $Al_2O_3 + Fe_2O_3 + SiO_2$ treten nur untergeordnet in Erscheinung und zeigen Werte von 0—2%.

4. Beziehung Chemismus — Nutzporosität

In den Diagrammen (Abb. 4) ist die Nutzporosität in Abhängigkeit zum $CaMg(CO_3)_2$-Gew.-%-Anteil bzw. zum SO_3-Gew.-%-Anteil aufgetragen. Die Streuung der Werte ist erheblich; ein ursächlicher Zusammenhang zwischen Chemismus und Nutzporosität scheint jedoch ausgeschlossen.

5. Zusammenfassung

Zusammenfassend kann nach den bisherigen Untersuchungen festgestellt werden:

Die Karbonatfolge des Zechstein 2 im Westteil der Struktur Mulkwitz ist auf rein petrographischer Basis im einzelnen nicht zu untergliedern. In dem eintönig ausgebildeten Hauptdolomit lassen sich demgegenüber chemische Ablagerungsrhythmen nachweisen, so daß eine Feinhorizontierung auf geochemischer Basis nicht unmöglich erscheint.

Die effektive Porosität der untersuchten Karbonatgesteine des Zechstein 2 ist gering; das CaO/MgO-Verhältnis bleibt auch über längere Distanzen sowohl horizontal als auch vertikal konstant.

Nach den statistischen Untersuchungen ist eine Vorhersage und damit eine indikative Ableitung der Nutzporosität aus dem Geochemismus zumindest in diesem Gebiet nicht möglich.

In genetischer Beziehung sprechen die Ablagerungsrhythmen, die Feinkörnigkeit, die geringe Porosität und das nahezu konstante CaO/MgO-Verhältnis für primäre Dolomite, worauf auch die arme oder zumeist völlig fehlende Fauna hinweist.

Literatur

CHILINGAR, G.: Use of Ca/Mg Ratio in Porosity Studies. — Bull. Amer. Ass. 40, 1956, S. 2489—2493.

CHILINGAR, G. & R. TERRY: Relationship between Porosity and Chemic. Composition of Carbonate Rocks. — Petrol. Engineer 26, 1954, S. 341—342.

DEUBEL, F.: Zur Frage der Ölhöffigkeit Thüringens. — Z. deut. geol. Ges. 84, 1932, S. 389—395.

HAMEISTER, E.: Über Raumerfüllung von Graniten insbesondere des Harzes und Westerzgebirges. — Berichte d. geol. Ges. DDR 3, 1958, S. 202—208.

J BITZ, K.-B.: Zur feinstratigraphisch-geochemischen Horizontierungsmethodik in Kalksedimenten. — Geologie 7, 1958, S. 863—913.

KÖLBEL, F.: Das Prätertiär der Struktur von Mulkwitz bei Spremberg nördostlich des Lausitzer Hauptabbruches. — Geologie 3—6, 1958, S. 676—681.

SCHRADER, K.-H.: Hauptdolomit und Stinkschiefer. — Vortrag, gehalten im Wiss.-Techn. Kabinett der Staatl. Geol. Kommission, Berlin 1959.

Zum Karbonatgehalt des Hauptanhydrits (Zechstein 3) im nördlichen Harzvorland und Unstrutgebiet

(Vorläufige Mitteilung)

KLAUS HEIMLICH, Berlin

Bei den Versuchen, die Anhydrite des Zechsteins feinstratigraphisch zu untergliedern sowie fazielle und genetische Probleme zu klären, wurden bisher bevorzugt mikroskopische und megaskopische Untersuchungsmethoden oder eine Kombination beider angewandt. Damit konnten zahlreiche Erfolge erzielt werden, wie die grundlegenden Untersuchungen von RICHTER-BERNBURG (1955) sowie weitere Gliederungsversuche der Werraanhydrite (A1) und des Basalanhydrits (A2) durch v. HOYNINGEN-HUENE (1957) und JUNG (1958) beweisen. Auch einige lokale Gliederungsversuche des Hauptanhydrits (A 3) im nördlichen Harzvorland durch KRZYWICKI, KOSMAHL (1956), FLEISCHER (1959) und GOLOMBOFSKI (1959) verliefen erfolgreich. Ein größerer Literaturvergleich soll hier entfallen, da er der späteren Gesamtdarstellung dieser Arbeit vorbehalten bleibt.

Die bereits vorliegenden Ergebnisse fußen im allgemeinen auf einer Untersuchung des Wechsels von „Anhydrittypen“ im geologischen Vertikal- und Horizontalprofil. Letztere sind durch die megaskopisch erkennbare Menge nichtanhydritischer Substanz — die sich im Anhydrit als „Verunreinigung“ vorwiegend aus karbonatischen (kalkig-dolomitisch-magnesitisch), untergeordnet auch tonigen Bestandteilen zusammensetzt — sowie deren Ausbildung und Anordnung im Raum, d. h. die Textur, charakterisiert. Jedoch hat die hier angedeutete Methode ihre Grenzen, solange keine einheitliche, für alle Bearbeiter verbindliche Bezeichnungsweise der einzelnen Anhydrittypen geschaffen ist und die Typen sowie deren zahlreiche Übergänge nicht durch umfangreiches Bildmaterial gegeneinander deutlich abgegrenzt, d. h. definiert sind (vgl. JUNG 1958). Besonders gilt das für Arbeiten im Hauptanhydrit, in welchem die Texturen (wolkig, flockig, schlierig, flaserig usw.[1])) im allgemeinen weniger ausgeprägt auftreten.

[1]) Es handelt sich hierbei nur um vorläufige Arbeitsbezeichnungen.

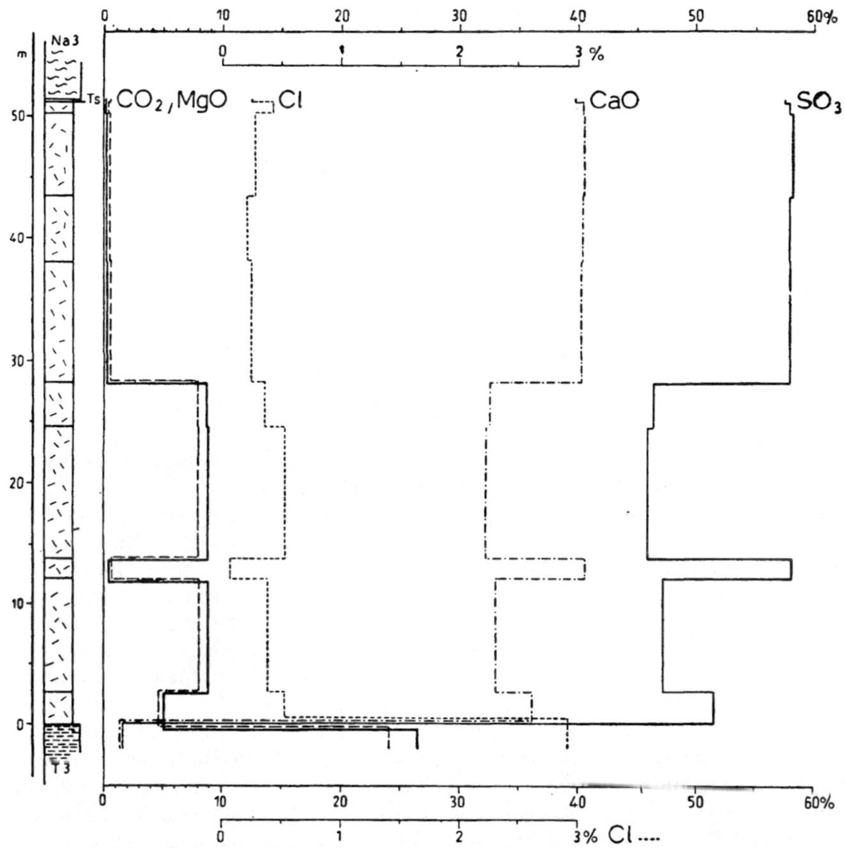

Abb. 1. Geochemisches Diagramm des Hauptanhydrits der UT-Bohrung I, Schacht Berlepsch-Maybach, Staßfurt. Zeichenerklärung: T3 = Grauer Salzton; Na3 = Jüngeres Steinsalz; Ts = Tonschnüre im Anhydrit. Es sei besonders darauf aufmerksam gemacht, daß der Maßstab für die Cl-Kurve im Vergleich zu allen anderen Elementen 10fach überhöht wurde

Bei einer Kombination mit der megaskopischen Untersuchungsmethode werden die oben angedeuteten Unzulänglichkeiten weitestgehend eliminiert; denn ausschlaggebend sind nun nicht mehr allein die Anordnung sowie Ausbildung, d. h. der qualitative Charakter der im Anhydrit auftretenden Texturen, sondern vielmehr die auf chemisch-analytischem Weg auch quantitativ feststellbare Menge und Zusammensetzung der Einzelkomponenten. Durch Bestimmen des anhydritischen und karbonatischen Anteils erhalten wir Werte, die — verglichen mit den megaskopisch gewonnenen Ergebnissen — eine exakte Grundlage für weitere Untersuchungen liefern, wie die folgenden Beispiele erkennen lassen.

Das geochemische Diagramm des Hauptanhydrits einer Bohrung aus dem Raum Staßfurt gibt Abb. 1, das einer Bohrung aus dem östlichen Unstrutgebiet Abb. 2 wieder; die beiden Bohrpunkte liegen etwa 65 km auseinander. Die Proben wurden als angenäherte Durchschnittsproben aus den megaskopischen Teilzonen, auf die näher in der avisierten Spezialdarstellung eingegangen wird, entnommen. Da die einzelnen Anhydrittypen und damit auch die Zonen in den oben genannten Gebieten z. T. voneinander abweichen und ferner ungleiche

Daher werden subjektive Eindrücke der jeweiligen Bearbeiter die Ergebnisse nicht unwesentlich beeinflussen. So sind gegenwärtig fazielle sowie genetische Betrachtungen, aufbauend auf Ergebnissen verschiedener Autoren, kaum möglich bzw. mit einer relativ großen Ungenauigkeit behaftet.

Derartige Untersuchungen sind jedoch für die Geopraxis von großem Interesse, vor allem im Hinblick auf die Erkundung von Kali sowie Kupferschiefer und damit für das Chemieprogramm der Deutschen Demokratischen Republik. Es ist daher unumgänglich, die Entwicklung der Arbeitsmethoden von vornherein mit den praktischen Aufgaben abzustimmen und nicht nur auf das kostspielige Kernmaterial, sondern auch auf die Spülprobenbearbeitung auszurichten. Hierzu bietet die gegenwärtige Bohrtätigkeit günstige Voraussetzungen.

Verfasser regt deshalb an, bei derartigen Untersuchungen geochemische Methoden stärker heranzuziehen, zumal es sich bei den zur Diskussion stehenden Gesteinsserien um Ablagerungen einer ausgesprochen chemischen Sedimentation handelt.

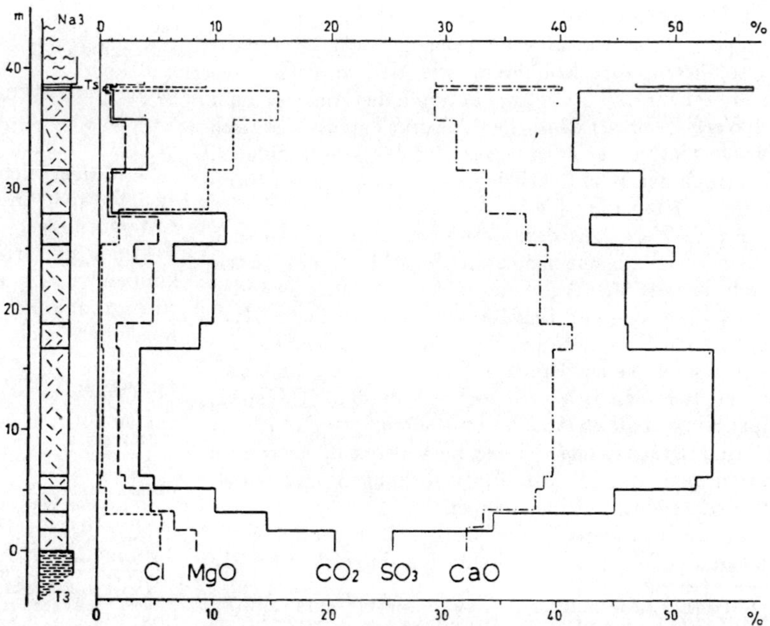

Abb. 2. Geochemisches Diagramm des Hauptanhydrits der OT-Bohrung Roßleben I. Zeichenerklärung wie Abb. 1

Mächtigkeiten auftreten, hat es sich als günstig erwiesen, eine von den megaskopischen Zonen völlig unabhängige 2m-Durchschnittsprobenentnahme durchzuführen. War das bis jetzt nicht der Fall — die Proben wurden noch zonar entnommen —, so handelt es sich um eine bereits überholte Arbeitsform, die nun verändert wird, um tatsächlich alle subjektiven Ungenauigkeiten auszuschalten.

Beide Diagramme zeigen trotzdem — was auch für den Hauptanhydrit wegen der gesetzmäßigen physikochemischen Ausscheidungsfolge zu erwarten ist — generell eine Abnahme des Karbonatanteils vom Liegenden zum Hangenden. Die CO_2- und MgO-Kurven verlaufen gleichgerichtet und parallel, wobei der CO_2-Wert numerisch im allgemeinen etwas höher liegt als dem quantitativen Verhältnis MgO : CO_2 im Magnesit[2]) ($MgCO_3$) entspricht, da gewöhnlich ein gewisser, wenn auch geringer CaO-Anteil als Dolomit oder Kalzit gebunden sein dürfte. Dazu etwa spiegelbildlich verlaufen die SO_3- und CaO-Kurven. Hier liegt der SO_3-Gehalt zahlenmäßig höher, der — praktisch restlos mit CaO abgesättigt — als $CaSO_4$ die Hauptmasse des Gesteins bildet. Mehr oder weniger deutlich treten zwei CO_2- (MgO-)Maxima (und entsprechend zwei SO_3-(CaO-) Minima) auf, die im Unstrutgebiet jedoch an andere feinstratigraphische Zonen und Anhydrittypen gebunden sind als im Raum Staßfurt[3]). Ferner ist auffallend, daß das zweite Maximum (vom Liegenden aus gesehen) im Unstrutgebiet stets zum Hangenden verschoben ist. Über diesem Maximum verringern sich im Unstrutgebiet die CO_2- und auch die MgO-Werte zunächst auf 4—2% und fallen dann erst nach ca. $^4/_5$ der Gesamtmächtigkeit des Hauptanhydrits bis auf etwa 1% ab. Anders verhalten sich die entsprechenden Werte bei den Verf. vorliegenden Ergebnissen aus dem nördlichen Harzvorland. Denn hier sinken die CO_2- sowie MgO-Werte sofort oberhalb von diesem Maximum, d. h. also nach ungefähr der halben Mächtigkeit des Hauptanhydrits, auf ca. 1%. Zum Teil unterschiedlich verhalten sich auch die SO_3-(CaO-)Werte. So verläuft deren Kurve im hangenden Drittel der Gesamtmächtigkeit des Hauptanhydrits im Unstrutgebiet bedeutend unruhiger. Dieses ist auf einen größeren Gehalt an Salzeinschlüssen zurückzuführen, wie sich megaskopisch schon erkennen läßt und wie es durch das Ansteigen der Cl-Werte (Abb. 2) deutlichen Ausdruck findet. Typisch für das Unstrutgebiet ist ferner ein starkes — wenn auch bezüglich der Mächtigkeit kleines — SO_3-(CaO-) Maximum im hangenden Meter.

Die Cl-Werte aus dem Staßfurt-Bernburger Bereich erreichen im allgemeinen kaum 2% (Abb. 1), ebenso wie auch die (auf den Abbildungen aus Übersichtsgründen nicht dargestellten) Gehalte von $Al_2O_3 + Fe_2O_3$, H_2O und „Unlöslich" zahlenmäßig sehr niedrig bleiben. Sie zeigen auch keine derartige Regelmäßigkeit und verlaufen teils den CO_2- und MgO-, teils den SO_3- sowie CaO-Kurven gleichgerichtet und parallel, so daß sie bei feinstratigraphischen Gliederungsversuchen, nach dem derzeitigen Stand der Untersuchungen gerechnet, unberücksichtigt bleiben können.

Da auch weitere Ergebnisse den hier geschilderten generell entsprechen, besteht die Möglichkeit, die geochemische Untersuchungsmethode zur Gliederung des Hauptanhydrits zu verwenden, vor allem in kali- und steinsalzfreien Räumen und eventuell sogar auch in Auslaugungsgebieten. Dabei wird für eine Anwendung der Methode in der Praxis wahrscheinlich die leicht durchführbare CO_2-Bestimmung allein genügen. Hinzu kommt, daß der Hauptanhydrit mit dieser Methode auch relativ scharf gegen sein Liegendes sowie Hangendes abzugrenzen ist. Denn beim Übergang zum Grauen Salzton (T3) steigen die CO_2- und MgO-Werte stark an, während umgekehrt die SO_3- sowie CaO-Gehalte stark fallen (Abb. 1). Nach dem Hangenden, d. h. an der Grenze zum Jüngeren Steinsalz (Na3), wird der Cl-Gehalt sprunghaft steigen, während die CO_2-, SO_3-, MgO- sowie CaO-Werte entsprechend absinken.

Es geht aus den obigen Ausführungen hervor, daß vor allem für fazielle und genetische Untersuchungen im Anhydrit die geochemische Untersuchungsmethode besonders günstige Ergebnisse erwarten läßt.

Abschließend möchte Verfasser noch darauf hinweisen, daß es nach dem derzeitigen Erkenntnisstand auch sehr wahrscheinlich ist, die verschiedenen Anhydrite (A1, A2, A3 sowie A4) auf Grund der für sie charakteristischen geochemischen Diagramme unterscheiden zu können. Dafür sprechen die vorliegenden Untersuchungsergebnisse vom Hauptanhydrit (A3) sowie vom Basal- (A2) und Pegmatitanhydrit (A4). Obwohl in nachfolgender Tabelle nur rein zahlenmäßig die einzelnen Gehalte als Minimal- und Maximalwerte zusammengestellt sind, lassen sich doch bereits Unterschiede erkennen.

Horizont	Basalanhydrit	Hauptanhydrit	Pegmatitanhydrit
Mächtigkeit	2–3 m Einzelprobe %	40 m Durchschnittsprobe %	1 m Einzelprobe %
CO_2	1–4	0–25	1–3
SO_3	53–57	25–58	39–43
Cl	<0,5	0–16*)	10–20
MgO	0–1	0–16	0,5–1
CaO	40–43	24–41	29–34
$Al_2O_3 + Fe_2O_3$	±0	0–1,5	0,1–1
H_2O	0,1–0,2	0,1–0,8	0,1–0,7
Unlöslich	0,5–3	0–3,5	0,1–3

*) Nur im Unstrutgebiet, ansonsten 0–3 %.

Bestätigen sich die hier wiedergegebenen Ergebnisse auch in anderen Gebieten, so dürfte die geochemische Untersuchungsmethode ebenfalls zur Klärung der Tektonik gestörter Lagerstätten beitragen („Anhydritklippen" usw.), indem dann Anhydrite verschiedener stratigraphischer Stellung auf diese Weise identifiziert werden könnten.

[2]) Magnesit wurde mittels Färbmethoden nach FEIGL-LEITMEIER (HÜGI 1945, S. 123–124) in den „Verunreinigungen" eindeutig nachgewiesen.

[3]) Analoge Ergebnisse erzielt JUBITZ (1958) bei feinstratigraphisch-geochemischen Untersuchungen an Kalksedimenten der germanischen Trias.

Literatur

FLEISCHER, S.: Die geologischen Verhältnisse auf dem Schacht Berlepsch-Maybach unter besonderer Berücksichtigung des Hauptanhydrits. — Unveröff. Dipl.-Arb. Bergakademie Freiberg, 1957; — Auszug in: Geologie 8, S. 215–216, Berlin 1959.

GOLOMBOFSKI, E.-M.: Die geologischen Verhältnisse auf dem Kalischacht Neustaßfurt unter besonderer Berücksichtigung des Hauptanhydrits. — Unveröff. Dipl.-Arb. Bergakademie Freiberg, 1957; — Auszug in: Geologie 8, S. 216, Berlin 1959.

HEIMLICH, K.: Feinstratigraphisch-methodische Untersuchungen an den Anhydriten der Salinarfolge des Zechsteins. — Unveröff. Jahresber. 1957 zum Forschungsthema, Potsdam 1958. — Unveröff. Informationsber. über obiges Forschungsthema, Berlin 1959.

HOYNINGEN-HUENE, E. v.: Die Texturen der subsalinaren Anhydrite im Harzvorland und ihre stratigraphische und fazielle Bedeutung. — Geologie, Beih. 18, 47 S., Berlin 1957.

HÜGI, Th: Gesteinsbildend wichtige Karbonate und deren Nachweis mittels Färbmethoden. — Schweiz. Min.-petr. Mitt. 25 (1945).

JUBITZ, K.-B.: Zur feinstratigraphisch-geochemischen Horizontierungsmethodik in Kalksedimenten (Trias). — Geologie 7, S. 863—923, Berlin 1958.
JUNG, W.: Zur Feinstratigraphie der Werraanhydrite (Zechstein 1) im Bereich der Sangerhäuser und Mansfelder Mulde. — Geologie Beih. 24, 88 S., Berlin 1958.
KOSMAHL, W.: Die Petrographie des Hauptanhydrits auf der NO-Flanke des Staßfurt-Egelner Sattels. — Unveröff. Dipl.-Arb. Geol.-Paläont. Inst. Humboldt-Univ. Berlin, 1956. — Auszug in: Geologie 6, S. 324, Berlin 1957.
KRZYWICKI, E.: Die Geologie des Kali- und Salzbergwerkes Bartensleben/Allertal. — Unveröff., Archiv Staatl. Geol. Kom. Berlin. [Zitiert: nach KOSMAHL 1956].
RICHTER-BERNBURG, G.: Über salinare Sedimentation. — Z. deutsch. geol. Ges. 105, S. 593—645, Hannover 1955.

Geophysikalische Bohrlochmessungen im Zechstein-Hauptdolomit

ALFRED BECKER, Gommern

Aus zwei Gründen unterscheiden sich die in den Erdöl- und Erdgasbohrungen Thüringens[1]) aufgenommenen geophysikalischen Bohrlochmeßkurven wesentlich von den in norddeutschen Bohrungen erhaltenen:

1. Die Erdölbohrungen Thüringens sind generell mit hochkonzentrierter, extrem niederohmiger Salzspülung erfüllt, wodurch die Auslaugung der innerhalb der Zechsteinformation zahlreich auftretenden Salzablagerungen verhindert wird.

2. Die Thüringer Zechsteinformation unterscheidet sich in ihren physikalischen Eigenschaften erheblich von den sandig-tonigen Formationen, die in Norddeutschland als Öl- bzw. Gasspeicher in Frage kommen. Dies betrifft den spezifischen elektrischen Widerstand und damit zusammenhängend den Formationsfaktor und die Porosität der betreffenden Gesteine ebenso wie die Dichte und die elastischen Konstanten (KURTEW 1959).

Während beispielsweise der spezifische Widerstand sandig-toniger Formationen zwischen etwa 1 Ωm für Tone, salzwasserführende Sande u. ä. und einigen 10 Ωm für ölführende Sande schwankt, treten im „karbonatischen" oder „harten" Gebirge, wie es der Thüringer Zechstein darstellt, häufige und außerordentlich hohe Widerstandsänderungen längs eines Bohrprofils auf. Unporöse „karbonatische" oder besser „harte" Gesteine — als solche sind Kalksteine, Dolomite und im weiteren Sinne auch Anhydrite, Salzgesteine, Quarzite u. ä. anzusehen — weisen spezifische Widerstände bis zu einigen 1000 Ωm und mehr auf, wohingegen die zwischengelagerten porösen, salzwasserführenden Schichten und Tonhorizonte Widerstände um 10 Ωm und weniger besitzen können.

Im folgenden sollen die elektrischen und radioaktiven Bohrlochmeßverfahren, die z. Z. in Thüringen angewandt werden können, hinsichtlich ihrer Brauchbarkeit und Wirksamkeit unter Berücksichtigung der vorstehend genannten Besonderheiten untersucht werden.

Eigenpotentialmessung (SP-Messung)

In harten Formationen gemessene SP-Kurven unterscheiden sich weitgehend von den in Sand-Ton-Profilen gemessenen. So können permeable Schichten, selbst wenn sich eine Süßwasserspülung im Bohrloch befindet, bestenfalls ungefähr lokalisiert werden. Befindet sich eine Salzspülung im Bohrloch, so werden wegen des geringen Konzentrationsunterschiedes zwischen Schichtwasser und Spülung nur sehr geringe Eigenpotentiale gebildet, wodurch die SP-Kurve fast völlig ihre Aussagefähigkeit verliert. Aus diesem Grunde und weil andererseits im Thüringer Raum vagabundierende Störströme industrieller Herkunft im Untergrund fließen, die die SP-Kurve verfälschen, wird auf die Messung des Eigenpotentials von vornherein verzichtet.

Konventionelle Widerstandsmessungen

Die Wirksamkeit der konventionellen Widerstandsmeßverfahren ist bei Untersuchungen in den Erdölbohrungen Thüringens auf Grund der vorstehend genannten Besonderheiten ebenfalls stark herabgesetzt. Die Stromlinien verlaufen nämlich innerhalb harter Schichtpakete statt im hochohmigen Gebirge vorwiegend in der gutleitenden Spülung, deren spezifischer Widerstand im allgemeinen kleiner als 0,05 Ωm (bei ca. 60° C) und somit teilweise kleiner als $^1/_{10000}$ des Gebirgswiderstandes ist. Der mit einer konventionellen Meßsonde gemessene Widerstandswert (R_a) ist also sehr wenig für den Gebirgswiderstand (R_t) repräsentativ. Er hängt vielmehr weitgehend vom Spülungswiderstand (R_m), vom Bohrlochdurchmesser (d) und von der Position der Meßsonde innerhalb einer harten Schicht bezüglich der Grenzen dieser Schicht zu benachbarten niederohmigeren Schichten ab.

Die Normal- und Gradientsondenmessungen, die z. Z. in Thüringen zu Korrelationszwecken durchgeführt werden (kleine und große Normale; 2,75 m-Ober- und Unterkantenmessung), können demgemäß im allgemeinen weder zur exakten Bestimmung des spezifischen Widerstandes der durchteuften Formation noch zu exakten Schichtmächtigkeits- bzw. Schichtgrenzenbestimmungen benutzt werden. An Hand der Normalenmeßkurven kann lediglich ein guter qualitativer Überblick über die Widerstandsverhältnisse im Untergrund gewonnen werden, während aus den Oberkanten- und Unterkantenmeßkurven ungefähr der Bereich, in dem die Schichtgrenze eines hoch- bzw. niederohmigen Horizontes liegt, ermittelt werden kann (vgl. Abb. 4). Die Kombination der genannten vier Widerstandsmeßverfahren eignet sich demnach gut zu Korrelationszwecken.

Exakte Schichtgrenzen- und Schichtwiderstandsbestimmungen sind auch mit Hilfe der Methode der „seitlichen Bohrlochsondierung" (SBS-Methode = Widerstandsmessungen mit konventionellen Meßsonden mehrerer verschiedener Eindringtiefen, d. h. verschiedener Spacings) in den Thüringer Erdölbohrungen nicht möglich. Es gelingt teilweise lediglich, den Widerstandswert von Schichten, deren Mächtigkeit größer als 10 m (evtl. 5 m) ist, ungefähr abzuschätzen. Diese „ungefähren, abgeschätzten" Widerstandswerte für derart mächtige, homogene Schichten können aber einfacher und schneller auch mit Hilfe der Ergebnisse der kleinen und großen Normalmessung unter Benutzung

[1]) Der Kürze halber wird in dieser Arbeit stets nur von „Erdölbohrungen Thüringens" gesprochen. Das Geschilderte trifft aber für sämtliche Erdöl- und Erdgasbohrungen der DDR, die den Zechstein-Hauptdolomit als Speichergestein untersuchen sollen, zu.

von Abweichungsdiagrammen erhalten werden, wenn zusätzlich genaue Werte des Bohrlochdurchmessers d (aus dem Kaliberlog) und des Spülungswiderstandes R_m (aus der Spülungswiderstandsmeßkurve) bekannt sind und wenn im interessierenden Teufenintervall nur sehr geringe Änderungen des Bohrlochdurchmessers ($\partial d < 0{,}1$ m) und des Spülungswiderstandes ($\partial R_m < 0{,}1\ \Omega m$) auftreten. Der so gewonnene Widerstandswert entspricht dem Widerstand der vermessenen Schicht um so mehr,

1. je geringer der Unterschied zwischen Schichtwiderstand (R_t) und Spülungswiderstand (R_m) ist (gute Ergebnisse erhält man, wenn $R_t/R_m < 50$),
2. je geringer der Unterschied zwischen dem spez. Widerstand der interessierenden Schicht und dem der benachbarten Formationen (R_s) ist (gute Ergebnisse erhält man, wenn $1/50 < R_t/R_s < 50$) und
3. je größer die Schichtmächtigkeit verglichen mit dem Spacing der Meßsonde ist.

Wie schon gesagt, sind gerade die Bedingungen 1. und 2. für die Thüringer Verhältnisse in fast keinem Fall erfüllt, so daß Versuche einer quantitativen Interpretation im allgemeinen tatsächlich nur „ungefähre, abgeschätzte“ Widerstandswerte liefern können.

Widerstandsmessungen mit fokussierenden Meßsystemen

Um künftig genauere Werte des wahren spezifischen Widerstandes interessierender Speicherschichten zur Abschätzung der Wassersättigung, d. h. des Öl- und Gasgehaltes dieser Schichten, zu erhalten, werden seit einiger Zeit große Anstrengungen unternommen, fokussierende Meßsysteme zur Widerstandsmessung in Thüringer Bohrungen einzusetzen (H. G. DOLL 1951). Bei diesen Meßverfahren werden die von der Sonde ausgehenden Stromlinien durch zweckentsprechende Elektrodenanordnung gebündelt, und es wird meist direkt der wahre spezifische Widerstand (R_t) der der Meßsonde gegenüberliegenden Schicht gemessen (gleichgültig, ob die Schicht hoch- oder niederohmig ist). Das Meßergebnis ist weitgehend unabhängig vom Spülungswiderstand und von der Mächtigkeit der interessierenden Schicht.

Mikrowiderstandsmessungen

In besonders interessierenden Schichtkomplexen innerhalb der Zechsteinformation werden Widerstandsmessungen mit Mikrosonden durchgeführt (G. N. NESTERENKO & E. A. NEIMAN 1958). Es werden generell zwei Widerstandsmessungen vorgenommen, deren Eindringtiefe unterschiedlich, aber sehr gering ist, und zwar eine Mikronormalenmessung (A-0,05 m-M) und eine Mikroinversen- (Gradientsonden-) messung (A-0,025-M-0,025-N). In beide Messungen geht nur ein kleines Gesteinsvolumen des bohrlochnächsten Schichtteiles ein, wobei die radiale Eindringtiefe der Mikroinversen kleiner als die der Mikronormalen ist.

An Hand der Mikrowiderstandsmeßkurven können in vielen Fällen selbst geringmächtige poröse und permeable Schichten festgelegt werden (bis ca. 0,2 m). Die Ergebnisse sind am aufschlußreichsten, wenn in permeablen Schichten an der Bohrlochwand ein Filterkuchen vorhanden ist. Das ist aber in Thüringen auf Grund der Verwendung von Salzspülung beim Bohren generell nicht der Fall. Der Filterkuchen fehlt hier entweder völlig oder er ist sehr schwach ausgebildet. Dennoch gelingt es, poröse und permeable Schichten gegen undurchlässige auf Grund der Tatsache abzugrenzen, daß der bohrlochnächste Teil permeabler Schichten mit infiltrierter Salzspülung gesättigt und demzufolge niederohmiger als die benachbarten dichteren Zonen ist. Permeable Schichten geben sich also in den Mikrowiderstandsmeßkurven als je nach Porosität mehr oder weniger markante Widerstandsminima zu erkennen.

Demgegenüber zeichnen sich harte, undurchlässige Schichten dadurch aus, daß die in ihnen gemessenen Widerstandswerte durchweg höher sind als die in porösen und permeablen Schichten gemessenen und daß das Kurvenbild sehr unausgeglichen ist (vgl. Abb. 1). Es befindet sich nämlich stets ein dünner Spülungsfilm zwischen der Meßplatte der Mikrosonde und der Bohrlochwand, dessen Dicke infolge der Unebenheiten der Bohrlochwand ständig schwankt, woraus wegen der Niederohmigkeit der Spülung erhebliche Widerstandsänderungen resultieren.

In Tonschichten werden wie in permeablen generell niedrige Widerstandswerte mit Mikrosonden gemessen. An Hand der γ-Meßkurve können diese Schichten aber eindeutig von porösen und permeablen unterschieden werden. An Stellen, wo größere Kavernen im Bohrloch auftreten, können die Mikrowiderstandsmeßkurven nicht zur Interpretation herangezogen werden.

Eine quantitative Interpretation der in Thüringen gemessenen Mikrowiderstandskurven ist nicht möglich, da

1. bedingt durch den niedrigen Widerstand der Spülung, ein gewisser, unkontrollierbar großer Teil der Stromlinien im Spülungsfilm zwischen Meßplatte und Bohrlochwand verläuft, d. h. gar nicht in die zu vermessende Schicht eindringt, und da
2. die Porosität der Thüringer Speicherschichten nicht nur primärer (intergranularer), sondern vielfach sekundärer Natur ist (in Form von Klüften und Spalten).

Um zu ermöglichen, daß Porositäten aus dem Widerstand des direkt hinter der Bohrlochwand liegenden Schichtteiles, der vollkommen mit Spülungsfiltrat gesättigt ist, bestimmt werden können, sollen zukünftig Widerstandsmessungen mit Mikrosonden fokussierender Wirkung durchgeführt werden. Bis dahin dienen die Mikrowiderstandsmeßkurven zusammen mit Kaliber-, γ- und nγ-Kurve als wichtiges Hilfsmittel bei der qualitativen Interpretation, insbesondere bei der Festlegung poröser und permeabler Schichten.

Dies wird in schöner Weise an dem in Abb. 1 gezeigten Meßbeispiel aus einer Thüringer Bohrung deutlich (vgl. auch Abb. 4).

Messung der natürlichen Gammastrahlungsintensität (γ-Messung)

An Hand der in einer Bohrung aufgenommenen γ-Meßkurve können Schichten gegeneinander abgegrenzt werden, die einen unterschiedlichen Gehalt an radioaktiven Substanzen (U, Th, K^{40} usw.) aufweisen und die demgemäß eine verschieden starke γ-Strahlung aussenden. Es ist bekannt, daß Tone bzw. Tonsteine u. ä. im allgemeinen mehr radioaktives Material je Volumeneinheit enthalten als andere Gesteine. Tone, Tonsteine und tonige Schichten können demgemäß durch ihre höhere Gammastrahlungsintensität von Sanden, Kalksteinen, Anhydriten usw. gut unterschieden werden. Ausnahmen von dieser Regel treten auf, wenn z. B. Kalisalzhorizonte o. ä. innerhalb des vermessenen Schichtkomplexes vorhanden sind. Unter Mitberück-

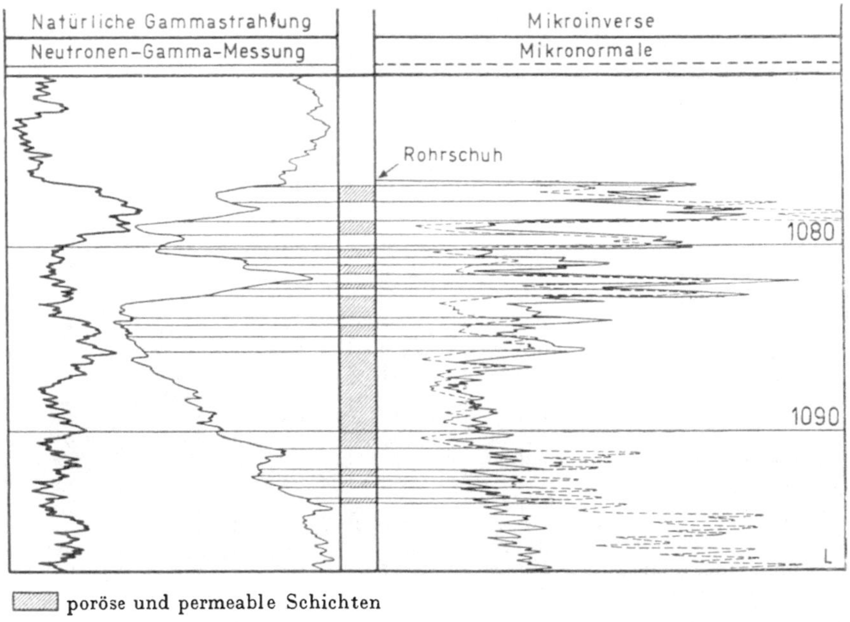

Abb. 1. Im Zechstein-Hauptdolomit einer Thüringer Bohrung gemessene γ-, nγ- und Mikrowiderstandskurven (Qualitative Interpretation)

GEIGER-MÜLLER-Zählrohren in einem bestimmten Abstand (ca. 0,6 m) von der Neutronenquelle gemessen. Ist die gemessene Fanggammastrahlungsintensität (nγ-Intensität) niedrig, so ist dies ein Zeichen dafür, daß die schnellen Neutronen gleich in der Nähe der Quelle gebremst und eingefangen wurden — dies ist bei hoher Wasserstoffkonzentration in der Sondenumgebung der Fall —, so daß nur wenige Gammaquanten bis zu den Zählrohren gelangen konnten. Das umgekehrte Meßergebnis erhält man, wenn die Wasserstoffkonzentration in der Sondenumgebung gering ist, da dann mehr schnelle Neutronen bis in die Nähe der Zählrohre vordringen und dort erst eingefangen werden, so daß eine hohe nγ-Intensität gemessen wird.

sichtigung anderer Meßkurven (nγ-Meßkurve) kann aber in der Mehrzahl der vorkommenden Zweifelsfälle Klarheit geschaffen werden.

Ein bedeutender Vorteil der γ-Methode ist, daß dieselbe in unverrohrten wie auch in verrohrten Bohrungen eingesetzt werden kann. Außerdem wird das Meßergebnis durch die Art der in der Bohrung befindlichen Spülung kaum beeinflußt. Demnach erfolgt der Einsatz der γ-Meßmethode in den Thüringer Bohrungen mit dem gleichen Erfolg wie in Norddeutschland. Sie dient in erster Linie zur Festlegung von Tonhorizonten und Zonen, die einen erhöhten Tongehalt aufweisen. Auch Kalisalzlager können meist gut lokalisiert werden. Ist der Unterschied in der γ-Strahlungsintensität zwischen zwei Horizonten groß, so kann die γ-Meßkurve zur exakten Schichtgrenzenbestimmung benutzt werden.

Interpretationsfehler werden nur dann gemacht, wenn die statistische Fluktuation (unregelmäßige Intensitätsänderungen der natürlichen γ-Strahlung) nicht genügend berücksichtigt wird.

Schließlich dient die γ-Messung noch als Grundlage für teufengerechte Perforationen.

Die Neutronen-Gamma-Messung (nγ-Messung)

Die nγ-Messung besteht in folgendem: Eine in die zu vermessende Bohrung hinabgelassene Neutronenquelle sendet schnelle Neutronen aus ($V \approx 10000$ km/sec). Diese Neutronen stoßen in der Sondenumgebung mit verschiedenen Atomen zusammen, wobei sie einen Verlust an kinetischer Energie erleiden. Den weitaus größten Energieverlust erleiden die Neutronen, wenn sie mit Atomen zusammenprallen, die ungefähr die gleiche Masse wie sie selbst besitzen. Dafür kommen im Gebirge praktisch allein die vorhandenen Wasserstoffatome in Frage.

Sind die Neutronen so weit gebremst, daß sie sich mit „thermischen Geschwindigkeiten" bewegen ($V \approx 2$ km/sec), so werden sie von den meisten Stoffen absorbiert, wobei eine außerordentlich energiereiche „Fanggammastrahlung" vom einfangenden Atom ausgesandt wird. Die Intensität dieser Strahlung wird mit Hilfe von

In Bohrungen aufgenommene nγ-Meßkurven liefern also primär ein Profil der Wasserstoffkonzentration. Da aber Wasserstoff im Untergrund in erster Linie als Wasser oder Öl, die den Porenraum der Gesteine füllen, vorhanden ist, kann die nγ-Kurve direkt als Porositätskurve angesehen werden, wenn folgende Bedingungen erfüllt sind:

1. Die vermessenen Gesteine dürfen keinen Tongehalt aufweisen. Tone sind bekanntlich unporös, enthalten aber sowohl chemisch gebundenen Wasserstoff als auch Wasserstoff, der als Wasser fest an die einzelnen Tonpartikel gebunden ist. In Tonen gemessene niedrige nγ-Intensitäten deuten also in keinem Fall auf eine erhöhte Porosität hin. Desgleichen darf man die nγ-Kurve in Schichten, die einen gewissen Tongehalt aufweisen, nicht zur exakten quantitativen Bestimmung, sondern höchstens zur Abschätzung der Porosität benutzen. (Derartige Schichten können sehr einfach mit Hilfe der γ-Meßkurve festgelegt werden.)

2. Der Bohrlochdurchmesser soll im interessierenden Teufenintervall möglichst konstant bleiben. Treten Kaliberänderungen auf, so muß das Meßergebnis korrigiert werden. Es gibt Interpretationsdiagramme, mit deren Hilfe die durch Änderungen der Bohrlochkennwerte bedingten Schwankungen der gemessenen nγ-Intensität in vielen Fällen aus dem Meßergebnis eliminiert werden können (J. T. DEWAN 1956).

Somit ist es möglich, die nγ-Meßkurve außer in Tonen und tonigen Schichten fast stets zur quantitativen Porositätsbestimmung zu benutzen, gleichgültig, ob Kavernen im Bohrloch auftreten, ob das Bohrloch unverrohrt oder verrohrt ist, ob es leer oder mit Süßwasser-, Öl- bzw. Salzspülung gefüllt ist. Es muß allerdings beachtet werden, daß die in einer bestimmten Teufe gemessene nγ-Intensität bzw. die entsprechende Porosität als Integralwert über einen Bereich anzusehen ist, dessen vertikale Ausdehnung ungefähr dem Spacing (L = 0,6 m) der nγ-Sonde gleichgesetzt werden kann. Schichten mit von der Umgebung abweichender Porosität, deren Mächtigkeit kleiner als 0,6 m ist, werden demzufolge bei der nγ-Messung ungenügend erfaßt. Solche geringmächtigen Schichten können z. Z. nur mit Hilfe der Mikrowiderstandsmeßkurven lokalisiert werden, während aus der nγ-Meßkurve ein oberer bzw. unterer Grenzwert der Porosität angegeben werden kann. Dieser Nachteil der nγ-Meßmethode ist deutlich an dem in Abb. 1 gezeigten Meßbeispiel zu erkennen. Es sind die in einer Thüringer Bohrung im Zechstein-Hauptdolomit gemessenen Kurven dargestellt (γ-, nγ- und Mikrowiderstandskurven). Obwohl auch die nγ-Meßkurve im Bereich von 1077—1086 m auf eine Wechsellagerung poröser und dichter Horizonte hinweist, so ist doch eine genauere Gliederung dieses Schichtpaketes und eine genaue Festlegung der Grenzen einzelner Horizonte nur an Hand der Mikrowiderstandsmeßkurven möglich.

Wie überhaupt in Thüringen, so bilden auch in diesem Beispiel die Mikrowiderstandsmeßkurven, die nγ-Meßkurve und die γ-Meßkurve unter Berücksichtigung der Kaliberkurve die Grundlage der qualitativen Interpretation. Wie die nγ-Kurve darüber hinaus zur quantitativen Interpretation, d. h. zur Porositätsbestimmung eingesetzt wird, soll nun an zwei weiteren Meßbeispielen aus Thüringer Bohrungen demonstriert werden.

Quantitative Bestimmung der Porosität aus der Neutronen-Gamma-Meßkurve

Die in Abb. 2 gezeigten Meßkurven (a, b) wurden im Zechstein-Hauptdolomit einer Thüringer Bohrung aufgenommen. Aus der γ-Meßkurve ist ersichtlich, daß tonige Zonen innerhalb des gezeigten Schichtpaketes

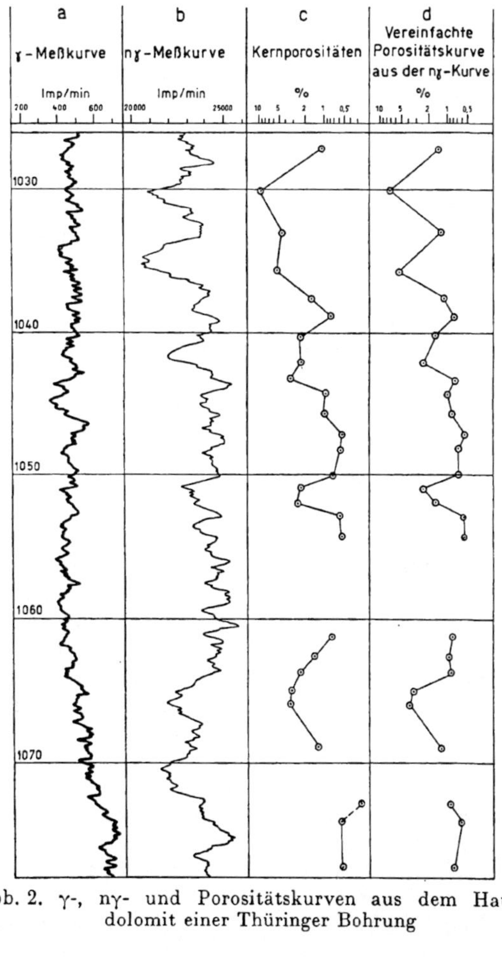

Abb. 2. γ-, nγ- und Porositätskurven aus dem Hauptdolomit einer Thüringer Bohrung

Tabelle 1

Tatsächliche Teufe (m)	Angegebene Kernteufe (m)	Porosität (%) aus der Kernanalyse	Auslenkung in der nγ-Kurve (Imp./min)	Porosität (%) aus der nγ-Kurve
1027,20	1030,00	1,2	23300	1,4
1030,14	1032,94	9,6	20500	8,2
1033,04	1035,54	4,7	23300	1,4
1035,76	1038,62	5,4	21100	5,4
1037,66	1040,16	1,7	23500	1,3
1038,96	1041,46	0,9	24100	0,9
1040,24	1042,74	2,6	23100	1,6
1042,19	1044,69	2,6	22500	2,4
1043,37	1045,87	3,5	24100	0,9
1044,34	1046,84	1,1	23700	1,1
1045,69	1048,19	1,2	24000	0,9
1047,07	1048,87	0,6	24700	0,6
1048,11	1049,91	0,6	24400	0,7
1050,00	1051,80	0,8	24300	0,7
1050,90	1052,70	2,4	22300	2,6
1051,94	1053,74	2,8	23100	1,6
1052,84	1054,64	0,6	24600	0,6
1054,28	1056,08	0,6	24600	0,6
1061,30	1059,30	0,9	24000	0,9
1062,76	1060,46	1,6	23700	1,1
1063,69	1061,39	2,5	23800	1,0
1065,00	1062,70	3,4	21900	3,4
1065,87	1063,57	3,9	21700	3,9
1068,89	1066,49	1,5	23200	1,5
1072,92	1069,52	0,3	23900	0,9
1073,97	1070,57	0,7	24500	0,7
1077,19	1073,79	0,7	24100	0,9

nicht auftreten. Demzufolge kann die nγ-Kurve durchweg zur Porositätsbestimmung benutzt werden.

Die Eichung der Intensitätsskala an der nγ-Kurve in Porositätswerten wurde mit Hilfe von an Kernen gemessenen Porositäten folgendermaßen vorgenommen (R. E. BUSH & E. S. MARDOCK 1951):

Die im Labor gemessenen Porositätswerte werden im gleichen Teufenmaßstab wie die Meßkurven über einer logarithmischen Porositätsskala aufgezeichnet (steigende Porositäten nach links). Die so erhaltene Kurve wird mit der gemessenen nγ-Kurve korreliert, und es werden die reellen Teufenwerte der untersuchten Kernproben bestimmt. In den auf diese Weise bestimmten Teufen werden gleichzeitig die gemessenen nγ-Intensitäten aus der nγ-Kurve abgelesen (s. Tabelle 1).

Die im Labor gemessenen Porositätswerte werden dann als Funktion der in der gleichen Teufe gemessenen nγ-Intensitäten aufgetragen (s. Abb. 3; Porositätsmaßstab logarithmisch). Die aufgezeichneten Punkte sollen möglichst auf einer Geraden — der sog. Eichgeraden — liegen. An Hand dieser Eichgeraden kann die der jeweiligen nγ-Intensität entsprechende Porosität bestimmt werden.

Liegen nicht alle gezeichneten Punkte auf der Eichgeraden oder in ihrer Nähe, so kann dies einmal darauf zurückgeführt werden, daß der Charakter der nγ-Messung, die eine integrative Messung ist, sehr verschieden von dem der gewissermaßen punktförmigen Porositätsmessung an einer Kernprobe ist. Die Porosität der untersuchten Kernprobe kann vereinzelt ungünstigerweise gerade bei inhomogenen Gesteinskomplexen, wie man sie in Thüringen vor sich hat, stark von der des umgebenden Gesteins verschieden sein, d. h. die Kernprobe ist in diesem Fall nicht für den betreffenden Gesteinskomplex repräsentativ. Weiterhin kann die untersuchte Kernprobe einer Schicht angehören, deren Porosität mehr sekundärer als primärer Natur ist. Aus der

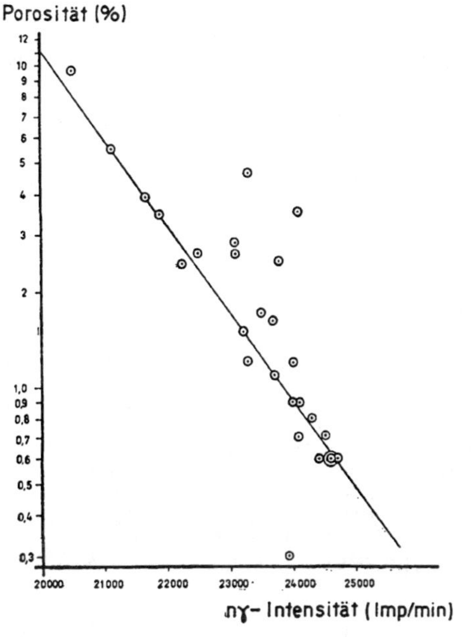

Abb. 3. Diagramm zur Eichung der in Abb. 2 gezeigten nγ-Kurve in Porositätswerten

Kernanalyse ergibt sich dann stets ein kleinerer Porositätswert als aus der nγ-Messung. Sind die Mächtigkeiten der untersuchten Schichten kleiner als 0,6 m, so ist die gemessene nγ-Intensität, wie schon ausgeführt, mit einem Fehler behaftet. Schließlich ist es noch möglich, daß die Kernproben teufenmäßig nicht richtig mit der nγ-Kurve korreliert wurden. Zur Beseitigung dieses Fehlers müßten die im Gesteinslabor untersuchten Kernproben dichter beieinanderliegen (0,2—0,5 m). Abweichungen einzelner Punkte von der Eichgeraden (wie in Abb. 3) sind also gerade in inhomogenen Gesteinskomplexen nicht zu vermeiden. Sie treten stets auf und beeinträchtigen die Qualität der Eichung der nγ-Messung in keiner Weise, wenn nur genügend Punkte so angeordnet sind, daß die Eichgerade ohne Schwierigkeit gezogen werden kann.

In Abb. 2 sind neben den Bohrlochmeßkurven (a, b) noch zwei weitere Kurven gezeigt, und zwar

-c- eine aus den im Labor gemessenen Kernporositätswerten gezeichnete Porositätskurve und (zum Vergleich mit dieser Kurve),

-d- eine vereinfachte aus der nγ-Meßkurve erhaltene Porositätskurve.

Wie man sieht, stimmen diese beiden Kurven (c und d) gut überein.

Ein weiteres Meßbeispiel aus dem Zechstein-Hauptdolomit einer Thüringer Bohrung zeigt Abb. 4. Es ist deutlich erkennbar, daß auch in dieser Bohrung poröse und permeable Schichten sehr gut an Hand der nγ-Kurve und der Mikrowiderstandskurven festgelegt werden können. Demgegenüber kann aus der Normalenmeßkurve nur ein prinzipieller Überblick über den Widerstandsverlauf im gezeigten Teufenintervall gewonnen werden. Auch die Aussagefähigkeit der Kantenmeßkurven ist, verglichen mit der der nγ- und der Mikrowiderstandskurven, verschwindend gering. Da aus der γ-Kurve hervorgeht, daß oberhalb 1314 m kein erhöhter Tongehalt in den interessierenden Schichten vorhanden ist, wurde die nγ-Kurve in diesem Teufenbereich zur Porositätsbestimmung benutzt.

Die Intensitätsskala der nγ-Kurve wurde wiederum mit Hilfe von an Kernen gemessenen Porositätswerten in Porositäten geeicht. Das zur Eichung verwendete

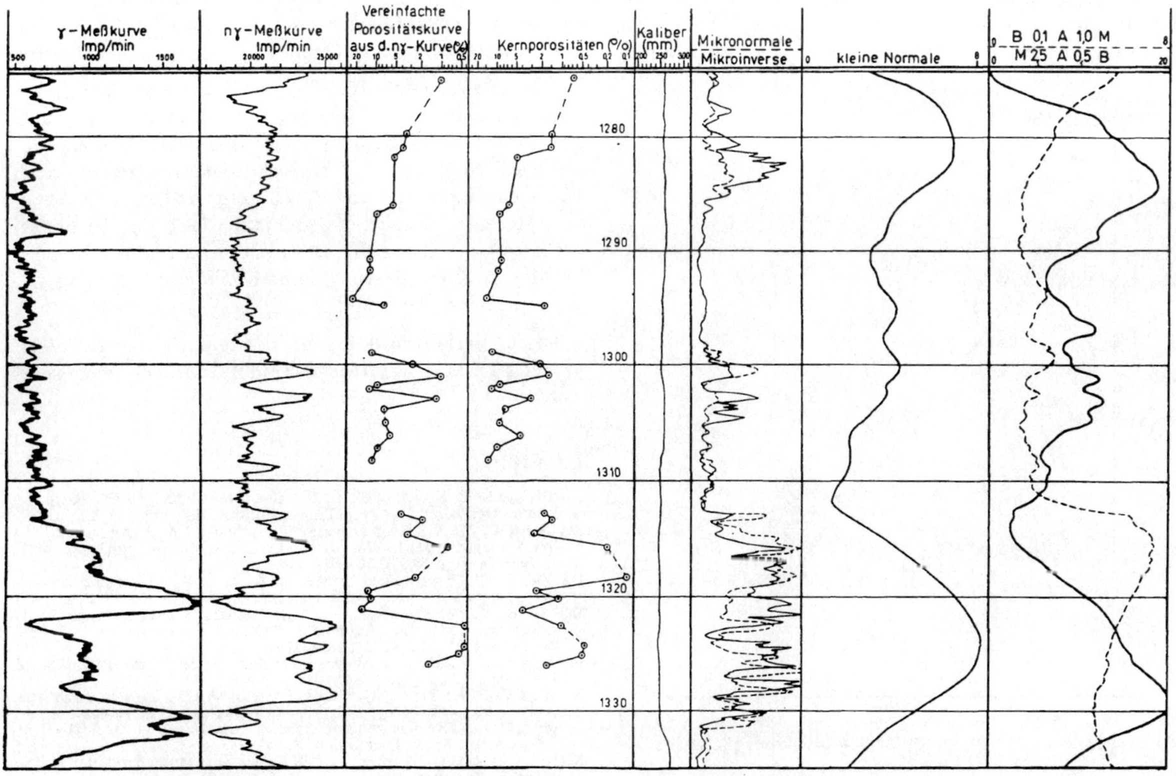

Abb. 4. Im Zechstein-Hauptdolomit einer Thüringer Bohrung erhaltene geophysikalische Meßkurven

Diagramm zeigt Abb. 5. Die verwendeten Werte sind in Tabelle 2 zusammengestellt.

Die in Tabelle 2 eingeklammerten Werte wurden im Diagramm der Abb. 5 nicht mitgezeichnet, da sie in tonigen Schichten gemessen wurden. Sie wurden lediglich zu Vergleichszwecken angegeben und in Abb. 4 eingezeichnet. Wie man sieht, stimmt auch in Abb. 4 die aus den Kernporositäten gezeichnete Porositätskurve mit der entsprechenden, aus der geeichten nγ-Kurve erhaltenen gut überein.

Die nγ-Meßkurve ist also nicht nur in Verbindung mit γ- und Mikrowiderstandsmeßkurven für die qualitative Interpretation von Bedeutung, sie liefert vielmehr z. Z. als einziges Meßverfahren zuverlässige quantitative Angaben für die in Thüringer Erdölbohrungen vorhandenen Speichergesteine.

Nach Einführung der mit fokussierenden Meßsystemen arbeitenden Widerstandsmeßverfahren werden einmal die Möglichkeiten, poröse und permeable Schichten zu lokalisieren und ihre Porosität quantitativ zu bestimmen, verbessert, außerdem wird aber die Möglichkeit geschaffen, etwas über den Schichtinhalt interessierender Schichten auszusagen und die Wassersättigung dieser Schichten quantitativ zu bestimmen (W. N. DACHNOW 1958).

Auf zwei außerordentlich bedeutsame geophysikalische Bohrlochmeßverfahren sei an dieser Stelle noch kurz hingewiesen, und zwar auf ein Verfahren, das die Lokalisierung gasführender Schichten gestattet („Flowing Neutron Log", R. G. NORELIUS 1958) und ein Verfahren, das mit großer Genauigkeit ölführende Schichten angibt („Reverse Wetting Logging", J. W. GRAHAM 1958).

Zur Aufnahme eines „Flowing-Neutron-Log" werden in der zu untersuchenden Bohrung nacheinander zwei nγ-Messungen durchgeführt: die erste, wenn die Bohrung überläuft, und die zweite, wenn sie totgepumpt

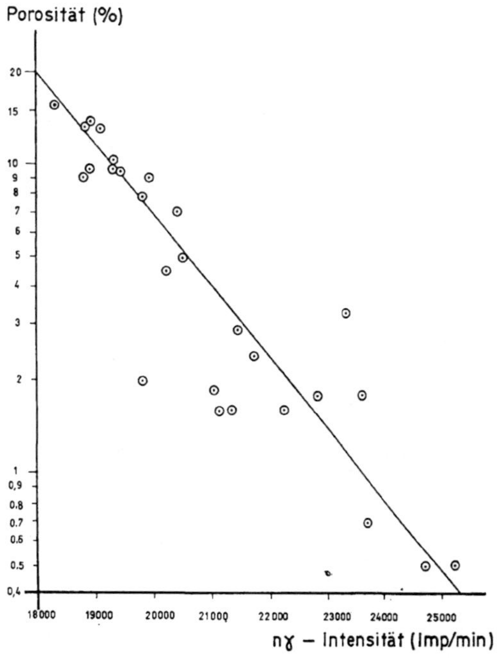

Abb. 5. Diagramm zur Eichung der in Abb. 4 gezeigten nγ-Kurve in Porositätswerten

Tabelle 2

Tatsächliche Teufe (m)	Angegebene Kernteufe (m)	Porosität (%) aus der Kernanalyse	Auslenkung in der nγ-Kurve (Imp./min)	Porosität (%) aus der nγ-Kurve
1274,95	1274,95	0,7	23700	1,0
1279,94	1278,84	1,6	21300	3,4
1280,98	1279,88	1,6	21100	3,8
1281,76	1280,66	5,0	20500	5,2
1286,02	1283,82	7,1	20400	5,5
1286,70	1284,50	9,6	19300	9,7
1290,70	1290,45	9,2	18800	12,8
1291,68	1291,43	9,7	18900	12,1
1294,10	1294,30	15,9	18300	16,6
1294,80	1295,00	2,0	19800	7,6
1298,95	1297,75	13,2	19100	11,0
1299,90	1298,70	2,4	21700	2,8
1300,90	1299,70	1,8	23600	1,0
1301,95	1300,75	9,4	19400	9,3
1302,01	1300,81	13,4	18800	12,8
1302,95	1301,75	3,3	23300	1,2
1303,80	1302,60	7,9	19800	7,6
1304,80	1303,60	9,2	19900	7,2
1306,20	1305,05	4,5	20200	6,2
1307,15	1306,00	10,3	19300	9,7
1308,12	1306,97	13,8	18900	12,0
1312,77	1312,22	1,9	21000	4,0
1313,35	1312,80	1,6	22200	2,1
1314,50	1313,95	2,9	21400	3,3
1315,60	1315,05	0,2	(24000)	(0,8)
1318,27	1317,32	0,1	(21800)	(2,6)
1319,40	1318,55	2,7	(18700)	(13,4)
1320,30	1319,35	1,2	(18900)	(12,0)
1321,25	1320,30	2,8	(18300)	(16,6)
1322,45	1321,50	1,0	25500	0,4
1324,12	1323,47	0,5	25200	0,4
1324,95	1324,30	0,5	24700	0,5
1325,95	1325,30	1,8	22800	1,6

ist. Ein deutlicher Intensitätsunterschied zwischen beiden Meßkurven zeigt sich an den Stellen, wo während der ersten Messung Gas aus dem Gebirge ausgetreten ist. Die Unterkanten der Gasaustrittsstellen lassen sich auf diese Weise gut festlegen.

Die „Reverse-Wetting-Technik" besteht darin, daß nacheinander zwei Mikrowiderstandsmeßkurven aufgenommen werden: eine erste bei Anwesenheit der üblichen Spülung im Bohrloch und eine zweite nach Ersetzen dieser Spülung durch eine Spülung, die Agenzien enthält, welche die Benetzbarkeit der Speichergesteine umkehren. In ölführenden Schichten werden bei der zweiten Messung höhere Widerstandswerte gemessen als bei der ersten.

Diese Verfahren können in Sonderfällen zur Aufklärung besonders interessierender Probleme eingesetzt werden.

Literatur

BUSH, R. E. & MARDOCK, E. S.: The Quantitative Interpretation of Radioactivity Logs. – Petr. Transactions, AIME, Vol. 192, 1951.

DACHNOW, W. N.: Geophysikalische Methoden zur Untersuchung der Speichereigenschaften von Gesteinen (Russisch). – Geologija nefti, 2. Jg. 8 (Aug. 1958), S. 55–65.

DEWAN, J. T.: Neutron Log Correction Charts for Borehole Conditions and Bed Thickness. – Journ. of Petr. Technology, Vol. 8, No. 20, Febr. 1956.

DOLL, H. G.: The Laterolog – A new Resistivity Logging Method with Electrodes Using an Automatic Focusing System.-Journ. of Petr. Technology, Vol. 3, No. 11, Nov. 1951.

GRAHAM, J. W.: Reverse-Wetting Logging. – Petr. Trans. AIME, Vol. 213, 1958, S. 304–309.

KURTEW, P. J.: Fizičeskije svoistva produktivnych karbonatnych otloženij severo-vostočnoj Bolgarii. (Physikalische Eigenschaften der produktiven Karbonatgesteine Nordost-Bulgariens). – Geologija nefti i gaza, 3. Jg. Nr. 2 (Febr. 1959), S. 64–68.

NESTERENKO, G. N. & E. A. NEIMAN: Zur Anwendung der Mikrosonde. – Z. angew. Geol., Bd. 4, H. 2/3, 1958.

NORELIUS, R. G.: Neutron Logging of Flowing Wells. – The Petr. Engineer, Dallas 30 (1958) 12.

Zum oberdevonischen Quarzporphyr-Vulkanismus in Ostthüringen

Hans Jürgen Rösler, Jena

Der Untersuchung der zeitlich zwischen den orogenen Hauptphasen auftretenden Magmatite wird in letzter Zeit immer mehr Aufmerksamkeit geschenkt. Es ist heute bekannt, daß die Geosynklinalmagmatite, von denen wir meistens nur die extrusive Fazies zu Gesicht bekommen, von sehr unterschiedlichem Chemismus sind. Scheinbar gesetzlos finden wir basische Vulkanite neben extrem sauren. Ihr Studium ist geeignet, neben der Klärung petrochemischer und lagerstättenkundlicher Probleme Aussagen über ihre Entstehung und darüber hinaus über grundlegende magmatische und tektonische Fragen zu machen.

In Ostthüringen war bis vor kurzem im jüngeren Paläozoikum nur ein kräftiger basischer Magmatismus bekannt, der im Unteren Oberdevon begann und endete. Anzeichen saurer Eruptiva wurden erstmals von R. Schönenberg (1951) im Unteren Oberdevon und von K. J. Müller (1952) im Unterkarbon festgestellt. Diese Gesteine untersuchte Verf. in den letzten Jahren eingehend (Rösler 1959).

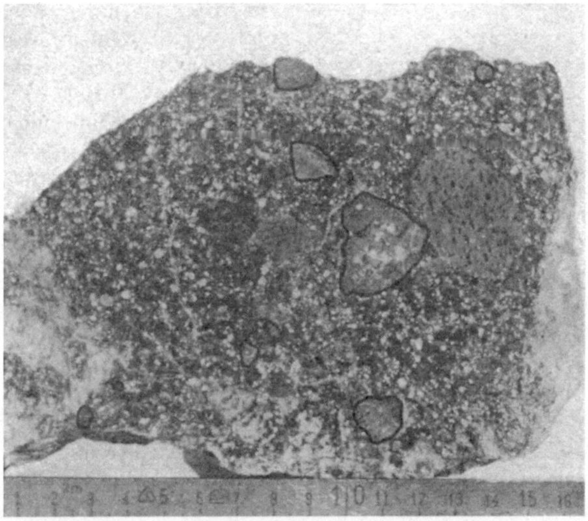

Abb. 1

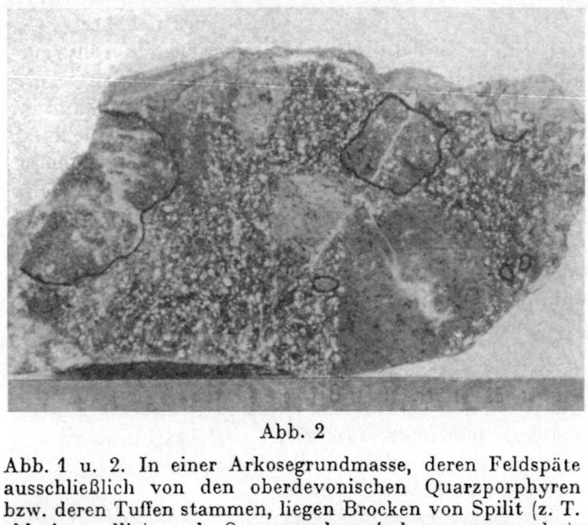

Abb. 2

Abb. 1 u. 2. In einer Arkosegrundmasse, deren Feldspäte ausschließlich von den oberdevonischen Quarzporphyren bzw. deren Tuffen stammen, liegen Brocken von Spilit (z. T. chloritmandlig) und Quarzporphyr (schwarz umrandet). Fundort: Posterstein östl. Ronneburg, Schurf östlich des Quarzporphyrs am Nordausgang des Ortes. Großanschliffe G 699 und G 670

Die von R. Schönenberg mitgeteilten zwei Fundpunkte von oberdevonischen Quarzporphyren und deren Tuffen zwischen Gera und Ronneburg (Gessental) und südlich Weida konnten durch zwei neue Vorkommen, räumlich zwischen den ersteren liegend, erweitert werden. Es wurde wahrscheinlich gemacht, daß die bei Posterstein östlich Ronneburg und bei Kleinwolschendorf westlich Zeulenroda anstehenden größeren Porphyrkörper gleichfalls oberdevonisches Alter haben. Bisher stellte man diese Gesteine ins Rotliegende oder enthielt sich einer Alterseinstufung. Geländearbeiten im Frühjahr 1959, die von ausgedehnten Schürfungen unterstützt wurden, brachten den Nachweis, daß diese „Porphyre" tatsächlich oberdevonisches Alter haben und mit den bisher bekannten sauren Tuffen gleichaltrig sind. Über die Ergebnisse dieser Untersuchungen soll hier ein vorläufiger kurzer Bericht gegeben werden. Eine ausführliche Arbeit ist gemeinsam mit Dipl.-Geol. G. Schlegel nach Abschluß der geologischen Kartierung und der petrographisch-petrochemischen Bearbeitung vorgesehen.

1. Die Quarzporphyre von Posterstein

Nördlich des Ortes Posterstein setzen in oberdevonischen Schichten 3 voneinander getrennte Porphyrkörper auf. Ein weiteres kleineres Vorkommen ist südlich Stolzenberg bekannt. Diese Porphyre unterscheiden sich makroskopisch nicht von rotliegenden Porphyren. Während der Quarzporphyr am nördlichen Ortsausgang von Posterstein, der in einem auflässigen Bruch gut aufgeschlossen ist, felsitisch und einsprenglingsarm ist, sind die Gesteine der beiden nördlichen Vorkommen zwischen Eisenbahn und Autobahn durch zahlreiche Feldspateinsprenglinge porphyrisch struiert.

Die Schürfe auf den nordwestlichen größten Porphyrkörper brachten keine Klärung der Verbandsverhältnisse. Der Porphyr ist von einer mehrere Meter mächtigen kaolinischen und tonigen Verwitterungsschicht bedeckt.

Um so erfolgreicher war der Schurf an der Ostflanke des ± felsitischen Quarzporphyrs am nördlichen Ortsausgang von Posterstein. Die westliche Begrenzung des Porphyrs ist nicht aufgeschlossen und wahrscheinlich durch eine Störung hervorgerufen, wie es auch die geologische Karte (Blatt Ronneburg) zeigt. Die durch einen Schurf aufgeschlossene östliche Flanke brachte folgende Verbands- und Schichtenverhältnisse:

1) Liegendes: Felsitischer einsprenglingsarmer Quarzporphyr, frisch grau, örtlich rotbraun angewittert, z. T. mit deutlichem endogenem Brecciengefüge.

2) Quarzporphyr-Spilit-Breccie (Mächtigkeit etwa 3,5 m): In einer mittelkörnigen, sehr feldspatreichen Grundmasse liegen zahlreiche eckige Brocken von spilitischem Diabas und Quarzporphyr (vgl. Bild 1 u. 2). Quarzporphyrbrocken und Feldspäte stammen einwandfrei vom liegenden Eruptivkörper.

3) „Bänderschiefer" (Mächtigkeit etwa 2,5 m): Feinkörnige, feinschichtige Tuffschiefer in für Ost-

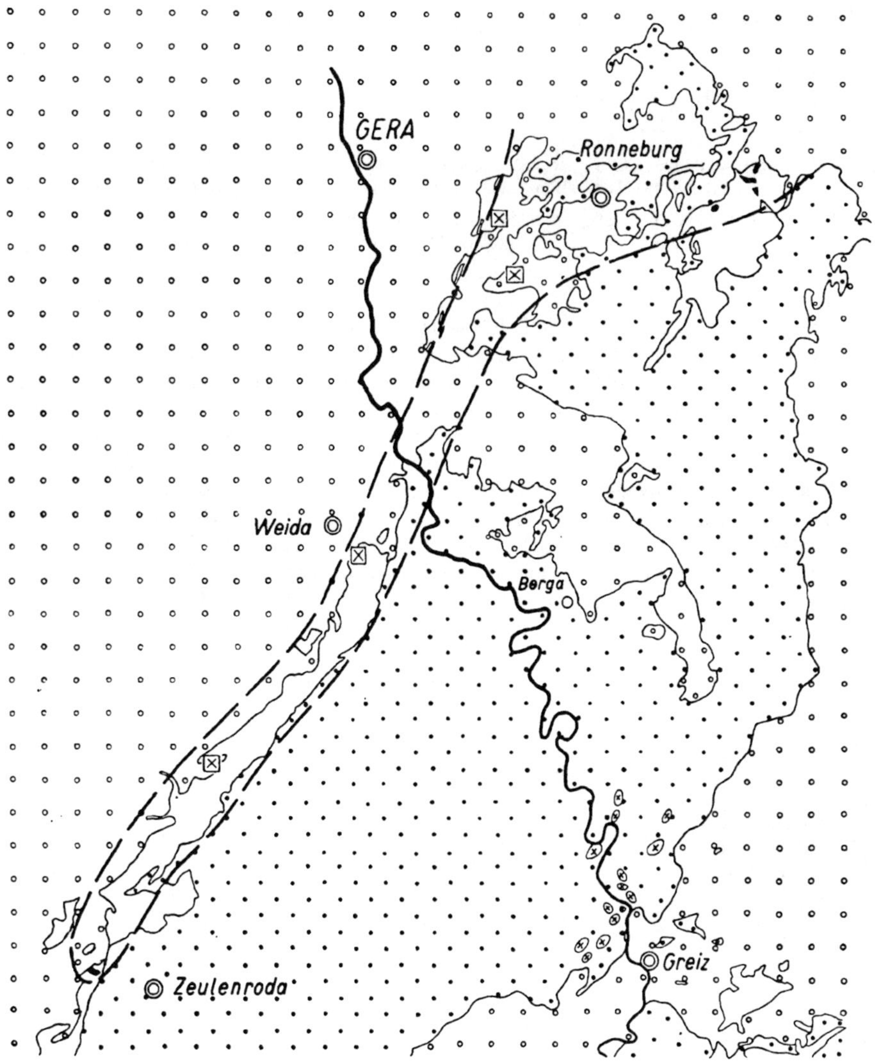

Abb. 3. Nordteil des Bergaer Sattels mit Verbreitungsgebiet der oberdevonischen Quarzporphyre und deren Tuffe (gerissene Linie)

schwarze Punkte	vordevonische Schichten des Bergaer Sattels
weiß	Devon (ungegliedert)
weiße Kreise	nachdevonische Schichten
schwarz	oberdevonische Quarzporphyre
Kreuz im Quadrat	Fundpunkte von Quarzporphyrtuffen

thüringen typischer Ausbildung; eingelagert sind feinstreifige Sandlagen.

4) Graphophyrgranit-Arkose (Mächtigkeit $\geqq$ 3,0 m): Sehr reine, kleinkörnige Arkose, bestehend aus Graphophyrgranitbröckchen und untergeordnet Quarzporphyr- und Spilitkomponenten.

Schurfunterbrechung für etwa 12 m.

5a) Spilittuffe („Diabastuffe") (Mächtigkeit etwa 10,0 m): Wechselnd körnig, meist fein- bis kleinkörnig, mit zahlreichen mm- bis cm-großen Brocken aphanitischer und feldspatophyrischer Spilite, selten Detritus und Gerölle von Quarzporphyr und Graphophyrgranit.

Hangendes außerhalb des Schurfes:

b) Feldspatophyrischer Spilit (bis einige Meter mächtig).

c) Spilittuff mit zahlreichen kleinkörnigen Graphophyrgranit-Komponenten (Mächtigkeit etwa 5—10 m).

6) „Konglomerat von Posterstein" (schon östlich der Straße zur Bahnlinie).

Aus diesem Profil, an dessen Ungestörtheit kaum Zweifel auftreten können, geht hervor, daß der Quarzporphyr älter als das höhere Oberdevon I sein muß, da in ihm schon seine Abtragungsprodukte vorliegen. Typische Effusiverscheinungen, sein Aufsetzen in mittel- und unteroberdevonischen Schichten sowie die petrographische Übereinstimmung mit den einstufbaren entsprechenden Tuffen in Gessental und anderswo lassen erkennen, daß er nicht älter als oberdevonisch sein kann. Somit ist der Quarzphorphyr am nördlichen Ortsausgang von Posterstein altersmäßig ins Untere Oberdevon einzustufen. Es ist anzunehmen, daß die beiden nördlicheren Vorkommen gleiches Alter haben. Der Porphyr von Stolzenberg, der nach der LIEBEschen Kartierung im Mitteldevon aufsetzt, gehört mit hoher Wahrscheinlichkeit genetisch gleichfalls zu der Postersteiner Vulkanit-Serie. Da er schon im Bereich des Stolzenberger Silursattels aufsetzt, haben wir es hier mit einem Zufuhrschlot zu tun. Auf weitere Begründungen soll hier nicht eingegangen werden.

Von besonderem Interesse ist das Auffinden eines möglicherweise anstehenden geringmächtigen Graphophyrgranits vom Typ der Greiz-Hirschberger Gesteine inmitten der drei Postersteiner Quarzporphyrvorkommen. Selbst wenn sich die mehrere m³-großen Granitmassen nicht als authochthon erweisen sollten, kann ihr Herkunftsgebiet nur in der allernächsten Umgebung liegen. Der Granitkörper wird von Granitkonglomerat überlagert. Durch weitere Untersuchungsarbeiten wird versucht, die Verbandverhältnisse zu klären. Die enge räumliche Verbindung dieses für den thüringisch-vogtländischen Bereich typischen prävaristischen Granits mit den oberdevonischen Quarzporphyren eröffnet jedoch neue Perspektiven für die Einstufung auch dieser umstrittenen Gesteine. Hier zeigt sich zum ersten Mal im Bergaer Sattel das von R. EIGENFELD (1933, 1938) immer wieder hervorgehobene und geforderte Zusammenvorkommen der intrusiven und extrusiven Fazies der prävaristischen sauren Magmatite.

2. Quarzporphyr von Gessental

Vom Bahneinschnitt östlich des Bahnhofes Kaimberg (östlich Gera) beschreibt R. SCHÖNENBERG (1951) zwei Quarzporphyrlager geringer Mächtigkeit, ein felsitisch ausgebildetes und ein porphyrisch struiertes. Der

„Felsitporphyr“ muß gestrichen werden, da es sich um ein feinkörniges Sediment handelt. Das gleiche gilt für die „magmatischen Gerölle“ im gröberen porphyrischen Gestein, das wiederum nicht als Lava, sondern als Tuff anzusehen ist.

3. Quarzporphyr von Kleinwolschendorf

Die auf diesen äußerst feinkörnigen einsprenglingsfreien Quarzporphyr angesetzten Schürfe brachten keine volle Klärung der Verbandverhältnisse. Der Porphyr, der in mittel- bis oberdevonischen Schichten aufsetzt, ist bis mehrere Meter stark kaolinisiert und verwittert. Auffällig ist, daß die zahlreichen Einschlüsse im Quarzporphyr nur aus dem untersten Oberdevon sowie dem Unter-Mitteldevon stammen. Der mit dem Quarzporphyr in direktem Verband stehende Rotschiefer ist in keinem Fall als Einschluß beobachtet worden. Aus diesen Beobachtungen ist gleichfalls indirekt auf ein oberdevonisches Alter zu schließen.

4. Regionale Verbreitung der oberdevonischen sauren Vulkanite

Auf der beigegebenen Karte ist die bis heute bekannte Verbreitung der oberdevonischen Quarzporphyre bzw. deren Tuffe eingetragen. Die massigen Porphyrkörper sind schwarz eingezeichnet, die Tuff- bzw. Tuffitvorkommen mit einem Kreuz im Quadrat bezeichnet.

Zusammenfassung

Durch Untersuchung der Quarzporphyre von Posterstein bei Ronneburg (Ostthüringen) und ihrer Lagerungsverhältnisse wird nachgewiesen, daß es einen relativ intensiven sauren oberdevonischen Vulkanismus im Raum des nördlichen Bergaer Sattels gibt. Dieser Vulkanismus ist demnach zeitgleich mit den Anfangsstadien des starken basischen Magmatismus im thüringisch-vogtländisch-fränkischen Raum. Auf mögliche Beziehungen zu den prävaristischen Graphophyrgraniten vom Typ Greiz-Hirschberg wird auf Grund eines neuaufgefundenen Vorkommens bei Posterstein hingewiesen. Die Bearbeitung wird fortgesetzt.

Literatur

EIGENFELD, R.: Die granitführenden Konglomerate des Oberdevons und Kulms im Gebiet altkristalliner Sattelanlagen in Ostthüringen, Frankenwald und Vogtland. – Abh. Sächs. Akad. Wiss., Math.-Phys. Kl., Bd. 42, Nr. 7, Leipzig 1938.
MÜLLER, K. J.: Über den sog. Kohlenkalk in Ostthüringen und Franken und die Devon-Karbongrenze am Bergaer Sattel. – Geologica, Bd. 11, S. 65–70, Berlin 1952.
RÖSLER, H. J.: Zur Petrographie, Geochemie und Genese des oberdevonisch-unterkarbonischen Magmatismus und der an ihn gebundenen Lagerstätten in Ostthüringen. – Habilitationsschrift Veröffentlichung in den Freiberger Forschungsheften, Jena 1959.
SCHÖNENBERG, R.: Stratigraphie, Tektonik und geosynklinaler Magmatismus der ältesten Oberdevonzeit am Bergaer Sattel (Ostthüringen). – Geol. Jb. Bd. 60, (1951), S. 15–64,.
SCHEUMANN, K. H.: Prävaristische Glieder der sächsisch-fichtelgebirgischen kristallinen Schiefer. – Abh. Sächs. Akad. Wiss., Math.-Phys. Kl., Bd. 39, Leipzig 1924.

Die Fauna eines Zechsteinriffes bei Profen

HELLMUT HAUSMANN, Halle

Im Jahre 1944 wurde bei einer Bohrung 1 km südwestlich von Profen (bei Zeitz) ein Zechsteinriff angetroffen. Die Riffoberkante lag bei 111 m unter Gelände (40 m üb. NN). Die Bohrung wurde bei 154,2 m (3,2 m unt. NN) eingestellt, ohne das Riff vollständig durchfahren zu haben. 50 Proben aus dieser Kernbohrung, die aus dem Bereich des Zechsteinriffes stammen, wurden 1944 von Herrn Dipl.-Berging. ANACKER dem Geolog. Inst. d. Universität Halle zugeführt und konnten dort unter Anleitung von Herrn Prof. Dr. GALLWITZ im Jahre 1950 vom Verfasser auf ihren Fossilinhalt hin untersucht werden.

Der Abstand zwischen den Proben beträgt $^1/_2$ bis 1 m. Sie bestehen aus einem hell- bis dunkelgrauen, mehr oder weniger porösen Riffkalk, wie er auch aus den übrigen Bryozoenriffen des Zechsteins im Thüringer Bereich bekannt ist. Die Bohrkerne wurden zerklopft und das darin enthaltene Fossilmaterial möglichst vollständig erfaßt und paläontologisch bearbeitet. Folgender Fossilinhalt wurde festgestellt:

Bryozoen
Fenestella retiformis SCHLOTH.
Fenestella geinitzi D'ORB.
Thamniscus dubius SCHLOTH.
Thamniscus diffusus KORN
Phyllopora solida KORN
Phyllopora ehrenbergi GEINITZ
Acanthocladia sp.
Batostomella sp.
Brachiopoden
Dielasma elongatum (SCHLOTH.)
Strophalosia excavata (GEINITZ)
Spiriferina cristata (SCHLOTH.)
Camarophoria schlotheimi (V. BUCH)
Streptorhynchus pelargonatus (SCHLOTH.)
Productus horridus SOW. var. *umbonillatus* KING
Lamellibranchiaten
Pseudomonotis speluncaria (SCHLOTH.)
Bakewellia ceratophaga (SCHLOTH.)
Bakewellia antiqua (MÜNSTER)
Gastropoden (nicht bestimmbare Bruchstücke)
Crustacea
Prosoponiscus problematicus (SCHLOTH)
Algen (?)
Stromaria schubarthi (GEINITZ)

Von den Bryozoen tritt *Thamniscus* am häufigsten auf. Sie findet sich in fast jeder Probe. Von 148 m bis 138 m herrscht *Thamniscus diffusus* stark vor, während *Thamniscus dubius* hauptsächlich im oberen Teile des Riffes auftritt. In der Häufigkeit des Auftretens folgt dann *Fenestella*, die sich jedoch nur zwischen 117 m und 142,5 m findet. Meist handelt es sich um *Fenestella retiformis*. *Fenestella geinitzi* ist weitaus seltener. An dritter Stelle folgt *Batostomella*. Sie hat die gleiche vertikale Verbreitung wie *Fenestella* und ist wie diese fast in jedem Bohrkern vertreten. In einigen Fällen (z. B. bei 128 m und 134,8 m) ist sie sogar die häufigste *Bryozoe*. Die beiden Arten von *Phyllopora* finden sich nur vereinzelt in Bruchstücken zwischen 120,5 und 142,5 m. *Acanthocladia* ist nur ganz spärlich in drei Proben vorhanden. Der Grund für dieses auffällige Zurücktreten von *Acanthocladia* dürfte in der Anwesenheit von *Thamniscus* zu suchen sein. KORN (1930) erwähnt, daß bei gleichzeitigem Auftreten *Acanthocladia* von *Thamniscus* verdrängt werden kann. Dies scheint auch im Riff von Profen der Fall gewesen zu sein.

Stromaria schubarthi liegt in typischer Ausbildung bei 112 m und 114 m vor. Vereinzelte Spuren treten auch bei 111 m auf. Die Brachiopoden sind nicht nur in der Anzahl der Arten, sondern auch in der Anzahl der Individuen bedeutend reichlicher vertreten als die

Muscheln. Die häufigste Brachiopodenart ist *Dielasma elongatum*, die sich fast in allen Proben findet. Ihr folgt in der Häufigkeit des Auftretens *Strophalosia excavata.*

Die drei Muschelarten scheinen in ihrem Auftreten einander auszuschließen. Mit einer Ausnahme (bei 135—136 m) tritt *Pseudomonotis* nur in Horizonten auf, die von *Bakewellia* frei sind. Die beiden *Bakewellien*arten unter sich zeigen wiederum auch dieses einander ausschließende Verhalten. Bezüglich der *Bakewellien* läßt sich weiterhin noch erkennen, daß sie auch über größere Strecken des Schichtprofils hin einander ablösen. So finden sich von:

114 — 120 m: B. antiqua
125,5 — 139 m: B. ceratophaga
141 — 145,5 m: B. antiqua
146 — 148 m: B. ceratophaga

Nach KORN (1930) zeigt sich im oberen Teil der Bryozoenriffe ein Zurücktreten der Brachiopoden zugunsten der Muscheln. Im Riff von Profen ist dies nicht der Fall. Die Häufigkeitsschwankungen der Brachiopoden und der Muscheln verlaufen hier stets im gleichen Sinne.

Im Vertikalprofil des Riffes von Profen zeigt sich ein Wechsel von fossilreichen und fossilarmen Lagen. Dabei ist ein Zusammenhang zwischen Fossilführung und Petrofazies zu erkennen. Während die fossilreichen Proben aus einem hellgrauen, porösen und ziemlich lockeren Kalk bestehen, ist das Gestein der fossilarmen Horizonte etwas dunkler gefärbt, dichter, fester und spröder und gibt mitunter beim Anschlagen einen schwach bituminösen Geruch. Die untersten 10 m der Bohrung bestehen fast nur aus diesem dunkleren, spröden Kalk und zeichnen sich in ihrer Fossilführung durch ein Zurücktreten aller Arten zugunsten von *Thamniscus* aus, von der das Gestein hier völlig durchsetzt ist. Außer *Thamniscus* zeigt sich nur noch *Dielasma elongatum* in der Häufigkeit des Auftretens weitgehend unbeeinflußt vom Wechsel der Fazies, und nur diese beiden Formen finden sich in den dunklen Gesteinspartien ebenso wie in den hellen.

Gleichzeitig mit dem Auftreten von *Stromaria* in den obersten Partien des Riffes (114—111 m) erlöschen sämtliche anderen Faunenelemente fast völlig. Nur *Dielasma elongatum* findet sich noch sehr vereinzelt, nämlich bei 111 m, wo nur geringe Spuren vorhanden sind. Diese Erscheinung ist auch von anderen Bryozoenriffen bekannt.

Diese Erscheinung wurde bisher (RÜBENSTRUNCK 1913) durch die Zunahme des Salzgehaltes des Zechsteinmeeres erklärt, welche außer *Stromaria* allen anderen Lebewesen die Existenz unmöglich gemacht haben soll. Da aber kaum für alle Arten der gleiche Empfindlichkeitsgrad gegen Übersalzung anzunehmen ist, müßte man erwarten, daß dann die einzelnen Arten nacheinander aussterben. In Wirklichkeit erlöschen aber mit Ausnahme von *Dielasma elongatum* alle Arten gleichzeitig in dem Moment, in dem *Stromaria* erscheint. Diese Erscheinung läßt sich so deuten, daß *Stromaria*, sehr wahrscheinlich eine kalkabscheidende Alge, die Riffoberfläche derart überwucherte, daß dadurch nahezu die ganze übrige Lebewelt verdrängt wurde. Da heute angenommen wird, daß die Bryozoenriffe langsam vom Meeresgrund emporgewachsen sind, muß die Besiedlung der Riffe mit *Stromaria* mit der Annäherung der Riffoberkante an die Meeresoberfläche erfolgt sein, da die Algen auf die gut durchleuchteten, oberflächennahen Bereiche des Meeres angewiesen sind. Die Tatsache, daß *Stromaria* nur im obersten Teile des Riffes auftritt, spricht für diesen Zusammenhang.

Literatur

HAUSMANN, H.: Die Fauna des Zechsteinriffes bei Profen. — Diplomarbeit, Halle 1950.

KORN, H.: Die kryptostomen Bryozoen des deutschen Perm. — Leopoldina, Bd. 6 (Johannes-Walter-Festschrift) Leipzig 1930.

RÜBENSTRUNCK, E.: Über riffbauende Tiere und andere erdgeschichtliche Beobachtungen im thüringischen Zechsteingebiet. — Z. Naturwiss. LXXXV, Leipzig 1913.

Zentraler Geologischer Fonds (ZGF) der DDR

ERICH LANGE & PAUL BEHRENS, BERLIN

Mit der Wirkung vom 1. Januar 1959 wurde der Zentrale Geologische Fonds der DDR gebildet. Damit ist in unserer Republik eine geologische Institution ins Leben gerufen worden, die sich seit langem in der Sowjetunion und den Volksdemokratien bewährt hat.

Der Geologische Fonds ist eine für den sozialistischen Aufbau typische Organisationsform, durch die alle in einem Land vorhandenen geologischen Kenntnisse dokumentarisch erfaßt werden. Er pflegt aus einer Zentralstelle — z. B. Allunions-Geologischer Fonds der UdSSR, Zentraler Geologischer Fonds (ZGF) der DDR — und örtlichen Geologischen Fonds zu bestehen, die in der UdSSR im Rahmen der einzelnen Republiken und Bezirke, in der DDR in Anlehnung an die bezirklichen Geologischen Dienste als Beauftragte des ZGF arbeiten. Un ere fünf örtlichen Geologischen Fonds befinden sich

a) für Groß-Berlin und für die Bezirke Potsdam, Frankfurt/O und Cottbus beim Geologischen Dienst Mitte in Berlin,

b) für die Bezirke Schwerin, Rostock und Neubrandenburg beim Geologischen Dienst Schwerin,

c) für die Bezirke Erfurt, Gera und Suhl beim Geologischen Dienst Jena,

d) für die Bezirke Leipzig, Karl-Marx-Stadt und Dresden beim Geologischen Dienst Freiberg/Sa.,

e) für die Bezirke Halle und Magdeburg beim Geologischen Dienst Halle.

Die rechtliche Grundlage zur Gründung des Zentralen Geologischen Fonds bildete die „Anordnung über die Bildung und Tätigkeit des Zentralen Geologischen Fonds"[1]. Nach ihrem Paragraphen 1 untersteht der ZGF der Staatlichen Plankommission. Er ist juristische Person und hat seinen Sitz in Berlin.

In der Anordnung wird die im Einvernehmen mit den Leitern der zuständigen Organe der staatlichen Verwaltung festgelegte Arbeitsgrundlage und Aufgabenstellung des ZGF kurz umrissen. Geologische Dokumentationen, Ergebnisberichte und Gutachten sowie Ergebnisse von Bohrungen und Erdaufschlüssen aller auf dem Gebiet der Deutschen Demokratischen Republik durchgeführten Erkundungs-, Aufschluß- und Forschungsarbeiten werden gesammelt, registriert und katalogisiert. Das gesammelte Material ergibt eine Auswertungsmöglich-

[1]) Der volle Text der Anordnung wird nach ihrer Bestätigung in unserer Zeitschrift erscheinen.

keit, die mit den verschiedensten Darstellungsarten durchgeführt wird (Statistiken, Graphiken, Kartogrammen, Bilanzen usw.). Hierdurch kann der ZGF Institutionen der verschiedenen Wirtschafts-, Industrie- und Forschungszweige in konzentriertester Form über den Inhalt der gesammelten und katalogisierten Dokumente ihres Arbeitsgebietes unterrichten. Damit können andererseits Betrieben, Vereinigungen und Instituten die Ergebnisse bereits früher durchgeführter Arbeiten zugänglich gemacht werden. Eine laufende Einsichtnahme in die vorhandene Dokumentation wird Doppel- und Parallelarbeiten vermeiden lassen und besonders wertvolle Hilfe bei der Perspektivplanung leisten.

Ausführlicher spricht sich die am 7. Juli 1958 herausgegebene sowjetische „Instruktion über die Erfassung, systematische Zusammenstellung, Aufbewahrung und den Gebrauch der Unterlagen der Geologischen Fonds des Ministeriums für Geologie und Lagerstättenschutz der UdSSR" über diejenigen Dokumente aus, die einer Aufbewahrung beim Geofonds unterliegen:

„a) Berichte über alle Arten von geologischen Kartierungs-, Such- und Erkundungsarbeiten sowie über geomorphologische, hydrogeologische, ingenieurgeologische, ärogeologische und geophysikalische Arbeiten;

b) Berichte über alle Arten wissenschaftlicher Forschungsarbeiten auf den Gebieten der Geologie, Hydrogeologie, Ingenieurgeologie, Geophysik, der technologischen Erforschung der Mineralrohstoffe, Bewertung der nutzbaren Lagerstätten, Ökonomik, Methodik, Planung und Erfassung der geologischen Erkundungsarbeiten;

c) der geologische Teil der Jahresberichte der geologischen Haupt- und Gebietsverwaltungen, Truste, Kombinate, Vereinigungen, Expeditionen und Institute;

d) Rechenschaftsbilanzen der Vorräte, Bilanzen über die Versorgungslage der Bergbaubetriebe mit erkundeten Vorräten an Mineralrohstoffen sowie die Protokolle der technischen Konferenzen und Kommissionen zur Bestätigung der Bilanzen (die Protokolle der Staatlichen Vorratskommission, der Vorratskommissionen der Gebiete, des Wissenschaftlich-Technischen Rates und der technischen Beratungen bei den Leitern der Organisationen);

e) die Erfassungsblätter des Katasters der nutzbaren Lagerstätten und des Katasters der Grundwasser;

f) Unterlagen, die den Stand der geologischen, hydrogeologischen und geophysikalischen Erforschung des Gebietes der UdSSR kennzeichnen (Erfassungsblätter, Kartogramme u. a.);

g) geologische, hydrogeologische, ingenieurgeologische, geomorphologische, geophysikalische Karten sowie alle Karten, die die Verteilung der nutzbaren Bodenschätze kennzeichnen."

Bezogen und modifiziert auf unsere eigenen Verhältnisse wird auch der Zentrale Geologische Fonds der DDR im gleichen Rahmen die gesamte schriftliche Dokumentation erfassen. Die vorhandenen Dokumente und Archivalien ermöglichen es dem ZGF, Kontrollfunktionen für die Staatliche Plankommission zu übernehmen. An Hand der möglichst umfassend katalogisierten Dokumentation ist er in der Lage, wichtige Hinweise für die Realität und Einhaltung der Kontrollziffern der Volkswirtschafts- und Perspektivpläne zu geben. Endlich wird die Anweisung von Erkundungs- und Investitionsmitteln an Betriebe, Vereinigungen und Institute von einer Unbedenklichkeitserklärung des ZGF abhängig gemacht werden. Weiter wird in Zusammenarbeit mit der Zentralen Vorratskommission für mineralische Rohstoffe (ZVK) eine wissenschaftliche Lagerstättenpflege betrieben, die einerseits auf der geologisch-lagerstättenkundlichen Dokumentation, andererseits auf den Vorratsbilanzen der ZVK und den Produktionszahlen der Betriebe beruht.

Die Anordnung über Bildung und Tätigkeit des ZGF wendet sich an alle geologisch arbeitenden und Bergbau betreibenden Institutionen, Betriebe, Vereinigungen, Hochschulen, Fachschulen und Akademien mit ihren Institutionen, wie auch an volkseigene Betriebe und private Unternehmen, die einzelne Bohrungen oder Erdaufschlüsse vornehmen, und verpflichtet sie, beabsichtigte Arbeiten anzuzeigen, genehmigen zu lassen und über die Ergebnisse ihrer Arbeit schriftlich zu berichten. Die Berichterstattung erfolgt z. T. direkt an den ZGF. Da, wo eine wissenschaftliche Interpretation und Zusammenfassung von Einzelarbeiten zu Ergebnisberichten, Gutachten, Stellungnahmen usw. durch den zuständigen Geologischen Dienst erforderlich ist (ingenieurgeologische und hydrogeologische Aufschlüsse), muß das Einzelergebnis zur weiteren Bearbeitung dem Beauftragten des ZGF bei den bezirklichen Geologischen Diensten zu festgesetzten Fristen übergeben werden. Die Genehmigungen zur Inangriffnahme von Erkundungs- und Aufschlußarbeiten werden in jedem Falle vom Beauftragten des ZGF bei den Geologischen Diensten ausgesprochen.

Die Erfüllung der Aufgaben des ZGF ist abhängig von der Vollständigkeit des zur Verfügung stehenden Fundus. Das bedingt einen Rückgriff auf vorhandene Dokumentationen aus früheren Zeiten. Neue und alte Melde- und Diplomarbeiten, Dissertationen und Habilitationen werden zur Katalogisierung und Auswertung ebenso herangezogen wie Ergebnisse durchgeführter Forschungs- und Grundlagenarbeiten, Aktenbestände früherer Behörden, Betriebe usw. Dabei ist grundsätzlich nicht beabsichtigt, bestehende Sammlungen zu zerstören. In besonderen Fällen kann aber vom ZGF die Abgabe von Duplikaten verlangt oder eine Vervielfältigung angeordnet werden. Im Einvernehmen mit den zuständigen Organen der staatlichen Verwaltung kann schließlich die Ausleihe von wichtigen Erkundungsergebnissen von der Genehmigung des ZGF abhängig gemacht bzw. untersagt werden. In seltenen Fällen kann auch ein interessantes Stück in die Sammlung des ZGF eingereiht werden.

Um die Staatliche Plankommission richtig beraten zu können, benötigt der Zentrale Geologische Fonds auch eine Übersicht über die mineralischen Rohstoffvorkommen des Auslandes und ihre nach den neusten wissenschaftlich-technischen Erkenntnissen und Entwicklungen gewonnenen voraussichtlichen Perspektiven. Anläßlich einer Informationsreise der Verfasser nach der Sowjetunion wurde über diese neue Arbeitsrichtung mit Fachkollegen des Allunions-Fonds beraten; sie wurde aber bisher noch nicht in Angriff genommen.

Schließlich wird dem ZGF ein zentrales Bohrarchiv angegliedert werden. Seine Grundlage bildet das bei der Unterlagenzentrale des Zentralen Geologischen Dienstes in Berlin seit langem geführte Bohrarchiv. Ergänzt wird es durch die regionalen Bestände der bezirklichen Geologischen Dienste. Auch hier soll Bestehendes nicht zerstört, sondern Vorhandenes einfacher, einheitlicher und zweckmäßiger gestaltet und koordiniert werden. Dies um so mehr, als bei der Vielzahl der vorhandenen Unterlagen die alte Einteilung nach Meßtischblatt bzw. Baugrundkarte beibehalten werden muß. Wegen des zu erwartenden großen Interessentenkreises wird das Bohrarchiv so organisiert, daß die gleiche Katalogkarte im ZGF, in der Unterlagenzentrale des Zentralen

Geologischen Dienstes und in den regionalen Geologischen Diensten vorhanden ist, während die Originaldokumentation (Anmeldung, Genehmigung, Schichtverzeichnis bzw. Arbeitsergebnis) vollständig nur beim Zentralen Geologischen Fonds vorhanden sein wird. Eine solche Regelung ist um so mehr notwendig, als die Anordnung über Bildung und Tätigkeit des ZGF die jetzt noch gültige „Anordnung über Anmeldung und Kontrolle von Bohrungen und Erdaufschlüssen" (ZVOBl. Nr. 16 v. 31. 3. 1948) aufhebt und dem Leiter des ZGF das Recht einräumt, ablieferungspflichtige Arbeitsergebnisse notfalls durch die Anwendung eines Ordnungsstrafverfahrens einzutreiben. Diese Maßnahme erwies sich deshalb als notwendig, weil täglich Ergebnisse von Bohrungen und Erdaufschlüssen anfielen, die nur einem bestimmten Zweck dienten, dann aber in Archiven — ohne daß sie anderen interessierten Stellen bekanntwurden — verschwanden. Es war erforderlich, diesen Zustand zu beenden, weil sonst an den gleichen Ansatzpunkten von anderen Institutionen für andere Zwecke der gleiche Aufschluß wiederholt werden konnte, was manchmal sogar ein drittes oder viertes Mal geschah. Dadurch, daß die Ergebnisse an zentraler und regionaler Stelle vorhanden und bekannt sind, können und müssen sie die Interessenten vor Aufnahme von Erkundungs- und Forschungsaufgaben einsehen, auswerten und ihre Dispositionen danach treffen. Außerdem stehen die gesammelten Dokumente für wissenschaftliche Arbeiten und Auswertung zur Verfügung; sie dienen also der allumfassenden Vorbereitung neuer geologischer Erkundungen zur weiteren schnellen Entwicklung unserer Volkswirtschaft durch die Bereitstellung bisher unbekannter Vorräte an nutzbaren mineralischen Rohstoffen. Das koordinierende Instrument dazu wird für unsere Deutsche Demokratische Republik der neugegründete Zentrale Geologische Fonds in Zusammenarbeit mit seinen Beauftragten bei den bezirklichen Geologischen Diensten sein.

Lochkartenverfahren zur komplexen Dokumentation und Auswertung geologischer Erkundungsergebnisse

PAUL BEHRENS, Berlin, & ILSE MARKERT, Gotha

Die geologische Erkundung besteht einerseits aus der Geländearbeit und andererseits aus der nachfolgenden Dokumentation und Auswertung der gewonnenen Ergebnisse der Kartierungsarbeiten, Bohrungen und Erdaufschlüsse. Die dokumentarische Bearbeitung erfolgte bisher in der Weise, daß in einem Aktenstück Notiz auf Notiz und Fakt auf Fakt zusammengetragen wurde, bis schließlich ein Ergebnisbericht den Abschluß bildete. Dieser wurde in Archiven aufbewahrt. Natürlich ist damit das Arbeitsergebnis dokumentiert und eine weitere Auswertung möglich, aber auf diese Art und Weise war der Forderung nach wissenschaftlicher Dokumentation kaum bzw. nur ungenügend Rechnung getragen; die Beschaffung der Ergebnisse und die weitere Arbeit mit ihnen war umständlich und zeitraubend. In zahlreichen Fällen läßt sich nachweisen, daß Bearbeiter aus diesen Gründen auf früher gewonnene Ergebnisse verzichteten.

Es kommt also darauf an, die gewonnenen Ergebnisse zweckentsprechend zu bearbeiten und den Wissenschaftlern umfangreiches und gründlich ausgesuchtes Tatsachenmaterial zur Verfügung zu stellen, mit dem sie dialektisch arbeiten können. Unzählige Katalogfragmente (sowohl Listen- als auch Karteikataloge) weisen nach, daß es an Versuchen nicht gefehlt hat, für einzelne Arbeitsgebiete eigene Kataloge einzuführen. In Listenkatalogen lassen sich jedoch nur Teilgebiete erfassen; bei größeren Aufgaben werden sie unübersichtlich und zudem unhandlich und haben den Nachteil, daß sie raummäßig begrenzt sind. Spätere Ergänzungen können oft nicht mehr untergebracht werden, und der starre Aufbau erschwert bzw. verhindert die Einfügung neuer Gesichtspunkte.

Karteikataloge sind bereits beweglicher und gestatten in gewissem Umfange Erweiterungen.

Was in einem Katalog niedergelegt wurde, hing von der Einstellung des Bearbeiters und von seinem Interessengebiet ab. Das führte zu einer subjektiven Dokumentation, die heute nicht mehr vertretbar ist.

Ein zweckentsprechendes Hilfsmittel für die Dokumentation muß folgende Forderungen erfüllen:

a) große Aussagekraft,
b) weitgehend detaillierte Darstellung,
c) gute Erweiterungsmöglichkeiten,
d) Bearbeitung durch Hilfskräfte,
e) leichte Handhabung,
f) vollständige, fehlerfreie Auslese.

Diesen Forderungen kommen die Karteikarten, die vom VEB Organisationsmittel-Verlag in Leipzig erarbeitet wurden, weitgehend nach. Dieser Verlag liefert Karten nach der TGL 3170-56 (System Dr. GÖTZ) einschließlich erforderlichem Zubehör und ist dem Kunden durch Instrukteure bei der Wahl und Anwendung dieser Verfahren behilflich. Man hat die Wahl zwischen der Anwendung der Kerb- und der Schlitzlochkarte als manuelle Verfahren und der Sichtlochkarte als visuelles Verfahren.

Worin liegen die Unterschiede dieser drei Verfahren? Sowohl bei den manuellen als auch bei den visuellen Verfahren bedient man sich der Lochung zur Kennzeichnung von Aussagen. Bei allen Formaten der Kerb- und der Schlitzlochkarte haben die Löcher gleichen Durchmesser, gleichen Abstand voneinander und gleichen Abstand vom Rand. Die Lochung wird bei den Kerblochkarten mit einer Kerbzange bzw. einem Tastaturkerber vorgenommen; bei der Schlitzlochkarte verwendet man eine Handstanze, die in absehbarer Zeit durch einen Schlitzautomaten abgelöst werden wird. Zur Lochung der Sichtlochkarte benutzt man eine halbautomatische Stanze, die Löcher mit etwas geringerem Durchmesser herstellt. Mittels Selektionsnadeln werden die Kerb- bzw. Schlitzlochkarten entweder von Hand oder in einem halbautomatischen Selektionsgerät mit elektrischem Vibrator ausgelesen und dadurch die gestellten Fragen beantwortet. Bei der Sichtlochkarte ist es erforderlich, für jeden einzelnen Begriff, mit dem man arbeitet bzw. nach dem man fragt, eine Karteikarte an-

Kerblochkarte, Format K 4 mit zwei Lochreihen

zulegen. Zur Beantwortung von Fragen werden die entsprechenden Karten übereinandergelegt und gegen das Licht gehalten; sie geben somit durch die freien Zahlenfelder Antwort.

Die Anwendung der Sichtlochkarte entspricht im Prinzip der Anlage eines Sachregisters, wobei zur erschöpfenden Beantwortung noch das Aktenstück zur Hand genommen werden muß. Man kann auf ihr keinen Klartext unterbringen. Geliefert wird diese Karte im Format K 4 und K 5.

Kerblochkarten werden in den Formaten K 4, K 5, K 6 geliefert. Sie sind rundum mit 2 Lochreihen versehen. In diese Lochpaare wird der erarbeitete Schlüsseltext durch Öffnung der Löcher zum Rand hin eingekerbt. Das Mittelfeld ist für Klartext vorgesehen.

Schlitzlochkarten im Format S 5 sind die Weiterentwicklung der Kerblochkarten und besitzen entsprechend ihrer Lochzahl eine größere Verschlüsselungskapazität. Die Lochreihen befinden sich nur auf einer Kartenseite (10 Reihen mit je 34 Löchern auf der Breitseite). Die Verschlüsselung erfolgt durch das Ausstanzen der Lochstege, die Löcher werden also nicht zum Rand hin geöffnet.

Die Formate K 4, K 5, K 6 bei den Kerblochkarten und S 5 bei den Schlitzlochkarten entsprechen etwa den DIN-Formaten A 4, A 5 und A 6.

In Vorbereitung ist eine kombinierte Kerbloch-Schlitzlochkarte, bei der in 9 Reihen geschlitzt und die unterste Lochreihe zum Rand hin geöffnet wird.

Die Frage, ob man Kerbloch- oder Schlitzlochkarten anwendet, wird durch die Aussagekapazität der Karte entschieden. Dazu ist jedoch noch zu vermerken, daß sich bei der manuellen Selektion, wie sie in nicht allzu umfangreichen Karteien üblich ist, die Kerblochkarte leichter handhaben läßt.

Es erübrigt sich, an dieser Stelle auf die Anwendung des einfachen oder additiven Schlüssels, die Verschlüsselung des Alphabetes und von Begriffen usw. einzugehen. Interessenten seien hier auf die vom VEB Organisationsmittel-Verlag herausgegebene Broschüre mit dem Titel: „Manuelle und visuelle Lochkartenverfahren nach System Dr. GÖTZ" verwiesen, die eine Einführung in die Methodik der oben beschriebenen Systeme gibt. Die Aufstellung des Schlüssels erfordert große Fachkenntnis und die Zusammenarbeit aller Benutzer einer solchen Kartei, um die Aussagekraft der Karte voll auszunutzen und dem Anspruch auf Vollständigkeit nachzukommen.

Nach Rücksprache beim Zentralen Geologischen Fonds Berlin und beim VEB Organisationsmittel-Verlag in Leipzig wurden in einem regionalen Stützpunkt des VEB Erdöl und Erdgas von den wissenschaftlichen Mitarbeitern erste Versuche gemacht, mit Hilfe der Kerblochkarte die im Thüringer Becken niedergebrachten Tiefbohrungen auf Erdöl auszuwerten. Es wurde eine Kerblochkarte vom Format K 4 mit zwei Lochreihen verwendet (s. Abb.)

In der oberen Lochreihe wurden folgende allgemeine Angaben verschlüsselt: Name des Meßtischblattes, Name der Struktur, Nummer der Bohrung, Fündigkeit, Endformation, Verfüllung und Vermessung (Zufluß — Neigung — Kaliber — Zementkopf — Karottage usw.) In der unteren Lochreihe wurden die Fragen der Stratigraphie bis ins Rotliegende und dessen Untergrund sowie der Tektonik erfaßt. Die linke Seite gibt Auskunft über angetroffene Gas- und Ölvorkommen und ihren Chemismus; auf der rechten Seite werden die technischen Verhältnisse (Verrohrung, Bohrlochabschluß, Spülung usw.) und Sekundärbehandlungen dargestellt[1]). Im Klartext werden auf der Vorderseite allgemeine Fragen behandelt: Koordinaten, Auftraggeber, Ausführender, Bohrverfahren, Bohrlochdurchmesser, Testergebnisse usw. und die Meterangaben der Vermessung, Verrohrung, Entrohrung und Verfüllung. Die Rückseite ist für das zusammengefaßte Schichtenverzeichnis vorgesehen.

Nebenbei soll erwähnt werden, daß auf diesem Stützpunkt auch die Gas-, Wasser- und Ölanalysen mit Hilfe von Kerblochkarten erfaßt und ausgewertet werden sollen.

Die beschriebene Anwendung der Kerblochkarte ist, wie bereits erwähnt, ein erster Versuch der Kollegen des VEB Erdöl und Erdgas, bei der geologischen Arbeit im Büro die moderne Technik nutzbar zu machen. Zweckdienlich erscheint der Vorschlag, vielleicht unter Leitung und Anleitung des Zentralen Geologischen Fonds einen Arbeitskreis zu bilden, der sich mit der allgemeinen Anwendung manueller und visueller Lochkartenverfahren in der Geologie beschäftigt. Seitens des VEB Organisationsmittel-Verlages wird diese Aufgabe gern unterstützt.

[1]) Sämtliche Lochfelder bieten noch genügend Raum für eine Erweiterung der Verschlüsselung.

Zur Festlegung der Konditionen für mineralische Rohstoffe

FRIEDRICH STAMMBERGER, Berlin

1. Vorbemerkung

Die Vorgabe der Konditionen für einen geologisch zu erkundenden Rohstoff ist für die einwandfreie Ausarbeitung der geologisch-technischen Erkundungsprojekte und damit für den mit der Durchführung der Erkundung betrauten Geologen wie auch für die Berechnung erkundeter Vorräte unerläßlich.

Der Erkundungsgeologe muß wissen, was er suchen soll, bevor er ernsthaft an die Suche selbst gehen kann. Dabei genügt es nicht, ihm nur die Suche nach „Kupfererz" als Auftrag zu erteilen. Es muß zugleich eine möglichst eindeutige Charakteristik der Eigenschaften des gewünschten bzw. von der Industrie heute und in nächster Zukunft überhaupt zu nutzenden Rohstoffes gegeben werden.

Unter Konditionen verstehen wir in der Lagerstättenkunde daher einen Komplex minimaler — in gewisser Richtung auch maximaler — Forderungen, welche die Industrie auf Grund ihrer technischen Möglichkeiten und der volkswirtschaftlichen Zweckmäßigkeiten für die Nutzung eines Rohstoffes gegenwärtig und in der nächsten Zukunft an den Rohstoff stellen muß.

Überwiegend handelt es sich bei den Konditionen um Anforderungen an die Eigenschaften des Rohstoffes (Gehalt, Mächtigkeit, schädliche Beimengungen u. ä.). Andere Forderungen — vor allem des Bergbaus — wie maximale Teufe des Lagers, minimale Substanzmenge der Lagerstätte u. a. werden im Ausland gewöhnlich nicht in der Kondition erfaßt, obwohl das nicht logisch ist. Denn diese Forderungen muß der Geologe ebenfalls kennen, wenn er erste Hinweise auf das Vorhandensein einer Lagerstätte richtig einschätzen und eine perspektivische Bewertung seines Fundes geben soll.

Bei den Konditionen können wir somit Forderungen unterscheiden, die sich unmittelbar auf das Erz, den Rohstoff, beziehen und vor allem seine Verarbeitungsmöglichkeit charakterisieren, und andere, welche die Lagerstätte und die bergmännischen Forderungen berücksichtigen.

Bei der Festlegung der Konditionen müssen die Geologen darauf bestehen, daß beide Gruppen erfaßt werden. Wie notwendig das ist, zeigt folgendes Beispiel: Eine Eisenerzlagerstätte im Norden der DDR, die in etwa 800—1000 m Teufe liegt, muß mindestens etwa 100 Mio t Substanz haben, bevor sie — selbst bei guten Fe-Gehalten — für die Industrie interessant wird.

Ein neuer Kaligewinnungsbetrieb (Grubengebäude, Aufbereitung und Fabrik) kostet mit allen Nebenanlagen einige hundert Millionen DM. Es ist einleuchtend, daß seine Anlage ausreichend große, gewinnbare Vorräte voraussetzt.

Da die Konditionen eines Rohstoffes so vielseitig sind, bereitet ihre praktische Festlegung große Schwierigkeiten. Hinzu kommt, daß einige theoretische Fragen, auf die sich eine solche Festlegung stützen müßte, bis heute leider nicht oder nur unvollständig untersucht worden sind.

Die Vielzahl der zu berücksichtigenden Momente bei der Festlegung von Konditionen zwingt gegenwärtig bei theoretischen Untersuchungen noch zur Beschränkung auf einen bestimmenden Faktor (um die Darlegung nicht zu verwirren).

Verfasser untersucht daher nachfolgend den Gehalt an nutzbarer Komponente als einen der wichtigsten Faktoren der Kondition. Er ist sich bewußt, daß andere Faktoren (schädliche oder nützliche Beimengungen, Mächtigkeit u. a.) entweder auf analoge Weise ermittelt werden können oder einen wesenseigenen Bestimmungsgang erfordern.

2. Begriffe und Definitionen des Gehaltes

In den Instruktionen der ZVK (s. Lit. 1, 2, 3, 4) und der einschlägigen Fachliteratur (STAMMBERGER 1956 und 1957, STOLLE 1959) wird zwischen drei Gehaltsbegriffen unterschieden:

a) dem tatsächlichen Durchschnittsgehalt,
b) dem industriellen Minimalgehalt,
c) dem geologischen Schwellengehalt.

Diese Begriffe haben grundlegende Bedeutung. Klarheit über sie muß nicht nur bei den Erkundungsgeologen, sondern auch bei den Wirtschaftlern und Werkleitern der Grundstoffindustrie vorausgesetzt werden, wenn Mißverständnisse und falsche Schlüsse vermieden werden sollen.

Die ZVK hat die Formulierung dieser Begriffe mit großer Sorgfalt vorgenommen. Zu beobachtende Mißverständnisse sind nach Meinung des Verfassers vor allem auf Flüchtigkeit und oberflächliches Studium dieser Bestimmungen bzw. Definitionen durch einzelne Bearbeiter zurückzuführen.

Wenn unter Berufung auf PROKOFJEW behauptet wird (STOLLE 1955), „daß eine einheitliche Auslegung der Begriffe industrieller Minimalgehalt und (geologischer) Schwellengehalt im Erz fehlt" und diese Behauptung als gültig für „alle Mineralgebiete der DDR" bezeichnet wird, so trifft das in keiner Weise zu.

In den Instruktionen der ZVK der DDR — im Unterschied zur UdSSR und anderen sozialistischen Ländern — sind die beiden erwähnten Begriffe definiert. Da diese Instruktionen für das jeweilige Mineralgebiet innerhalb der DDR verbindlich sind, sind diese Begriffe auch „einheitlich ausgelegt". Die Privatmeinung eines Geologen oder Wirtschaftlers ist so lange für die Praxis bedeutungslos, wie die bestehenden Instruktionen nicht aufgehoben oder verändert wurden.

Solche Auffassungen über diese grundlegenden und elementaren Begriffe beweisen einerseits die oben getroffene Festellung; sie geben andererseits Anlaß, die Definitionen dieser Begriffe nochmals zu zitieren:

„Der tatsächliche Durchschnittsgehalt bezeichnet den Metallgehalt des gelieferten Erzes bzw. den Durchschnittsgehalt eines Blockes der Lagerstätte (berechnet nach den vorliegenden Erkundungsergebnissen) oder der ganzen Lagerstätte." (3, Pkt. 5.21)

„Der industrielle Minimalgehalt ist die unterste Grenze für den Durchschnitt des an die Aufbereitung bzw. an die Hütte gelieferten Erzes. Diese Grenze bezeichnet also jenen Durchschnittsgehalt einer Tages-, Schicht- usw. Lieferung, unter welchem eine wirtschaftliche Verarbeitung des Erzes zur Zeit unmöglich ist." (2, Pkt. 5.222)

Diese Definitionen sind so eindeutig, daß sie keinen Platz für Unklarheiten lassen. Die Industrie (z. B. Aufbereitung) verlangt (und ihrem Verlangen ist in den Konditionen Rechnung getragen worden) ein Erz von angenommen 3% im Tagesdurchschnitt. Das ist der industrielle Minimalgehalt. Geliefert wurde von der Grube ein Erz mit einem Tagesdurchschnitt von z. B. 3,2% (das ist der tatsächliche Durchschnitt). Beide Gehaltswerte figurieren in der Praxis der Betriebsführung und sind nicht ausgeklügelt. „Der tatsächliche Durchschnittsgehalt ist wichtig für betriebliche Abrechnungen und Planungen; der industrielle Minimalgehalt ist die wichtigste Bezugsziffer für gesamtwirtschaftliche Vorratsberechnungen", erläutert die Instruktion der ZVK (2, Pkt. 5.224). Und doch sind noch Unklarheiten über den industriellen Minimalgehalt und den dritten Gehaltsbegriff vorhanden, obwohl besonders dieser in den Instruktionen sehr eingehend erläutert worden ist:

„Der geologische Schwellengehalt ist die vom Geologen für jeden Block, Lagerstättenteil usw. oder die ganze Lagerstätte festgelegte Gehaltsgrenze, welche abbauwürdige Vorräte (Bilanzvorräte) von den nicht abbauwürdigen (Außerbilanzvorräten) abgrenzt. Der geologische Schwellengehalt kann mit dem industriellen Minimalgehalt zusammenfallen, liegt jedoch meist unter ihm. Der Gehaltsunterschied beider ergibt sich aus der Möglichkeit, hochwertige Erze durch minderwertige bis zum industriellen Minimalgehalt zu verschneiden." (2, Pkt. 5.223)

An anderer Stelle der gleichen Instruktion wurde dieser Gedanke noch eingehender erklärt:

„Der geologische Schwellengehalt (und damit die gehaltlich minderwertigen Erzpartien, die an der Grenze der Bilanzvorräte noch in diese bei Einhaltung des aufgegebenen industriellen Minimalgehaltes einbezogen werden können) ist unbeständig und hängt vom Durchschnittsgehalt des betreffenden Blockes, Lagerstättenteiles, der Lagerstätte usw. ab. Er ist um so niedriger, je mehr höhere Gehalte in größeren Partien angetroffen wurden. Der geologische Schwellengehalt wird daher in jedem einzelnen Fall vom Betriebs- oder Erkundungsgeologen auf Grund der vorliegenden Vererzungsverhältnisse festgelegt." (2, Pkt. 5.312)

Es geht somit um die Verschneidung reicher Erzpartien mit minderwertigen. Es geht nicht um die Betrachtung einer niedrigen Einzelprobe oder einer winzigen Vertaubungsstelle inmitten einer „normalen" Erzpartie, die abbautechnisch beim Abbau des Blockes unbedingt mit hereingewonnen werden muß. Der geologische Schwellengehalt bezieht sich (im allgemeinen) auf die äußere Umgrenzung eines Bilanzvorrates. Daher hatte Verfasser an anderer Stelle formuliert: „Der geologische Schwellen- oder Grenzgehalt ist die unterste Gehaltsgrenze in einer Einzelprobe, die am äußeren Umriß einer Lagerstätte" („oder Blockes" könnte hier noch ergänzt werden) „liegt und noch in die Grenzlinie der Bilanzvorräte einbezogen werden darf." (STAMMBERGER 1956, S. 48.)

Der geologische Schwellengehalt legt somit fest, bis zu welchem minderwertigen Erz der Verschnitt eines guten Erzes ausgedehnt wird oder werden kann. Leider muß festgestellt werden, daß das noch nicht mit genügender Klarheit erfaßt worden ist und vor allem die Begriffe des industriellen Minimalgehaltes und des geologischen Schwellengehaltes von Praktikern verwechselt bzw. mißverstanden werden. Diese Verwechslung hat m. E. psychologische Ursachen. Da der geologische Schwellengehalt vom Geologen in jedem Einzelfalle operativ festzulegen ist, muß der Geologe zwei schwerwiegende Fragen entscheiden:

1. Ist es überhaupt sinnvoll, hochwertiges Fördergut zu verschneiden?

2. Wenn ja, wieweit kann mit dem tatsächlichen Durchschnittsgehalt heruntergegangen werden, dieser dem industriellen Minimalgehalt angenähert werden, wenn er selbst mit einer Reihe von Unbekannten nur „vorläufig", d. h. nicht auf Grund erschöpfender Untersuchungen, festgelegt wurde (wie es heute leider noch oft der Fall ist).

Offensichtlich tritt dem Praktiker bei seiner Arbeit noch ein vierter Gehaltswert entgegen: die Planauflage, der beauflagte Durchschnittsgehalt.

Aus einer Blei-Zink-Grube werden z. B. folgende Werte genannt: Der Durchschnittsgehalt der Lagerstätte (2,8%), die Planauflage für den zu liefernden Durchschnittsgehalt (2,5%), der industrielle Minimalgehalt (1,0%) und der geologische Schwellengehalt (0,25%). Leider ist die Begründung des industriellen Minimalgehaltes im genannten Beispiel recht grob: In den Aufbereitungsabgängen sind 0,25% Metall enthalten, 0,5% Metall sind als minimaler Satz für eine ökonomische Betriebsführung bzw. eine Verarbeitung des Erzes „angenommen"; es wird mit einer gewissen Verdünnung beim Abbau gerechnet — so ergeben sich 1,0% als „industrieller Minimalgehalt". Eine solche Berechnungsmethode ist natürlich ungenügend. Es bleibt zu überprüfen, ob sie selbst als Näherungswert Berechtigung besitzt. Dazu wäre als Orientierung schon ausreichend festzustellen, ob der Betrieb bei einer durchschnittlichen Aufgabe eines Erzes mit 1,0% wirtschaftlich arbeiten könnte. Verfasser bezweifelt das.

Es ist auch ein Irrtum, wenn auf Grund der Instruktionen der ZVK angenommen werden würde, daß in jedem Falle die Verschneidung eines hochprozentigen Erzes bis zur Höhe des richtig bestimmten industriellen Minimalgehaltes erforderlich sei. (Um diese Feststellung zu begründen, sind einige allgemeine Ausführungen zum industriellen Minimalgehalt notwendig, die später folgen.)

Ebenso irrig ist jedoch auch folgende Behauptung:

„Unter dem industriellen Minimalgehalt muß etwas abweichend von der in der Instruktion gegebenen Definition vorläufig der für die Gruben beauflagte Durchschnitts-K_2O-Gehalt des Fördergutes verstanden werden, der erst durch generell erfolgende Mischung von Partien mit höherem und niedrigerem Gehalt als Mittelwert entsteht." (STOLLE 1959)

Wenn wir den mißverständlichen Nebensatz fortlassen, ergibt sich die Gleichung: Planauflage = industrieller Minimalgehalt. Das ist eine heute lediglich anzustrebende Identität, die nach gründlicher Rekonstruktion der Kaliindustrie weitgehend möglich ist, gegenwärtig jedoch zu einer falschen Bestimmung des industriellen Minimalgehaltes führen würde, d. h. zu seiner unbegründeten Erhöhung. Die von STOLLE gestellte Forderung ist außerdem in der Kaliinstruktion (4.31 und 4.32), in der Kupferinstruktion (5.31 und 5.32) wie auch in der Blei-Zink-Instruktion (5.311) vorausgesehen und beantwortet worden. Dort wurde festgelegt, daß ein Betrieb auf Grund zeitweilig wirkender Umstände durchaus einen höheren Gehalt als den (richtig bestimmten) industriellen Minimalgehalt abbauen kann. Die Instruktionen fordern lediglich, daß die sich hieraus ergebenden Vorratsverluste als geplante Verluste des Betriebes auszuweisen sind, nachdem vorher von der übergeordneten Verwaltung zu einem über dem industriellen Minimalgehalt liegenden Durchschnittsgehalt der Förderung die Zustimmung erhalten wurde.

Verfasser ist der Meinung, daß auch der Begriff des geologischen Schwellengehaltes eindeutig ist. Die erwähnten Unklarheiten sind anscheinend dadurch entstanden, daß der industrielle Minimalgehalt bisher in der Regel nicht wissenschaftlich begründet wurde und über die Art der Festlegung selbst noch Unklarheiten bestehen.

3. Der industrielle Minimalgehalt

In der Definition der ZVK wird hinsichtlich des industriellen Minimalgehaltes von einer durch die Industrie vorgegebenen Grenze gesprochen (3, Pkt. 5.22). Es heißt „Industrie" und nicht Technologie oder Technik, das sei hervorgehoben. Es ist von einer „wirtschaftlichen Verarbeitung" des Erzes die Rede, d. h. von einem ökonomischen Nutzeffekt beim Abbau solcher Rohstoffe, bei ihrer Aufbereitung und bei ihrer Verhüttung (diese drei Prozesse sind im Begriff Verarbeitung enthalten). Die Definition der ZVK enthält zwei Variable, den ökonomischen Nutzeffekt und den „technischen Entwicklungsstand" (2, Pkt. 5.31). Zunächst muß geklärt werden: was ist bei uns „ökonomischer Nutzeffekt" und — wenn er bestimmt ist — wie groß muß er sein? Zweitens ist zu klären: ist die am Ort, auf der Grube, im Werk vorhandene technische Situation gemeint, oder die durchschnittliche (für das Land, für das sozialistische Lager oder das Weltniveau), oder sind die modernste Technik, Spitzenleistungen der modernen Technik und modernste Verfahren gemeint?

a) Beginnen wir mit dem ökonomischen Nutzeffekt

Im Zusammenhang mit der Spezialisierung und Kooperation der Länder des sozialistischen Lagers müssen heute einige Grundfragen der Bestimmung des ökonomischen Nutzeffektes bei unserer Untersuchung anders gestellt werden als vor drei bis fünf Jahren. Früher haben wir nur den in einer Tonne des Rohstoffes vergegenständlichten Anteil an gesellschaftlicher Arbeit verglichen, d. h., wir haben untersucht, wieviel lebendige und vergegenständlichte Arbeit auf eine Tonne Rohstoff ausgegeben wird. Oft wurde dabei z. B. eine Tonne guten Eisenerzes zwei Tonnen halb so guten Erzes gleichgestellt. Diese Rechnung war schon in der Vergangenheit falsch. Denn entweder wurde das schlechte Erz noch durch die Aufbereitung verteuert oder es senkte die Produktivität der Hüttenleute so sehr, daß die Tonne Eisen aus schlechtem Erz bedeutend teurer kam als die aus hochwertigem Erz.

Wir dürfen unsere Betrachtungen somit nicht auf die bergmännische Gewinnung beschränken, sondern müssen möglichst den gesamten Produktionsprozeß bis zum Ausstoß des Endproduktes der Grundstoffindustrie erfassen. Wenn es sich dabei um einen gleichwertigen, in der Verarbeitung bereits eingesetzten Rohstoff handelt, ist es zuweilen erlaubt, schon beim bergmännischen Förderprodukt Vergleiche zu ziehen, jedoch nur bei nachgewiesener Gleichwertigkeit des Rohstoffes.

In der Periode der Kooperation der sozialistischen Länder muß ein anderer Vergleich angestellt werden: In der DDR koste eine Tonne Eisen aus einheimischem Erz an Arbeitskraft insgesamt a, an Ausrüstung usw. insgesamt b, d. h. eine Tonne Eisen kostet insgesamt $a + b$ (davon sei der Anteil der Erzkosten gleich $x = a_1 + b_1$).

Um gutes Erz zu importieren, müssen z. B. im Austausch y Tonnen Kali exportiert werden (eine Tonne Kali kostet $z = a_2 + b_2$).

Der Vergleich läuft dann darauf hinaus, ob die Kosten der aus importiertem Eisen hergestellten Tonne Eisen $A + B$ geringer sind als $a + b$.

Es darf nicht x mit z oder yz verglichen werden, d. h. die Gleichung (oder Ungleichung): $a_1 + b_1 = y\,(a_2 + b_2)$ ist falsch, weil sie nicht die unterschiedliche Produktivität der Hütte u. a. (bei verschiedenen Erzsorten) berücksichtigt.

Andererseits folgt auch unter den veränderten Bedingungen, daß z. B. die Produktivität der Arbeit in unserer Kaliindustrie die Bauwürdigkeitsgrenzen solcher Rohstoffe, die wir z. T. oder ganz importieren müssen, beeinflußt.

Generell ist dabei zu unterscheiden zwischen Rohstoffen, über die das sozialistische Lager in ausreichendem Maße verfügt, wie Kohle, Eisen, Kali usw., und solchen Rohstoffen, die — obwohl auch in großen Mengen vorhanden — dennoch den wachsenden Bedarf der sozialistischen Länder z. Z. noch nicht oder nur knapp befriedigen, wie z. B. Kupfer, Blei, Erdöl usw. Bei den letzteren entscheidet selbstverständlich der Bedarf und zwingt somit zu besonderen Entscheidungen.

Bei der theoretischen Untersuchung müssen wir von „normalen" Situationen und Rohstoffen ausgehen.

So betrachtet, muß der ökonomische Nutzeffekt zunächst in der Erreichung einer zu bestimmenden Arbeitsproduktivität im gesamten Arbeitszyklus gesehen werden.

Die Gesellschaft kann allerdings von einer geringer geplanten Produktivität einzelner Industriezweige zugunsten einer höheren Produktivität anderer Industriezweige ausgehen. Der Bergbau z. B. könnte eine niedrigere Produktivität besitzen als die Metallurgie. Das hieße jedoch nur, daß in der sozialistischen Gesellschaft der Bergbau einen geringeren Anteil zum gesellschaftlichen Einkommen beisteuert. Der Vergleich zu gewissen Konzernen liegt nahe, bei denen die Gruben ohne Gewinn oder sogar mit Verlust ausgewiesen werden, der Konzern jedoch als Ganzes auf Grund besonders günstiger Verhältnisse in seinen Verarbeitungswerken mit großem Gewinn arbeitet.

Dieser Vergleich hinkt jedoch. Die sozialistische Gesellschaft wird nur durch die Arbeit ihrer Mitglieder reicher, d. h. durch die Steigerung der Arbeitsproduktivität. Ziel ist daher die maximale Produktivitätssteigerung in allen Industriezweigen.

Wenn es die natürlichen Verhältnisse eines Landes nicht gestatten, die Produktivität eines Industriezweiges so zu steigern, wie es die allgemeine Entwicklung der gesellschaftlichen Produktion fordert, kann der Augenblick eintreten, in welchem es — unter den Verhältnissen der sozialistischen Spezialisierung und Kooperation — sinnvoller ist, die vorhandenen Arbeitskräfte auf anderen Gebieten der Produktion mit einer höheren Produktivität einzusetzen und das benötigte Produkt — z. B. des Bergbaus — günstiger über den Austausch zu erwerben.

Die gleichen technischen Verhältnisse in allen Ländern des Sozialismus vorausgesetzt, heißt das, die

Produktivität des Bergbaus wird durch die gegebenen Lagerstättenverhältnisse weitgehend bestimmt. Die Produktivität wird bei gleichen technischen Voraussetzungen dort höher sein, wo die Lagerstätte besser ist.

Für ein einzelnes Land des sozialistischen Lagers ist es dann sinnvoll, einen Rohstoff abzubauen und zu verarbeiten, wenn das Endprodukt oder ein Halbfabrikat nicht über den Weg des Austauschs günstiger erhalten werden kann. Somit bestimmt die Entwicklung in unserem Maschinenbau und anderen Zweigen unserer Exportindustrie die Grenze des ökonomischen Nutzeffektes, bei dem der Abbau eines Rohstoffes in der DDR noch gerechtfertigt ist.

Diese komplizierten, vom Geologen nicht zu übersehenden Zusammenhänge können nur von der Staatlichen Plankommission richtig eingeschätzt werden. Ihre Entscheidung ist daher in diesem Zusammenhang maßgebend.

b) Welcher technische Stand und welche Technologie ist für die Beurteilung eines wirtschaftlichen Abbaues zu berücksichtigen?

Einmalige technische Spitzenleistungen, die über das Niveau des technischen Standes hinausreichen, beeinflussen zwar das Gesamtniveau, haben bestimmenden Einfluß jedoch nur dann, wenn sie entscheidenden Anteil an der Gesamtproduktion haben. Die besonders günstigen Betriebsverhältnisse und Betriebserträge dienen bei solchen monopolartigen Verhältnissen im Kapitalismus einerseits dazu, um die meist teureren Anlagen besonders rasch zu amortisieren, Sondergewinne zu machen und im übrigen die Preise zu diktieren.

Im Sozialismus führen sie in Verbindung mit der planmäßigen Festlegung der Werkpreise und der für den Industriezweig ermittelten Abgabepreise zu einer steten Senkung der Abgabepreise. Sie wirken sich nicht direkt aus, können somit auch nicht direkt den industriellen Minimalgehalt bestimmen.

Der industrielle Minimalgehalt ergibt sich aus dem durchschnittlichen Niveau aller Betriebe eines Landes, die die Mehrheit der in Frage kommenden Erzeugnisse herstellen[1]). Daraus folgt, daß die individuellen Verhältnisse eines Bergbaubetriebes — gleiche geologische Verhältnisse vorausgesetzt — durchaus zu verschiedenen Werkpreisen führen können, welche unter und über dem Durchschnitt des Industriezweiges (Abgabepreis) liegen können. Jedes Werk kann einen geplanten Gewinn oder Verlust aufweisen, ohne daß die mit geplantem Verlust arbeitenden Betriebe echte Verlustbetriebe sind (vorausgesetzt, daß der Durchschnitt des Industriezweiges dem mit ökonomischem Nutzeffekt geplanten Abgabepreis entspricht). Dieser Abgabepreis tritt auch beim Austausch innerhalb der sozialistischen Länder auf. Das Bestreben der Wirtschaftsfunktionäre wird zweifellos darauf hinauslaufen, die Zahl der mit Verlust arbeitenden Betriebe einzuschränken und zu beseitigen. Denn das ist ein Weg, um die Abgabepreise (Durchschnitt) für den Industriezweig weiter zu senken. Das ist im Bergbau auf verschiedene Weise möglich:

1. Es kann eine Rekonstruktion des Betriebes erfolgen, die Einführung einer modernen Technologie, die den Betrieb trotz größerer Investitionen so produktiv machen können, daß die Verluste beseitigt werden.

[1]) Das unterscheidet die sozialistische Wirtschaft u. a. grundsätzlich vom Kapitalismus, in dem der ungünstigste Betrieb noch die Durchschnittsprofitrate bringen muß.

2. Infolge geringer Restvorräte und anderer Umstände kann der Betrieb stillgelegt werden (das setzt unter sozialistischen Verhältnissen in der Regel voraus, daß seine bisherige Förderung von einem anderen Betrieb mit günstigeren Lagerstättenverhältnissen übernommen wird).

3. Infolge Rekonstruktion oder bedeutender Produktionserweiterung der günstig gelagerten Betriebe kann eine solch starke Verbilligung der Gesamtproduktion des Industriezweiges eintreten, daß — wachsender Bedarf an Bergbauprodukten vorausgesetzt — der Anteil der Verlust-Betriebe insgesamt so gering ist, daß der erhöhte Produktionsausstoß selbst auf Kosten von „Verlusten" volkswirtschaftlich erträglich wird (das wäre ein anderer Weg, der zum gleichen Ziele führt).

Aus diesen Bemerkungen geht bereits hervor, daß für den ökonomischen Nutzeffekt in einer konkreten Situation neben dem Arbeitsaufwand noch andere Faktoren mitbestimmend sind.

Im Vordergrund steht in der sozialistischen Wirtschaft der Bedarf an einem Metall oder einem Rohstoff. Dieser Bedarf wird dadurch eindeutig bestimmt, daß der Ersatz des benötigten Metalls oder Rohstoffes durch ein anderes Metall oder einen anderen Rohstoff entweder unmöglich oder nicht zweckmäßig ist. Aus dem Bedarf und den Ausmaßen der hierzu notwendigen Produktion ergibt sich als zweiter wichtiger Faktor die Rohstofflage des Mineralgebietes. Ein guter Wirtschaftler wird bei begrenzten Vorräten mit diesen sparsamer umgehen als unter anderen Umständen. Er wird daher vorausschauend geringwertige Vorräte heute in den Abbau einbeziehen, um die vorhandenen Vorräte zu strecken. (Es ist bei der geplanten immensen Produktionssteigerung unserer Kaliindustrie sinnvoll, heute schon an eine Streckung der begrenzten Hartsalzvorräte zu denken, immer entschiedener Carnallit und Mischsalz in die Verarbeitung einzubeziehen.)

Schließlich sind auch die bereitzustellenden Investmittel bei der Bestimmung des ökonomischen Nutzeffektes zu berücksichtigen. Es werden bevorzugt solche Anlagen errichtet werden, die mit relativ geringen Mitteln einen großen Produktionsausstoß ergeben. Außerdem wirken nicht nur die in Zukunft durchzuführenden Investitionen, sondern auch die in der Vergangenheit vorgenommenen.

Nehmen wir an, eine veraltete Anlage (Bergbau und Verarbeitung) habe noch einen Wert von 15 Mio DM. Bei einer Förderung von x-jato sei z. B. jede Tonne durch Amortisation mit 30,— DM belastet (als Rechenbeispiel). Eine moderne, neue Anlage (danebenstehend) möge die Tonne 100,— DM billiger liefern, wobei die Tonne durch die Neuinvestition mit 70,— DM belastet sei. In diesem theoretischen Falle wäre das billigere Produkt ohne ökonomischen Nutzeffekt, da die eingesparten 100,— DM wieder durch die stillgelegte und sich nicht amortisierende alte Anlage und den Einsatz neuer zusätzlicher Mittel bzw. ihrer Amortisation verlorengehen. Die Anlage eines neuen, modernen Werkes mit lediglich niedrigeren Gestehungskosten wäre in diesem Falle volkswirtschaftlich nicht gerechtfertigt. Der Nutzeffekt müßte durch andere volkswirtschaftliche Vorteile erhöht bzw. geschaffen werden, z. B. durch die Freimachung von Arbeitskräften, durch bedeutende Erleichterungen der physischen Arbeit in den Betrieben, durch besseren Arbeitsschutz usw. Im Unterschied zu kapitalistischen Verhältnissen können bei uns solche Umstände den Bau einer neuen Anlage durchaus rechtfertigen.

Der industrielle Minimalgehalt wird somit u. a. durch das durchschnittliche technische Niveau innerhalb des sozialistischen Wirtschaftssystems bestimmt, bei dem ein ökonomischer Nutzeffekt zu erbringen ist, dessen Ausmaße und Charakter von der Staatlichen Plankommission festgelegt werden. Bestimmend wird hierbei als wichtigster Faktor die Höhe der erreichbaren Produktivität für Abbau und Verarbeitung des Rohstoffes (summarisch bezogen auf das Endprodukt) sein.

4. Industrieller Minimalgehalt und geologischer Schwellengehalt

Der industrielle Minimalgehalt ist jene von der Industrie gesetzte Grenze, die es gestattet, einen bestimmten Rohstoff bei der definierten Güte wirtschaftlich, d. h. mit ökonomischem Nutzeffekt, zu verarbeiten. Das heißt jedoch nichts anderes, als daß dieser Nutzeffekt selbst dann erreicht werden muß, wenn diese Grenze Tag für Tag — während des ganzen Jahres — strikt eingehalten, jedoch nicht überschritten wird.

Es war darauf hingewiesen worden, daß bei der Umgrenzung der Bilanzvorräte der Geologe entscheiden muß, ob es überhaupt sinnvoll ist, hochwertiges Erz zu verdünnen, d. h. mit minderwertigem zu verschneiden. Wir Geologen sind oft zu leicht geneigt, diese Frage ohne weiteres positiv zu beantworten, weil wir an einer möglichst vollständigen Nutzung der vorhandenen Vorräte besonders interessiert sind. Verfasser hatte bereits (1957) darauf hingewiesen, daß hierbei grundsätzlich drei Situationen zu unterscheiden sind:

1. die minderwertigen Vorräte könnten später ohne zusätzliche Kosten nötigenfalls noch gewonnen werden;

2. die minderwertigen Vorräte könnten später bei erhöhten Kosten nötigenfalls noch gewonnen werden;

3. die minderwertigen Vorräte gehen durch den Abbau der Bilanzvorräte unwiederbringlich verloren.

Der erste Fall ruft keine Schwierigkeiten bei der Entscheidung hervor. Beim zweiten sind die heutigen Vorteile den künftigen Nachteilen gegenüberzustellen. Der letzte Fall verlangt die gründlichsten Überlegungen. Auf welche Vorräte kann vom Standpunkt der Volkswirtschaft heute verzichtet werden, welche Lagerstättenverluste sind als berechtigt hinzunehmen?

„Der Geologe erwartet keineswegs, daß jedes Gramm des in der Lagerstätte vorhandenen Metalls unbedingt gewonnen wird. Er verlangt nicht, daß mit Kanonen nach Spatzen geschossen wird. Worauf er besteht — und mit vollem Recht — das ist die Vermeidung jeder Vergeudung unserer Bodenschätze.“ (STAMMBERGER 1957.) Wo beginnt die Vergeudung?

Offensichtlich geht es um den optimalen Abbau einer Lagerstätte. Dieses Optimum ergibt sich aus der Berücksichtigung aller Faktoren, die für die Nutzung einer Lagerstätte unter sozialistischen Verhältnissen wirksam sind: Metallbedarf, vorhandene Lagerstättenvorräte, Produktivität der Arbeit bei Abbau und Verarbeitung, Investitionen, rationelle Nutzung der Lagerstätte usw.

Die optimale industrielle Nutzung einer Lagerstätte kann als Resultierende aus allen zu berücksichtigenden Komponenten (Faktoren) definiert werden. Da diese Faktoren in größeren Zeitabständen durchaus wechseln bzw. ihre Größe verändern können, kann sich in größeren Zeitabständen auch die optimale Nutzung einer Lagerstätte verändern. Dieser Umstand macht es nach Meinung des Verfassers unmöglich, die von BLONDEL (1957) vorgeschlagene Lösung für sozialistische Wirtschaftssysteme zu übernehmen.

Optimale Nutzung heißt andererseits keineswegs restlose Nutzung. Die Nutzung minderwertiger Vorräte — selbst wenn durch Einbeziehung solcher Vorräte der tatsächliche Durchschnitt noch über dem festgelegten industriellen Minimalgehalt läge — ist nur dann sinnvoll, wenn der Wert des zusätzlich gewonnenen Metalls die zusätzlichen Kosten (Abbau, größerer Durchsatz durch die Aufbereitung, mögliches niedrigeres Ausbringen bei geringeren Aufgabegehalten, erhöhte Verhüttungskosten usw.) übertrifft. Ist dies nicht der Fall, so kann die Einbeziehung solcher minderwertiger Vorräte in den Abbau nur vertreten werden, wenn eine ungedeckte Bedarfslücke vorhanden ist oder andere gewichtige Umstände vorliegen.

Es ist durchaus denkbar, daß minderwertige Vorräte, die sonst unwiederbringlich verlorengingen (wenn sie nicht gleich mitgewonnen würden) zwar abgebaut, jedoch auf Halde gegeben werden, um sie zu einem späteren Zeitpunkt (bei verbesserter Technologie der Aufbereitung oder Verhüttung) zu verarbeiten. Solche Entscheidungen bedürfen jedoch gründlicher Überlegungen und sorgfältiger Berechnungen, da schon die Ausgaben für den Abbau beträchtliche Vorschüsse auf die Zukunft erfordern.

5. Plangehalte und industrieller Minimalgehalt

Der in der Planauflage vorgegebene Durchschnittsgehalt wird gegenwärtig weitgehend durch den Bedarf und vorhandene Lücken in der Metall- oder Rohstoffdecke bestimmt. Er ist ferner das Ergebnis komplizierter volkswirtschaftlicher Zusammenhänge, die mehr oder weniger zeitweiligen Charakter besitzen können. Bei uns kann sich z. B. eine zeitweilige intensivierte Eigenförderung an Steinkohle möglich machen, weil gewisse im Bau befindliche Produktionsschächte — in anderen Ländern des sozialistischen Lagers — noch nicht unseren steigenden Bedarf decken können. Das kann zur Folge haben, daß — bei unveränderlicher Schachtkapazität — bei uns den Schächten Planauflagen gegeben werden, die nur bei Überschreitung der normalen Konditionen zu erfüllen sind. (Ähnliche Beispiele können auch für andere Mineralzweige genannt werden.)

Ist es sinnvoll, die Kondition — z. B. den industriellen Minimalgehalt — solchen zeitweilig wirkenden Faktoren anzupassen? Kaum! Richtiger ist die Vorschrift der ZVK, welche verlangt, daß die unter solchen Umständen verlorengehenden Vorräte als geplante Verluste auszuweisen sind. Nur bei Beachtung dieser Vorschrift kann die Staatliche Plankommission ein wahres Bild der Auswirkungen ihrer Sonderanweisung erhalten.

In einigen unserer Kaliwerke gibt es veraltete Anlagen, die natürlich nicht alle auf einmal rekonstruiert werden können. Auf Grund dieser Umstände kann die Staatliche Plankommission einzelnen Werken eine Planauflage erteilen, die nur erfüllbar ist, wenn selbst der richtig errechnete industrielle Minimalgehalt an K_2O überschritten wird. Ist es zweckmäßig, den industriellen Minimalgehalt dieser Planauflage anzupassen? Keineswegs! Richtig ist die Anweisung der ZVK, die auf Grund dieser Umstände verlorengehenden Vorräte als projektierte Verluste anzuweisen, die später als Teilbetrag in die tatsächlichen Verluste eingehen (welche ja infolge der beträchtlichen Abbauverluste durch die jeweiligen Abbausysteme in der Kaliindustrie bedeutend höher liegen).

Die durch den Plan beauflagte Gehaltshöhe unterscheidet sich heute in einer Reihe von Bergbaubetrieben selbst von den richtig berechneten industriellen Minimalgehalten. Dieser Zustand wird auch nach den im 7-Jahr-Plan vorgesehenen Rekonstruktionsmaßnahmen nicht voll beseitigt sein. Da der industrielle Minimalgehalt auf der Grundlage des durchschnittlichen technischen Standes (d. h. im wesentlichen durch den Stand in jenen Betrieben, welche die Hauptmasse der Förderung bei gleichwertigem Rohstoff liefern) bestimmt wird, wird es stets Betriebe geben, welche über und unter dieser Grenze arbeiten werden.

Ist es nicht sinnvoller, statt vorgegebener Verluste den industriellen Minimalgehalt in diesen Betrieben der Planauflage anzupassen? Kaum. Es ist für die Staatliche Plankommission äußerst wichtig, zu erfahren, welche Verluste durch veraltete Einrichtungen oder ungünstigere Lagerstättenverhältnisse usw. der Volkswirtschaft entstehen.

Diese allgemeinen Hinweise zeigen, welche Bedeutung die wissenschaftlich begründeten, richtigen industriellen Minimalgehalte für die Volkswirtschaft besitzen. Es sei daher etwas näher auf die Methoden ihrer Festlegung eingegangen.

(Fortsetzung folgt in einem der nächsten Hefte)

Literatur

BLONDEL, F.: L'evolution de la Notion de Reserves d'un Gisement mineral. (Handschrift des im Sept. 1957 in Westberlin gehaltenen Vortrages.)
PROKOFJEW, A. P.: Vorratsberechnung mineralischer Rohstoffe. – VEB Verlag Technik, Berlin 1956.
– Die Umgrenzung von Erzkörpern bei Vorratsberechnungen (russisch). – Staatsverlag für wissensch.-techn. Literatur über Geologie und Lagerstättenschutz, Moskau 1955.
STAMMBERGER, F.: Einführung in die Berechnung von Lagerstättenvorräten fester mineralischer Rohstoffe. – Akademie-Verlag, Berlin 1956.
– Zum Problem der Bauwürdigkeit. – Z. angew. Geol. Bd. 3, 1957, H. 2/3.
STOLLE, E.: Zur Vorratsberechnung im Kali- und Steinsalzbergbau. – Z. angew. Geol. Bd. 5, H. 2, 1959.
(1) Instruktion zur Anwendung der „Klassifikation der Lagerstättenvorräte fester mineralischer Rohstoffe" auf Kali- und Steinsalzlagerstätten. – Z. angew. Geol. Bd. 3, 1957, H. 2/3.
(2) – auf Blei-Zink-Lagerstätten der DDR. – Z. angew. Geol. Bd. 3, 1957, H. 5/6.
(3) – auf Kupferlagerstätten der DDR. – Z. angew. Geol. Bd. 3, 1957, H. 5/6.
(4) – auf Flußspat- und Schwerspatlagerstätten der DDR. – Z. angew. Geol. Bd. 4, 1958, H. 6.

Einige ingenieurgeologische Probleme beim Bau der Talsperre Pöhl (Vogtl.)

HANS HÄNICHEN, Freiberg/Sa.

Allgemeiner Teil

Im Flußgebiet der Weißen Elster besteht seit Jahrzehnten eine ungenügende Bereitstellung von Brauchwasser. Die im Jahre 1938 erbaute Talsperre Pirk am Oberlauf der Weißen Elster, mit einem Inhalt von rund 10 Millionen m³ und einer Mindestabgabemenge von 1,3 m³/sec., ist bereits seit Jahren in Trockenzeiten nicht immer in der Lage, den benötigten Brauchwasserbedarf der unterhalb liegenden Industrieanlagen sicherzustellen. Der Jahresabfluß der Weißen Elster am Pegel Greiz beträgt etwa 500 Millionen m³, ihm steht ein Jahresverbrauch für Brauchwasser von 315 Millionen m³ gegenüber. In Trockenjahren liegt die Jahresabflußmenge der Weißen Elster unter dem vorerwähnten Brauchwasserbedarf von 315 Millionen m³. Zur Abwendung dieses sich ständig steigernden Mißstandes war die Erörterung der Planung einer wasserwirtschaftlichen Großmaßnahme, die das Problem wenigstens teilweise lösen konnte, eine zwingende Notwendigkeit. Dabei waren der Verlauf und die Auswirkung der Katastrophenhochwässer der Jahre 1954 und 1955 mit von ausschlaggebender Bedeutung. Allein im Stadtgebiet von Greiz betrug der durch das Juli-Hochwasser 1954 eingetretene Schaden rund 10 Millionen DM.

Auf Grund der Auswertung umfangreicher Untersuchungsergebnisse wurde unter Beachtung der gegebenen Forderung „Verbesserung der Brauchwasserverhältnisse und Hochwasserschutz" als technologisch und volkswirtschaftlich beste Lösung der Bau der Talsperre Pöhl im Tal der Trieb, einem Nebenfluß der Weißen Elster, beschlossen. Die Lage der zur Zeit im Bau befindlichen Talsperre geht aus Abbildung 1 hervor. Der Sperrkörper wird als Schwergewichtsmauer in Beton ausgeführt und riegelt das Tal an der Eintrittsstelle der Trieb in das Engtal am Eisenberg unterhalb der Ortschaft Pöhl ab. Die maximale Höhe der Mauer über Gründungssohle beträgt 57,18 m, die Kronenlänge 312,00 m. Die Mauerkrone wird mit einer Breite von 8,00 m als Fahrbahn (Landstraße 1. Ordnung) ausgebildet. Die Mauer ist flach gekrümmt und weist einen Krümmungsradius von 600,00 m auf. Der Mauerinhalt beträgt 160000 m³.

Der Stauinhalt einschließlich der geplanten Vorsperren bei Altensalz, Neuensalz und Thoßfell wird mit 62,40 Millionen m³ angegeben, so daß die Talsperre Pöhl mit zu den größten Talsperren Deutschlands zählen wird. Das Einzugsgebiet der Trieb, das durch die Talsperre abgeriegelt wird, beträgt 160 km². Bei Vollstau des Staubeckens wird eine Oberfläche von rund 400 Hektar überstaut.

Ursprünglich war vorgesehen, die Talsperre Pöhl als steingeschütteten Damm mit wasserseitigem Dichtungselement zu erbauen. Der Damm sollte rund 1 km weiter talaufwärts von der jetzigen Sperrstelle geschüttet werden, um die Ortschaft Pöhl nicht mit zu überstauen. Bei gleichem Stauziel, nämlich bis zur Höhe 375,00 m ü. N. N., würde dabei ein Speicherraum von rund 37 Millionen m³ geschaffen, d. h. fast die Hälfte weniger als an der Sperrstelle am Eisenberg unterhalb der Ortschaft. Das Verhältnis von Baukosten zu Speichergröße ist durch die Errichtung des Sperrkörpers unterhalb von Pöhl auch unter Berücksichtigung der Verlegung der Ortschaft ein viel günstigeres geworden. Der Kubikmeter Stauraum der Talsperre Pöhl wird somit durch Verlegung der Sperrstelle bedeutend verbilligt. Nur von wenigen Großsperren in Deutschland wird ein derart

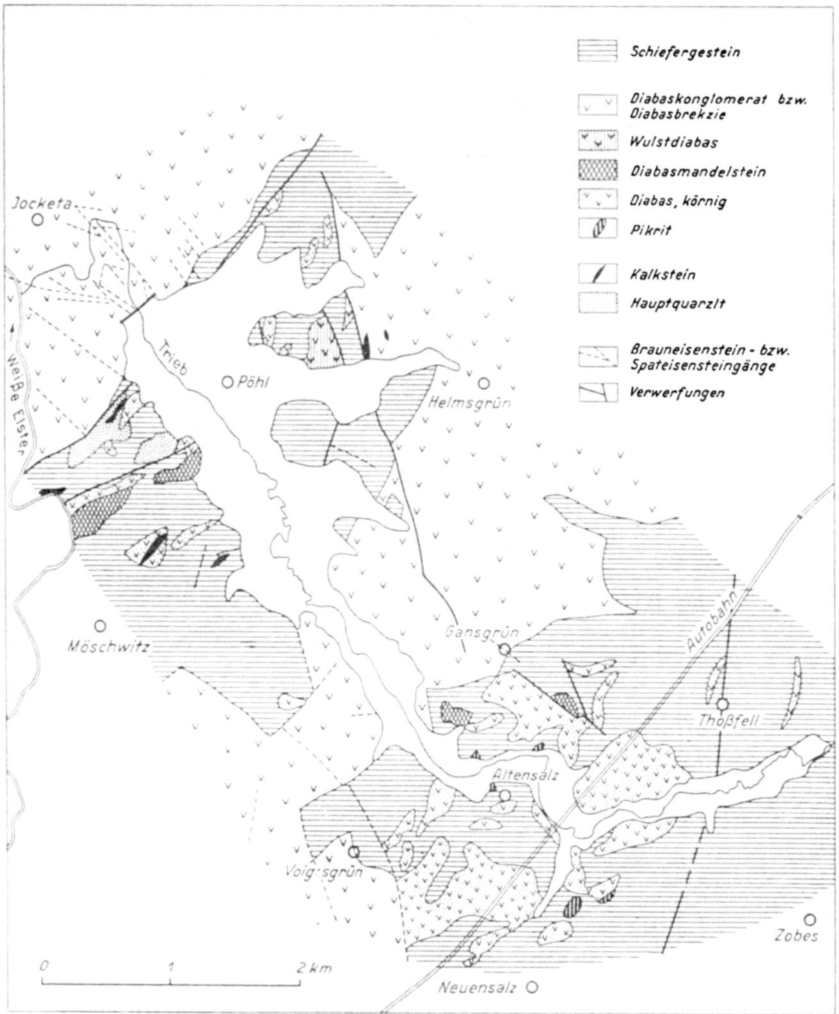

Abb. 1. Geologische Übersichtskarte mit der Sperrstelle und Ausdehnung des Speicherbeckens

günstiges Verhältnis des Staukörperinhaltes zum Staurauminhalt, das für die Talsperre Pöhl 1:390 beträgt, erreicht. Vergleichsweise beträgt das Verhältnis für die Rapp-Bode-Sperre nur 1:166 (Abb. 1).

Geologische Situation

Das Vogtland ist in der Hauptsache aus altpalaeozoischen Schiefergesteinen aufgebaut, denen Kalksteine, Diabasgesteine und anderes mehr eingeschaltet sind. So überwiegen in der Umgebung von Pöhl die Schiefergesteine und die in mannigfaltiger Ausbildung auftretenden sogenannten „Grünsteine". Kalksteine und Quarzite haben untergeordnete Bedeutung. Bei den Schiefergesteinen handelt es sich vorwiegend um Tonschiefer und Kieselschiefer ordovizischen, silurischen und devonischen Alters, während die Diabasgesteine einem ausgedehnten Vulkanismus im Oberdevon entstammen.

Die diabasischen Laven, die sich am Meeresgrund ausbreiteten, erstarrten entweder als völlig dichte Aphanite oder, wenn aus der Lava Gasblasen entwichen, als Diabasmandelsteine. Zu den Ergußformen der Diabase gesellen sich Aschen-, Lapilli- und Bombentuffe. Lapillituffe liegen in den Diabasbrekzien vor, während die als Diabaskonglomerat bezeichneten Gesteine vorwiegend Anhäufungen von Diabasbomben in Tuffmaterial sind.

Gebirgsbildende Bewegungen lassen sich heute noch in zahlreichen Verwerfungen erkennen. So wird in der näheren Umgebung von Pöhl das Gelände von erzgebirgisch streichenden Verwerfungen durchzogen. Die nördlich Pöhl verlaufende große Verwerfung stellt gleichzeitig eine Trennungslinie zwischen Diabasgesteinen verschiedenster Art und Schiefergesteinen dar. Aus ingenieurgeologischen Erwägungen heraus erfolgte in Abbildung 1 hauptsächlich eine Unterscheidung zwischen Schiefergesteinen und Eruptivgesteinen, ohne dabei die stratigraphischen Verhältnisse besonders zu berücksichtigen.

Die Verschiedenheit des geologischen Aufbaues findet ihren getreuen Ausdruck in der Oberflächengestaltung. Auf große Strecken hin sind die Täler, besonders da, wo sie Diabasgesteine durchschneiden, zu steilwandigen Rinnen eingeengt. Das ist besonders im Triebtal augenscheinlich. Von der Sperrstelle bis zur Einmündung in die Weiße Elster sind beiderseits des Flusses steilaufragende Hänge vorhanden, während im talaufwärts vorherrschenden Schiefergebiet flache Talgehänge der Landschaft das Gepräge geben (Abb. 2).

Die Sperre kommt in Diabaskonglomerat bzw. Diabasbrekzie zu stehen. Die Diabaskonglomerate stellen Gesteine dar mit einer graugrünen oder rötlichvioletten, zum Teil grobschiefrigen, jedoch fast immer sehr dichten Grundmasse, die aus Diabasaschen und fein zerriebenem, meist stark chloritisiertem Gesteinsmaterial bestehen. In diesen liegen Diabasbomben unterschiedlicher Größe; daneben treten, wenn auch recht selten, Granit- und Quarzgerölle auf. Vielfach nimmt das Gestein einen mehr oder weniger brekziösen Charakter an, da in verschiedenen Horizonten eckige Einschlüsse, meist solche von körnigem Diabas, vorherrschen.

In den obersten Zonen ist das Gestein aufgelockert, im allgemeinen ist es jedoch als kompakt zu bezeichnen. Eine tiefgründigere Zersetzung des Gesteins herrscht dort vor, wo Eisenerzgänge das Gestein durchsetzen. Besonders im Bereich der vorgesehenen Sperrstelle am linken Hang, dem sogenannten Eisenberg, und auch auf der rechten Talseite durchsetzen Brauneisenstein- und Spateisensteingänge das Gestein. Das Streichen der Erzgänge verläuft etwa Nordwest-Südost, teils auch fast Nord-Süd. Die Gänge durchsetzen somit den Untergrund etwa senkrecht zur Mauerachse.

Zeitschrift für angewandte Geologie (1959) Heft 10

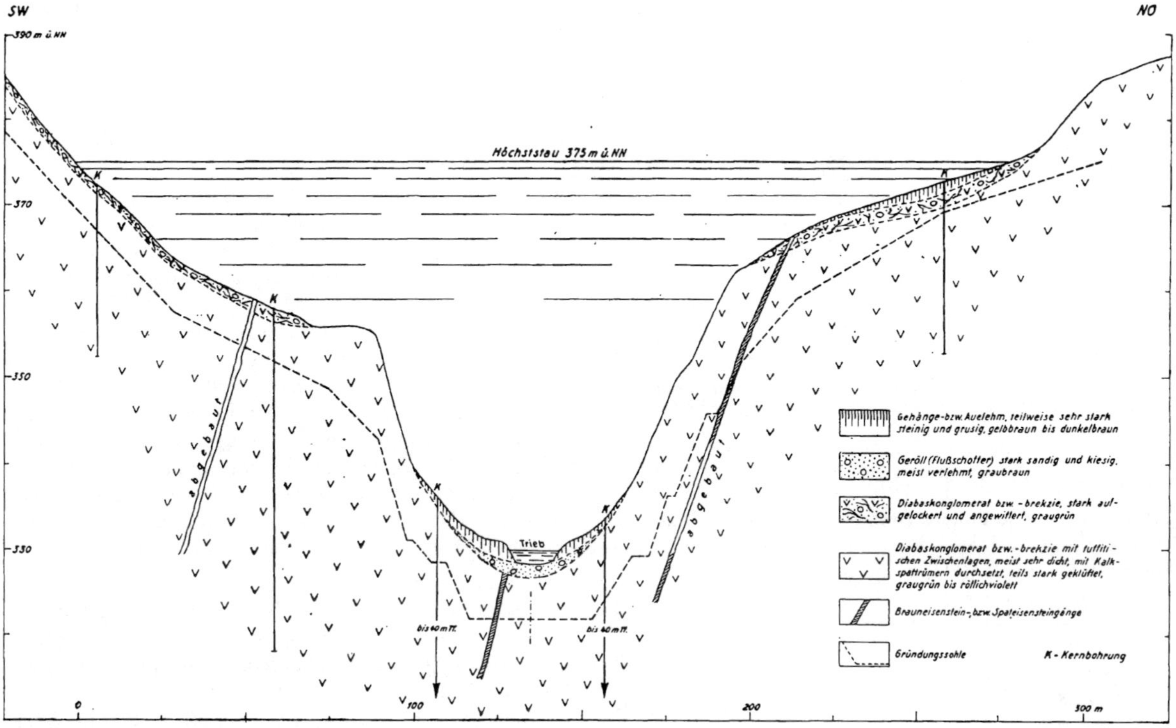

Abb. 2. Schnitt in der Achse der Sperrmauer

Bergbau

Bis in die 2. Hälfte des vorigen Jahrhunderts haben die Eisenerzgänge im Pöhler Revier Veranlassung zu Bergbau gegeben. Der Bergbau auf diesen Gängen ist uralt und dürfte bis ins 15. Jahrhundert zurückgehen. Rißliche Unterlagen sind wohl vorhanden, aber nicht vollständig. Die Mächtigkeit der Gänge, die der Eisenmanganerzformation angehören, schwankt zwischen wenigen Zentimetern und vier Meter. In größeren Tiefen führen die Erzgänge Spateisenstein, in geringeren das aus diesen hervorgegangene Brauneisenerz, daneben Schwerspat und sulfidische Kupfererze sowie Ziegelerz, Kupferpecherz und Malachit. Das Brauneisen bildete den Hauptgegenstand des früheren Bergbaues. Von den Grubenbauen im Pöhler Revier reichen die Baue der Schaller-Fundgrube und der Hammerknockstolln bis unter die Sperrmauer. Die alten Abbaue, Stollen und Strecken sind vielfach verbrochen oder teilweise mit Versatzmasse ausgefüllt. Zahlreiche Pingen an den Talhängen zeugen vom Zubruchgehen alter Grubenbaue (Abb. 3).

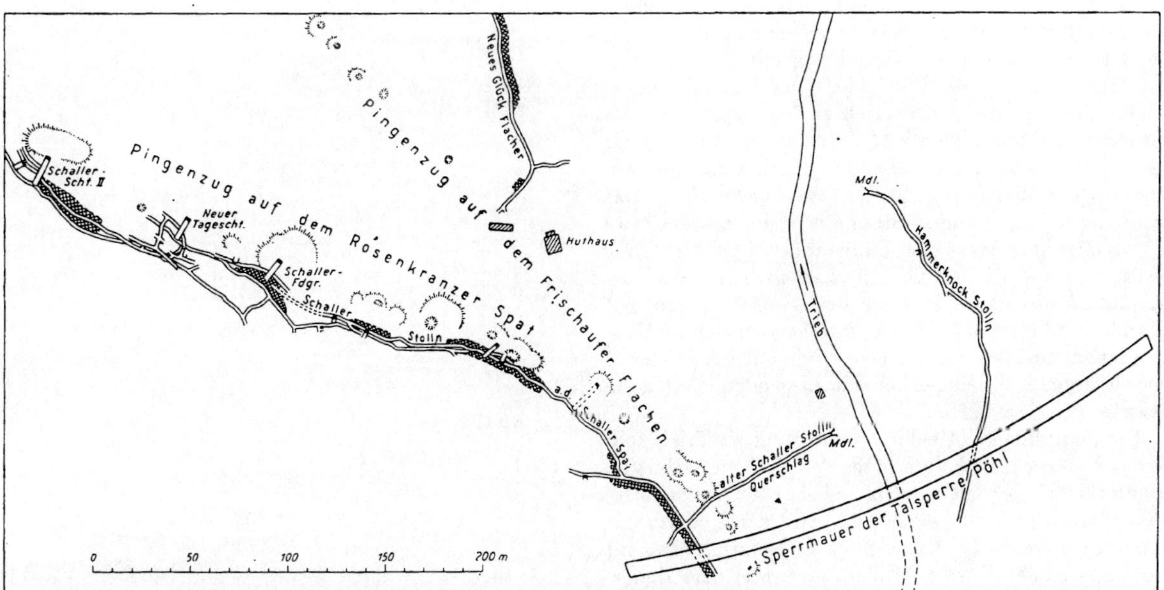

Abb. 3. Alte Grubenbaue im Bereich der Sperrmauer, entnommen einem Pantogramm der Revierkarte, Riß IV V 12, des ehemaligen Oberbergamtes Freiberg vom Jahre 1843

Abb. 4. Einlaufbeiwerk des Umleitungsstollens (ehemaliger Hammerknockstolln) am rechten Talhang mit Fangedamm vor der Baugrube

Ingenieurgeologische Verhältnisse und Probleme

Da alte Grubenbaue unter den Sperrkörper reichen, wurden umfangreiche Erkundungsarbeiten zur genauen Feststellung der Ausdehnung und des Umfanges der alten Baue notwendig. Im ingenieurgeologischen Gutachten wurde deshalb gefordert, sämtliche alten Grubenbaue im Sperrenbereich aufzuwältigen und deren Verlauf festzustellen. Die Aufwältigungsarbeiten am rechten Talhange am Hammerknockstolln, dessen Mundloch unterhalb der Sperrstelle etwa in Höhe der Trieb vermutet wurde, haben gezeigt, daß die rißlichen Unterlagen keineswegs als vollständig angesehen werden können. Zahlreiche, im Riß nicht angegebene Abbaue wurden vorgefunden. Bei den Baggerarbeiten in der Talsohle kurz oberhalb der Sperrstelle wurde ein weiteres Stollenort freigelegt, welches sich als südlichste Fortsetzung des Hammerknockstollns herausstellte. Vom unterstromigen Mundloch aus ist der Stollen 90 m in südöstlicher Richtung aufgefahren worden, wurde dann entsprechend der Abscherung des Erzganges nach Süden getrieben und mündet wenige Meter oberhalb der geplanten Sperrmauer etwa in Höhe der Trieb an der Oberfläche aus. Die Gesamtlänge des Stollens beträgt etwa 185 m. Nachdem der genaue Verlauf des Hammerknockstollns festgestellt war und eine eingehende geologische Beurteilung der Standfestigkeit des Gebirges erfolgte, ergab sich die Möglichkeit, den Hammerknockstolln zur Umleitung der Trieb zu benutzen. Das alte Stollenprofil von etwa 1,5 × 2,0 m Ausdehnung wurde entsprechend der zu erwartenden Durchflußmenge auf einen Querschnitt von 10—12 m³ ausgebrochen. Das Einfallen des Erzganges (Brauneisenstein) beträgt etwa 70° und ist nach West bzw. Südwest gerichtet. Der Gang weist eine Mächtigkeit von durchschnittlich einem Meter auf. Während das Liegende des Ganges als recht gut standfest bezeichnet werden konnte, zeigten sich im Hangenden zahlreiche Ablösungen. Die Stollenerweiterung wurde deshalb ausschließlich im Liegenden vorgenommen.

Die Baugrube konnte durch Umleitung der Trieb vollkommen trockengehalten und dadurch ein schneller Baufortschritt erzielt werden. Sobald die Grundablässe des Sperrkörpers eingebaut sind, wird der Umleitungsstolln im Bereich der Mauer plombiert und mit Zement verpreßt, so daß keinerlei Hohlräume unter dem Mauerkörper vorhanden sind (Abb. 4).

Wesentlich ungünstigere Verhältnisse haben sich dagegen bei den Aufwältigungsarbeiten der alten Grubenbaue am linken Talhange im Bereich des Schallerstollns ergeben. Diese Arbeiten haben gezeigt, daß der nach dem Riß nur wenige Meter lange Stollenflügel vom Querschlag aus in südöstlicher Richtung sich weiter fortsetzt und entsprechend der Streichrichtung des Ganges als Stollen mit zahlreichen Abbauen aufgefahren wurde. Daraus geht hervor, daß am linken Hang des Triebtales unter dem geplanten Sperrkörper, etwa senkrecht zur Mauerachse verlaufend, ein abgebauter Erzgang vorhanden ist. Beim Aushub der Baugrube am linken oberen Hang wurde festgestellt, daß der Erzgang unmittelbar bis zur Oberfläche abgebaut ist. Im wesentlichen sind die durch den Abbau entstandenen Hohlräume mit Versatzmasse ausgefüllt. Die Mächtigkeit des Ganges, der mit etwa 70° nach Südwesten einfällt, beträgt maximal 1,5 m. Eine starke Auflockerung und Klüftung des Hangenden des Ganges ist vorhanden, so daß eine umfangreiche Auszimmerung bei den Aufwältigungsarbeiten, die sowohl von Übertage von der Baugrube aus als auch von Untertage durch den Schaller-Querschlag vorgenommen wurden, notwendig war.

Vom aufgewältigten Schallerstolln, soweit er unter die Sperrmauer reicht, wurde sowohl im Verlauf der luftseitigen Mauerbegrenzung als auch auf der Wasserseite jeweils ein Gesenk abgeteuft, um festzustellen bis in welche Tiefe das Erz abgebaut ist.

Dabei hat sich vor allem am wasserseitigen Gesenk (Abbildung 5) gezeigt, daß sich der Abbau erheblich

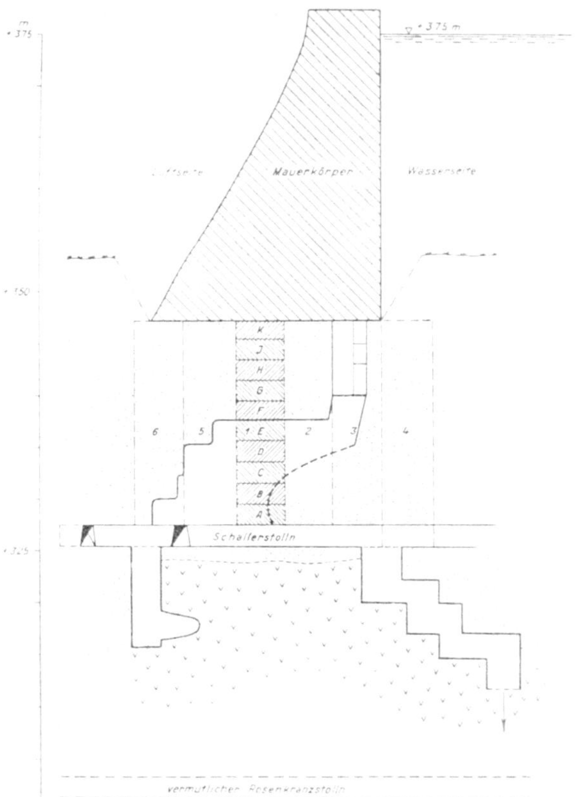

Abb. 5. Schnitt durch den Mauerkörper am linken oberen Hang mit Schallerstolln und alten Abbauen. — Schema des Verfüllens des abgebauten Erzganges mit Beton

Abb. 6. Baugrube des Feldes 2 vor Betonierbeginn

unter die Schallerstollnsohle fortsetzt. Die Auffahrung der alten, mit Versatzmasse ausgefüllten Abbaue, erfolgte derart, daß als Begrenzung jeweils außer dem Hangenden und Liegenden des Ganges in Richtung Mauerkörper der feste, anstehende Stoß beibehalten wurde.

Dadurch ergab sich die in Abbildung 5 dargestellte treppen- oder stufenförmige Auffahrung, welche auf einen ehemaligen Strossenbau schließen läßt. Die alten Abbaue liegen mehrere Meter unter dem Niveau der Trieb, so daß ein reichlicher Wasserandrang erfolgt. Inwieweit die alten Abbaue weiter hinein in das geplante Speicherbecken reichen und dort gegebenenfalls zu Tage kommen, ist für die Talsperre nicht von Bedeutung. Von allergrößter Wichtigkeit ist es jedoch, festzustellen, ob diese alten Abbaue mit einem tiefer gelegenen Stollen in Verbindung stehen und somit eine Unterläufigkeit der Sperre in nicht zu übersehendem Ausmaße hervorrufen könnten. Es muß angenommen werden, daß der auf dem gleichen Erzgang von der Weißen Elster her aufgefahrene Rosenkranzstolln, der etwa 20 m tiefer als der Schallerstolln liegt, auch unter den Mauerkörper reicht und dadurch ein unkontrollierter Abfluß von Talsperrenwasser zumindest möglich erscheint. Von dem wasserseitigen Gesenk aus wird deshalb bis zum vermutlichen Rosenkranzstolln ein Schacht im Einfallen des Erzganges abgeteuft und an dessen Sohle senkrecht zur Streichrichtung des Ganges jeweils einige Meter Querschlag aufgefahren. Der abgeteufte Schacht und die Querschläge werden bis zur Schallerstollnsohle mit Beton ausgefüllt, so daß unterhalb dieser Sohle ein Wasserabfluß durch den Stollen nicht erfolgen kann (Abb. 5).

Abb. 7. Luftseitiger Stoß der Baugrube am rechten Talhang mit steil einfallenden Kluftflächen

Während das Ausbetonieren der durch die Aufwältigungsarbeiten geschaffenen Hohlräume unter der Schallerstollnsohle kaum Schwierigkeiten bereiten wird, ergeben sich solche in dem Bereich zwischen Schallerstolln und Gründungssohle der Mauer, da in diesem Bereich der Erzgang vollständig abgebaut und nur durch Versatzmasse ausgefüllt ist. Die Aufwältigungsarbeiten in diesem Teil haben gezeigt, daß das Hangende sehr gebrächig ist und zu großen Ablösungen neigt, so daß ein umfangreicher Ausbau erforderlich wird. Ein Aufwältigen der gesamten Abbaufläche kann infolge des außerordentlich großen hangseitigen Gebirgsdruckes nur schrittweise erfolgen. Um deshalb keine zu großen Hohl-

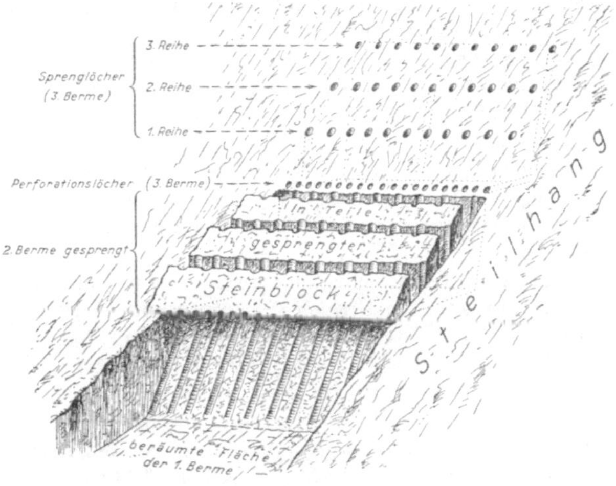

Abb. 8. Prinzipskizze der Bohrlochanordnungen zum Heraussprengen der Bermen in stark geklüftetem Gestein

räume durch die Aufwältigungsarbeiten zu schaffen, wurde festgelegt, die Arbeiten in senkrechten Streifen vom Schallerstolln bis zur Gründungssohle mit einer streichenden Breite von etwa 4—5 m fortzusetzen. Ein derartig aufgewältigter Streifen wird dann von unten nach oben in Lagen zu jeweils etwa 2 m mit Beton ausgefüllt, nachdem vorher der Holzverbau geraubt wurde. Mächtigere Betonlagen als 2 m werden sich kaum ermöglichen lassen, da größere unausgebaute Hohlräume sehr wahrscheinlich zu Bruch gehen werden. An den Stellen, wo der Gebirgsdruck ein Rauben des Holzverbaues nicht zuläßt, wird dieser durch Stahlspreizen ersetzt, die mit einbetoniert werden können. Die Ziffern 1 bis 6 der Abbildung 5 geben die Reihenfolge der streifenartigen Aufwältigungsarbeiten an. Sobald ein derartiger Streifen aufgewältigt ist, beginnt das lagenweise Einbringen des Betons, welches durch die Buchstaben A, B, C, usw. dargestellt werden soll.

Die mit Ziffer 1, 2 und 3 bezeichneten, sogenannten späteren Betonlamellen müssen bis zur Fertigstellung der Betonlamelle 4 auf die Firste des Schallerstollns aufgesetzt werden, wobei eiserne Schienen jeweils ins Hangende und Liegende tief eingebühnt werden, um den Förderweg der mittels Rolle abzuziehenden Versatzmasse nicht zu versperren. Da parallel zum Gang, und dabei besonders im Hangenden, zahlreiche offene Klüfte und Spalten vorhanden sind, erfolgt nach Einbringen des Betons von über Tage aus eine Verpressung mit

Zementmilch durch mehrere Bohrlochreihen, die unter entsprechendem Winkel den ehemaligen Gang durchstoßen und bis ins Liegende niedergebracht werden.

Zur Vermeidung einer Unterläufigkeit der Sperre, bedingt durch die Klüftigkeit des Untergrundes, und zur Verhinderung großer Sohlenwasserdrucke wurde auf Grund der ingenieurgeologischen Voruntersuchungen (Kernbohrungen und Hammerbohrungen mit den entsprechenden Wasserdurchlässigkeitsprüfungen und Zementinjektionen) ein Dichtungsschleier bis zu einer maximalen Tiefe von rund 30 m angeordnet. Der Dichtungsschleier wird zweireihig ausgeführt, die Bohrlochabstände werden 1,0 bis 1,5 m betragen.

Die Abbildung 6 zeigt die Baugrube des Feldes 2 vor Beginn der Betonierung mit den eingebrachten Sohlenwasserdruckglocken. Die Baugrube wurde vorher im Maßstab 1:50 geologisch kartiert und abgenommen. Die Sohlenwasserdruckglocken sind mit Eisenrohren verschweißt, welche in den Kontrollgang der Sperrmauer geführt werden, so daß vom Kontrollgang aus die Wasserdrucke unter der Sperrmauer gemessen werden können. Werden große Drucke festgestellt, ist gegebenenfalls eine zusätzliche Verpressung des Untergrundes vom Kontrollgang aus erforderlich. Die Festlegung der Stellen, an welchen in der Baugrube die Druckglocken eingebracht werden, ist eine der zahlreichen Aufgaben des im Talsperrenbau tätigen Geologen.

Besondere Schwierigkeiten ergaben sich bei der Heraussprengung der Bermen am rechten unteren Steilhang. Die steil einfallenden Kluftflächen des Diabaskonglomerates lassen ein Herausarbeiten der Bermen durch normale Sprengungen nicht zu. Die Auflockerung des Felsens durch die Sprengungen erfolgte entsprechend den tektonisch vorgezeigten Linien, so daß nach Beräumen des Hanges wiederum steile Flächen vorhanden waren, bzw. die vom Projektanten geforderten Bermen keinesfalls auch nur angedeutet werden konnten. Die Abbildung 7 zeigt den Verlauf der vorherrschenden Klüfte recht augenscheinlich und läßt erkennen, daß ein Herausarbeiten von Bermen in diesem Gestein nur sehr schwer möglich ist (Abb. 7).

Es wurde deshalb vorgeschlagen, eine Perforation des Gesteins mittels dicht nebeneinander gesetzter Bohrlöcher in Höhe der vorgesehenen Berme durchzuführen. Senkrecht zur Perforation werden weitere Bohrlöcher in Reihen angeordnet. Diese Bohrlöcher enden jeweils 0,30 m vor der eigentlichen Berme, welche durch die Perforationsbohrungen vorgezeichnet wird. Die senkrechten Bohrlöcher werden mit leichten Sprengschüssen

Abb. 9. Baugrube des talseitigen Fundamentgrabens des Kabelkrangegenturmes am linken Talhang mit eingebrachten Rundeisenstäben

Abb. 10. Blick auf die Baugrube des rechten Hanges. Im Hintergrund links die vollautomatisierte Betonmischturmanlage

besetzt, wobei jeweils eine Bohrlochreihe gezündet wird. Die Abbildung 8 zeigt eine Prinzipskizze der Bohrlochanordnung zum Heraussprengen der geforderten Bermen (Abb. 8).

Wenn auch das Verfahren des Heraussprengens der projektierungsmäßig notwendigen Bermen an Steilhängen bei derart ungünstiger Klüftung des Gesteins sehr kostspielig und zeitraubend ist, so ist es doch in diesem speziellen Falle die einzige Möglichkeit. Die ersten Sprengungen haben bisher recht positive Ergebnisse gebracht.

Auch bei dem übrigen Baugeschehen auf der Baustelle ist der Geologe als Berater unentbehrlich. So mußten für die Gründung der Kabelkranfundamente am linken Hange besondere Vorkehrungen getroffen werden. Infolge der Steilheit des Hanges ist für den talseitigen Fundamentstreifen nur ein geringmächtiges natürliches Widerlager vorhanden, welches den Sohlendruck des Fundamentes aufnehmen kann. Um dieses Widerlager zu vergrößern, wurden von der Baugrubensohle aus etwa 0,50 m tief Rundeisenstäbe eingebracht, welche in das eigentliche Fundament einbinden. Die Rundeisenstäbe wurden unter einem Winkel von etwa 60°, und damit etwa senkrecht zur Hangböschung, in den Felsen eingebunden. Zwei etwa parallel verlaufende Reihen dieser Eisenstäbe sind vorgesehen. Sie werden untereinander noch bewehrt. Im talabwärtigen Bereich des Fundamentgrabens ist als zusätzliche Sicherung ein seitlicher Schlitz angeordnet worden, der einer Verankerung gleichkommt (Abb. 9).

Schlußbetrachtungen

In den vorstehenden Ausführungen sollten enige der wichtigsten ingenieurgeologischen Probleme, die beim Bau der Talsperre Pöhl auftreten, erläutert werden. Eine umfassende Darstellung der ingenieurgeologischen Verhältnisse wird erst nach Fertigstellung des Bauwerkes möglich sein, da ständig neue Probleme auftauchen. Nur in enger Zusammenarbeit zwischen Projektanten, Bauaufsicht, bauausführendem Betrieb und dem verantwortlichen Geologen können alle im Zusammenhang mit dem Untergrund stehenden Fragen geklärt und unter wirtschaftlich tragbaren Bedingungen gelöst werden (Abb. 10).

Da die Talsperre Pöhl wohl eine der wenigen, bzw. überhaupt die einzige Sperre ist, die unmittelbar auf alten Bergwerksanlagen gegründet wird, wurde auf die sich daraus ergebenden Besonderheiten etwas näher eingegangen. Zu gegebener Zeit wird über den weiteren Fortgang der Arbeiten an der Talsperre Pöhl berichtet werden.

Geologische Betrachtungen über Abdichtungsarbeiten bei Talsperren

FRITZ REUTER, Jena

Im ingenieurgeologischen Gutachten für Talsperren hat sich der Geologe u. a. auch über die erforderlichen Dichtungsmaßnahmen und über die Baugrundvergütung zu äußern. Damit er Aussagen machen kann, benötigt er für derartige Untersuchungen Bohrungen, an die sich Wasserdruckprüfungen und Injektionsversuche anschließen. Daß diese Untersuchungen gemeinsam durchgeführt werden müssen, um eindeutige Aussagen machen zu können, darüber sind sich wohl heute alle im Talsperrenbau tätigen Geologen und Ingenieure einig. Verschiedene Anschauungen bestehen lediglich darüber, welches Bohrverfahren angewendet und welche Durchlässigkeit bei der Wd-Prüfung als zulässig anerkannt wird. Betreffs der Bohrverfahren hat HEITFELD (1957) eine interessante Aufstellung gegeben, die Auskunft über Wirtschaftlichkeit und Brauchbarkeit gibt. Eigene Arbeiten beim Bau der Rappbodesperre haben seine Ansichten bestätigt. Bezüglich der zulässigen Durchlässigkeit gibt es in der Literatur drei Werte, die erheblich voneinander abweichen. Meine Arbeiten haben nun gezeigt, daß man das Bohrverfahren und die zulässige Durchlässigkeit nur gemeinsam betrachten kann, was nachfolgend geschehen soll.

I. Baugrundvergütung und Schleierbohrungen

Gewöhnlich unterscheidet man im Talsperrenbau zwei Arten von Bohrungen: Bohrungen für die Baugrundvergütung und Schleierbohrungen.

1. Die Baugrundvergütung

Wie der Name bereits sagt, wird sie dort angewendet, wo die Schichten im Untergrund des Bauwerkes durch stärkere Klüftigkeit oder Störungen u. ä. Setzungen größeren Ausmaßes erwarten lassen. Sie dient also weniger der Abdichtung als vielmehr der Verbesserung der Tragfähigkeit, wenn auch das eine vom anderen in gewissem Maße abhängt.

Die Baugrundvergütung kann verschiedenartig durchgeführt werden. Gewöhnlich arbeitet man bei der Verpressung unter Auflast, sei es, indem man die Injektionen vor dem Baugrubenaushub vornimmt und sich die natürliche Felsauflast zunutze macht oder indem man erst den Beton bis zu einer gewissen Höhe (meistens mindestens 5 m) einbringt und dann den Beton durchbohrt. Bei der letzten Art hat man den Vorteil, daß die Sperrmauer mit dem Untergrund „verheftet" wird. Dies wirkt sich gleichzeitig günstig gegenüber dem später auftretenden Sohlenwasserdruck (s. u.) aus, indem nämlich die Fuge zwischen Beton und Fels und weiterhin auch die beim Felsaushub sich öffnenden Klüfte verpreßt werden können. Hierauf werden wir gleich unten noch einmal zurückkommen. Eine dritte Möglichkeit der Baugrundvergütung besteht, wenn man diese nach dem Felsaushub, aber noch vor der Betonierung, durchführt. Während man jedoch in den ersten Fällen von Anfang an mit relativ hohen Drucken arbeiten kann, muß bei dieser Methode mit schwachem Druck begonnen werden, um sich zuerst ein künstlich verfestigtes „Dach" zu schaffen. Mit zunehmender Teufe können dann allmählich höhere Drucke angewendet werden.

In letzter Zeit ist durch MÜLLER (1953, 1954) der Begriff Bergzerreißung in die Literatur eingeführt worden. Man versteht hierunter eine Auflockerung des Gebirges nach dem Ausheben von Baugruben, die durch im Gestein vorhandene Restspannungen auf Grund früherer tektonischer Beanspruchung entsteht. Diese Entspannungen brauchen nicht nur dann in Erscheinung zu treten, wenn Menschenhand eine künstliche Veränderung hervorruft, sondern sind auch an steilen Berghängen zu beobachten (MÜLLER 1958, KIESLINGER 1958). Interessant ist hierbei, daß sich diese durch Entspannung auftretenden Auflockerungserscheinungen nicht an tektonisch vorgezeichnete Richtungen (Klüfte, Schieferung, Schichtung usw.) zu halten brauchen, sondern daß sich Ablösungsflächen parallel den neuen Oberflächen bilden. Während diesen Erscheinungen früher wenig Beachtung geschenkt wurde, sind wir heute in der Lage, diese auch auf unseren Baustellen nachzuweisen. 1958 habe ich eine derartige Vermutung auf Grund der Ergebnisse von Wasserdruckprüfungen in einem Bohrprofil senkrecht zur Mauerachse der Rappbodesperre ausgesprochen. Die in den Bohrlöchern außerhalb und in der Baugrube durchgeführten Wasserdurchlässigkeitsprüfungen zeigen dieselben Zonen der Wasseraufnahme, während doch zu erwarten wäre, daß an der etwa 12 m tiefer liegenden Baugrubensohle die Durchlässigkeiten etwa denjenigen entsprechen müßten, die in gleicher Teufe in den außerhalb der Baugrube niedergebrachten Bohrungen beobachtet worden sind (Abb. 1). Eine Erklärung, wonach diese Auflockerung auf Sprengarbeiten beim Baugrubenaushub zurückzuführen wäre, scheint unzutreffend, da die Sprengarbeiten einen Meter über der endgültigen Baugrubensohle eingestellt werden. Die Erfahrungen haben gezeigt, daß eine Zertrümmerung des Felsens nicht auftritt, wenn der letzte Meter durch Handarbeit gewonnen wird. Außerdem spricht dagegen, daß die Auflockerung unterhalb der Gründungssohle etwa so tief reicht wie unter der natürlichen Oberfläche. Weitere Hinweise, daß mit den oben geschilderten Entspannungen zu rechnen ist, hat man bei den Bauarbeiten am Pumpspeicherwerk Hohenwarte II erhalten. Den Bearbeitern soll hier jedoch nicht vorgegriffen werden. Daß Erscheinungen, die Entspannungen des Felsens anzeigen, nicht öfter beobachtet werden, liegt daran, daß sie mit den gewöhnlichen Untersuchungsmethoden nicht festgestellt werden können und nur selten Katastrophenfälle zur Folge haben.

Welche Lehren sind aus den Aufwölbungserscheinungen an der Baugrubensohle nun für die Art der Durchführung der Baugrundvergütung zu ziehen? Aus den obenerwähnten Gründen dürfte eine Baugrundvergütung unter Felsauflast nicht durchgeführt werden, da ja die Entspannungen des Felsens erst nach Ausheben der Baugrube wirksam werden und der mit Injektionsmaterial abgedichtete Felsen wieder neue Klüfte und Spalten nach der Entlastung bildet. Wenn auch die Aufwölbung später durch das Gewicht der Sperrmauer wieder rückgängig gemacht wird, so bleiben doch die neu entstandenen Risse erhalten. Da wir wissen, daß der

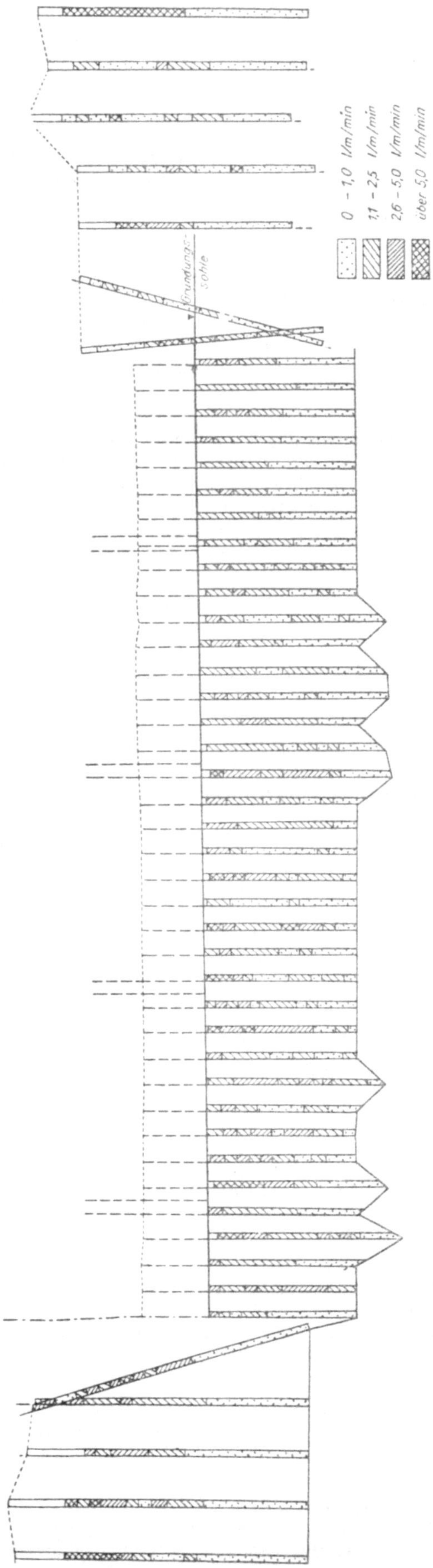

Abb. 1. Profil senkrecht zur Achse der Rapp-Bode-Sperre (Wd-Prüfungen)

Sohlenwasserdruck unterhalb des Bauwerkes noch auf Klüften mit einer Öffnungsweise bis 0,0002 mm wirksam ist, sollte alles vermieden werden, was die Bildung von neuen Unstetigkeitsflächen begünstigt. Außerdem bietet die vorherige Verpressung keine Gewähr dafür, daß die Setzungen geringer sind als wenn nicht verpreßt wird, im Gegenteil, man erhöht sogar die Spannungsverhältnisse. Führt man jedoch die Injektionen unter Betonauflast durch, dann kann man annehmen, daß die Aufwölbung der Baugrubensohle schon teilweise rückläufig geworden und man dadurch in der Lage ist, unter etwa natürlichen Bedingungen die Vergütung durchzuführen. Der Idealfall tritt dann ein, wenn die zu durchbohrende Betonauflast dem Gewicht der früher vorhandenen Felsauflast entspricht und die Vergütung ausgeführt wird, wenn das Gewicht der Betonblöcke sich schon einige Zeit auf den Untergrund auswirken konnte. In der Praxis wird dies nur selten durchführbar sein. Jedoch sollte man danach streben, dem Idealfall so nahe wie möglich zu kommen. Die Baugrundvergütung unter Betonauflast hätte noch die Vorteile, daß eine innige Verheftung zwischen Beton und Fels möglich und schließlich auch eine wesentliche Verringerung des Sohlenwasserdrucks die Folge wäre.

2. Der Dichtungsschleier

Für die Anlage des Dichtungsschleiers trifft im wesentlichen das gleiche zu wie für die Baugrundvergütung. Der Schleier dient einmal der Verhinderung der Unter- und Umläufigkeit, d. h. also der Vermeidung von Wasserverlusten, zum anderen will man vermeiden, daß durch das fließende Wasser Hohlräume geschaffen werden, die den Bestand der Mauer gefährden. Drittens soll auch eine Herabminderung des Sohlenwasserdrucks erreicht werden.

Um auch beim Dichtungsschleier einen innigen Verband zwischen Bauwerk und Felsuntergrund zu erhalten und um die Folgen der Aufwölbung der Baugrubensohle soweit wie möglich auszuschalten (wenn sie randlich auch nicht mehr so hohe Werte erreicht wie in Baugrubenmitte), sollte der Schleier erst nach der Betonierung angelegt werden. Die Anlage des Schleiers ist aus einem Kontrollgang meistens auch nach Fertigstellung der Bauarbeiten noch möglich, so daß stets derartig verfahren werden sollte.

II. Die Bohrarten beim Talsperrenbau

Am gebräuchlichsten sind heute drei Arten von Bohrungen, die allerdings betreffs der Wirtschaftlichkeit und der Brauchbarkeit starke Unterschiede zeigen, wobei sich, grob gesagt, scheinbare Wirtschaftlichkeit und Brauchbarkeit der Methode gerade entgegengesetzt verhalten.

1. Kernbohrungen: Man verwendet kleine Craelius-geräte oder solche ähnlicher Bauart.

2. Hammerbohrungen: Es handelt sich einmal um aufgehängte Bohrhämmer mit dünnem Gestänge, an dem unten ein Kreuzmeißel arbeitet. Der Bohrhammer wird durch Preßluft angetrieben. Das Gestänge dient der Wasserspülung. Neuerdings werden Versuche mit Bohrgeräten vom Typ H 60 gemacht. Der Antrieb geschieht durch Preßluft. Das Bohrgestänge hat einen größeren Querschnitt als die gewöhnlichen Hammerbohrungen. Es wird mit Luft gespült.

3. Vollkronenbohrungen: Diese Bohrgeräte hat HEITFELD (1957) von den Arbeiten an den Ruhrtalsperren beschrieben. Es handelt sich um drehendes Bohren ohne Kerngewinn. Gespült wird in einem ähnlichen Bohrgestänge wie bei Kernbohrungen mit Wasser.

1958 habe ich darauf hingewiesen, welche Auswertungsmöglichkeiten Kernbohrungen gegenüber den Hammerbohrungen grundsätzlich bieten und daß die Auswertung von Hammerbohrungen in den meisten Fällen zu Fehlschlüssen führt. Dies gilt jedoch nicht allgemein für sämtliche Anwendungsmöglichkeiten. Zweifellos wird die Anwendbarkeit von Hammerbohrungen immer von der Größe der Spalten abhängig sein. Bei meinen Untersuchungen bin ich davon ausgegangen, daß sich die in den Bohrlöchern durchgeführten Wd-Prüfungen und Injektionsergebnisse geologisch deuten lassen müssen. Für einen Geologen ist es selbstverständlich, daß Wd-Prüfungen in einem Profil mit mehreren Bohrungen das allgemeine geologische Bild (Störungen, Schichtung, Schieferung usw.) widerspiegeln. Während dies bei den Kernbohrungen möglich ist, lassen sich die Ergebnisse von Hammerbohrungen bei Arbeiten an verschiedenen Talsperren des Harzes geologisch nicht deuten (REUTER, 1958). Ich führe dies darauf zurück, daß bei Kernbohrungen mit einem relativ großen Gestängequerschnitt der Spülstrom stark genug ist, den anfallenden Bohrschmand aus dem Bohrloch zu befördern und das drehende Bohren relativ glatte und unbeschädigte Bohrlochwände liefert. Bei Hammerbohrungen dagegen ist das durch die Meißelarbeiten anfallende Bohrgut grobstückiger, und der Spülstrom ist auf Grund des engen Querschnittes des Bohrgestänges zu schwach, um den Bohrschmand aus dem Loch zu befördern. Durch das Schlackern des Bohrgestänges wird das Bohrgut dann in die im Bohrloch angeschnittenen Klüfte getrieben.

Durch einige Versuche wurde die oben gegebene Deutung bestätigt. Bei den Untersuchungsarbeiten für das Pumpspeicherwerk Rappbode wurden verschiedene Bohrgruppen so angeordnet, daß in Abständen von 3,0 m zwei Kernbohrungen und zwischen diese eine Hammerbohrung niedergebracht wurden. Die Wd-Prüfungen wurden zuerst im Hammerbohrloch durchgeführt, ohne daß ein Wasseraustritt aus den Kernbohrlöchern zu beobachten war. Jedoch zeigte sich eine gegenseitige Beeinflussung bei den Wd-Prüfungen in den Kernbohrlöchern, ohne daß Wasserausflüsse aus dem Hammerbohrloch zu beobachten waren. Dieser mehrfach wiederholte Versuch dürfte Beweis genug für die oben gegebene Deutung sein.

Abb 2.

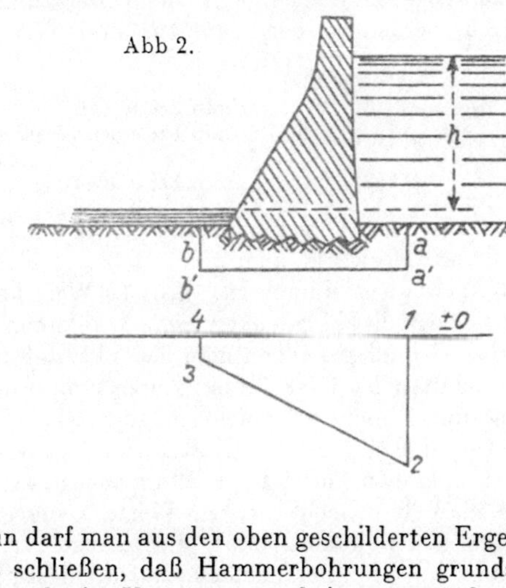

Nun darf man aus den oben geschilderten Ergebnissen nicht schließen, daß Hammerbohrungen grundsätzlich nicht mehr für Verpressungsarbeiten verwendet werden sollten. Bereits oben wurde gesagt, daß dies von der Größe der Spalten abhängig ist, die injiziert werden sollen. Die Ergebnisse der Verpressungsarbeiten an der Maxhütte haben gezeigt, daß z. B. in einem verkarsteten Gestein gute Erfolge erzielt werden können (MICHAEL, 1958). Allerdings dürften solche geologischen Verhältnisse bei Talsperren nicht zutreffen.

Für das Bohren mit Vollkrone fehlen uns die Erfahrungen, um dazu Stellung nehmen zu können. Die H 60-Geräte scheinen, wie die ersten Versuche zeigen, bessere Ergebnisse als die Hammerbohrungen zu bringen. Endgültiges läßt sich hierüber noch nicht sagen.

Versuchen wir die bisherigen Ergebnisse auszuwerten, so müssen wir feststellen, daß für geologische Untersuchungsarbeiten nur Kernbohrungen Verwendung finden sollten. Sowohl die vielseitige Möglichkeit der Auswertung als auch der Erfolg der Injektionen sprechen dafür. Es ist danach zu streben, auch bei rein betrieblichen Arbeiten vom Einsatz von Hammerbohrgeräten abzukommen. Diese Meinung wird durch die Darlegungen HEITFELDs (1957) über seine Arbeiten an der Hennetalsperre stark gestützt.

III. Die Sohlenwasserdrucke

Nachdem wir die Bohrmethoden und die hauptsächlichen Abdichtungsarten besprochen haben, können wir uns nunmehr dem Sohlenwasserdruck zuwenden. Der Sohlenwasserdruck ist der Druck, der unterhalb der Mauer wirkt und dieser einen Auftrieb verleiht. Seine Größe ist von der Felsbeschaffenheit im Untergrund der Sperrmauer und von der Güte des Dichtungsschleiers abhängig. Er wird definiert durch den Flächenbeiwert a und den Abminderungsbeiwert m.

Der Flächenbeiwert sagt aus, welcher Anteil der Grundfläche des Bauwerkes durch die Auftriebskräfte getroffen wird. Versuche an verschiedenen Gesteinen und Baustoffen haben ergeben, daß in der Praxis mit einem Wert von a = 1,0 gerechnet werden kann. Die in Laborversuchen erzielten Ergebnisse liegen etwas unter 1,0. Daß dieser Wert angenommen werden kann, geht aus einer Darstellung TERZAGHIs hervor (Abb. 2). (TERZAGHI, 1929, S. 511.)

Der Abminderungsbeiwert m ist abhängig von der Ausbildung des im Untergrund eines Bauwerkes anstehenden Gesteins und von den Abdichtungs- und Entwässerungsmaßnahmen. Bei ungünstigen Verhältnissen ist an der Wasserseite des Bauwerkes ein Auftrieb anzusetzen, der dem vollen hydrostatischen Druck entspricht (m = 1). Er nimmt zur Luftseite hin kontinuierlich bis zur Höhe des dort herrschenden hydrostatischen Drucks ab (DYCK & SCHAEF, 1958). Bei einem intakten Dichtungsschleier und bei dichtem Felsuntergrund ist nur ein Teil des vollen Wertes anzusetzen. Erfahrungswerte liegen in günstigen Fällen bei 0,3—0,4. (DYCK & SCHAEF, 1958.)

Betrachten wir alle den Sohlenwasserdruck bestimmenden Werte, so ist eigentlich nur der hydrostatische Druck ganz sicher bekannt. Alles andere beruht beim Flächenbeiwert nur auf Laborversuchen. Im Abminderungsbeiwert drücken sich die geologischen Verhältnisse und die Maßnahmen der Untergrundverbesserung aus.

Der auf den ersten Blick plausible Wert a = 1 (s. o.) ist durchaus nicht so sicher, wie es scheinen mag.

Hierzu noch einige Übersichten der in einigen Staaten gebräuchlichen Werte:

SU (1934)

Baugrund	Staumauerhöhe		
	bis 25 m	25–50 m	über 50 m
gleichartiger dichter Fels	0,33	0,33–0,5	0,67–1,0
Fels mit unbedeutender Klüftigkeit	0,33–0,50	0,67–0,75	0,75–1,0
stark klüftiger Fels	0,76–1,0	0,75–1,0	–

USA

a = 0,5 – 1,0

Deutschland (1933)

gute natürliche Verhältnisse des Untergrundes	m = 0,2
mittlere natürliche Verhältnisse	m = 0,3
wenig gute natürliche Verhältnisse	m = 0,4

Aus der sowjetischen Vorschrift geht hervor, daß die vom Sohlendruck getroffene Fläche eines Bauwerkes in erster Linie von der Porosität und der Klüftigkeit des Felsens abhängig ist, wobei die Porosität bei Felsgesteinen wohl weitgehend vernachlässigt werden kann, da die Gesteine praktisch als dicht angesehen werden können. Bis zum Auflösungsvermögen des Mikroskops erscheinen die meisten Gesteine im Dünnschliff als dicht. Soweit ein Porenraum vorhanden ist, bewegen sich die Hohlräume wohl in der Größe von Kapillaren, in denen mit fließendem Wasser nicht mehr gerechnet zu werden braucht. Man hat also in Felsgesteinen wohl eher ein Kluftvolumen anzunehmen, bei dem sich allerdings noch Kluftweiten bis herunter zu 0,0002 mm auf den Sohlenwasserdruck auswirken. Die feinsten Klüfte sind makroskopisch nicht erkennbar. Mit ihrem Vorhandensein ist jedoch bei allen Versuchen im Laboratorium zu rechnen. Am Rande sei bemerkt, daß alle Laborversuche, die dies nicht berücksichtigen, insbesondere auch bei Druckproben, nur einen ganz beschränkten Wert haben.

Aus den oben gegebenen Erörterungen ergibt sich, daß der Flächenbeiwert z. B. in dichten Tonschiefern weitgehend kleiner als a = 1 sein kann, da ja die Sohlfläche eines Bauwerkes nur an relativ wenigen Stellen von Klüften und Schieferfugen bzw. vom Wasser getroffen wird. Günstig wirkt sich auf jeden Fall eine Baugrundvergütung aus, die gleichzeitig eine Verheftung der Mauer bewirkt (s. Abschn. I). Allerdings ist es erforderlich, daß die Vergütung bis in solche Tiefen durchgeführt wird, in denen die vorhergehenden Wd-Prüfungen 0-Werte ergeben haben, so daß auch die in Abb. 2 gezeigte Möglichkeit nicht zutrifft. Letzten Endes ist es aber eine Frage der Rentabilität, ob der Mauerquerschnitt größer gewählt wird, um dem Auftrieb entgegenzuwirken, oder ob eine ausführliche Baugrundvergütung durchgeführt wird, um eine Zirkulation des Wassers zu verhindern. Im letzten Falle sind Versuche nötig, die klären, inwieweit das Injektionsgut in die feinsten Spalten eindringen kann.

Die den Abminderungsbeiwert bestimmenden Größen mit Ausnahme des hydrostatischen Drucks sind noch problematischer als die des Flächenbeiwertes. Bezüglich der Abdichtungsmaßnahmen ist Grundsätzliches schon in den ersten beiden Abschnitten gesagt worden. Hier soll noch einiges über die „natürliche Beschaffenheit des Felsuntergrundes“ und die Dichtungsmaßnahmen gesagt werden. Die Entwässerungsmaßnahmen sollen außer Betracht bleiben. Zur Vollständigkeit sei erwähnt, daß eine gute Drainage eine Herabsetzung des Sohlenwasserdrucks zur Folge hat.

Die unsicherste Aussage läßt sich über die Beschaffenheit des Felsens machen, da uns in den meisten Fällen nur die Felsoberfläche und während der Voruntersuchungen nicht einmal diese oder doch nur ein Teil derselben in Schürfen zugänglich ist. Es lassen sich zwar Hinweise geben, ob ein Gestein ± geklüftet ist, aber quantitative Untersuchungen sind z. Z. noch nicht möglich. Genauere Aussagen gestatten schon die bei Voruntersuchungen durchzuführenden Wasserdruckprüfungen und Injektionsversuche, jedoch ist das Bohrnetz viel zu weitmaschig, als daß die erhaltenen Ergebnisse durch eine Zahl ausgedrückt werden könnten. Im Talsperrenbau erfahrene Geologen haben häufig auf Grund der sichtbaren Klüftigkeit des in der Baugrube anstehenden Gesteins Werte für den Abminderungsbeiwert angeben können.

Der Dichtungsschleier hat u. a. die Aufgabe, den Weg des unterhalb einer Talsperre fließenden Wassers zu verlängern und durch die entstehenden Reibungsverluste eine Abminderung des Auftriebs herbeizuführen. In der Praxis gemessene Werte bestätigen die Richtigkeit dieser Abdichtungsmaßnahme. Ungünstige Felsbeschaffenheit kann also durch den Dichtungsschleier verbessert werden. Eine Kontrolle der Güte des Dichtungsschleiers ist deshalb in jedem Falle erforderlich. Dieses geschieht im allgemeinen durch Wasserdruckprüfungen in aufgebohrten Schleierlöchern oder auch in Zwischenlöchern. V. FRITSCH (1956 a) hat bei mehreren Talsperren in Österreich und Jugoslawien durch geo lektrische Messungen der Baugrundvergütung gute Erfolge erzielt. Ihm ist es möglich, auf Grund dieser Untersuchungen Aussagen über die Güte von Verpressungsmaßnahmen zu machen. V. FRITSCH (1956 b) schreibt, daß auf Grund der Ermittlung des spezifischen Widerstandes auch Aussagen über die Klüftigkeit des Gebirges möglich sind. Bei Messungen vor und nach der Injektion „konnte die Abnahme der Klüftigkeit und das noch offene Kluftvolumen ermittelt werden“. Derart gute Ergebnisse bei der Bestimmung des Kluftraumes müßten auch Voraussagen über die bei Talsperren zu erwartenden Sohlenwasserdrucke gestatten.

IV. Die zulässige Durchlässigkeit im Untergrund von Talsperren

Als zulässige Durchlässigkeit im Untergrund von Talsperren werden in der Literatur drei Werte angegeben:

LUGEON	(1933)	1 l/m/min bei 10 atü
TERZAGHI	(1929)	0,05 l/m/min bei einer Wassersäule von 1 m
JÄHDE	(1953)	0,1 l/m/min bei 3 atü

Den relativ weit voneinander abweichenden Zahlen liegen Erfahrungswerte zugrunde, deren geologische Deutung nicht ganz einfach ist. JÄHDEs Wert berücksichtigt sicher die Möglichkeit der Verpressung auf chemischer Grundlage. Wenn man bedenkt, daß in den feinsten Klüften bis 0,0002 mm Weite (s. o.) eine Abdichtung mit Zement gar nicht möglich ist — es ist aber sicher, daß auf diesen Klüften das Wasser noch zirkuliert und einen Auftrieb der Staumauer bewirkt —, ist klar, daß die obengenannten Werte keine exakte Grundlage haben können. Man dürfte also strenggenommen nicht von einer „zulässigen Durchlässigkeit“, sondern von der „Möglichkeit der Verpressung“ sprechen.

Die derzeitig in der DDR gebräuchlichen Geräte für Wasserdruckprüfungen lassen keine exakten Aussagen über die Beschaffenheit der Klüfte zu, da sowohl das Prüfgerät als auch die gesamte Meßeinrichtung größere Fehlerquellen zulassen. In der ČSR wurde von Ing. VERFEL ein Umkehrpacker entwickelt, der sich in der Praxis gut bewährt hat (REUTER & KÖHLER, 1958) und den gestellten Anforderungen besser gerecht wird. Mit Hilfe dieses Gerätes und selbstschreibenden Manometern am Einlauf und Auslauf ist es möglich, bei Wd-Prüfungen genauere Werte zu erhalten. Bei einem eingestellten Prüfdruck und dem gemessenen Druck am Auslaufstutzen lassen sich auch qualitative Aussagen über die Klüfte machen, wenn man davon ausgeht, daß bei gleichen Wasserverlusten viele enge Klüfte auf Grund der Reibung es gestatten werden, den Druck am Ausgangsventil ziemlich hoch zu halten, während bei einer weiten Kluft, die der Summe der vielen kleinen Klüfte entsprechen würde, ein Druckabfall entstehen müßte (REUTER, 1958). Unter Berücksichtigung dieser Tatsachen könnte dann sowohl der LUGEONsche als auch der JÄHDEsche Wert anerkannt werden. Der Wert von LUGEON dann, wenn der Druck konstant bleibt, und der Wert von JÄHDE, wenn bei allen höheren Wasserverlusten ein Druckabfall zu beobachten ist. Genauere Untersuchungen stehen allerdings noch aus.

V. Zusammenfassung

In den vorhergehenden Abschnitten wurden einige in Verbindung mit den geologischen Arbeiten bei Talsperren auftretende Probleme diskutiert, die besonders die verschiedenen Arten der Injektion betreffen. Es zeigt sich dabei, daß noch zahlreiche genauere Untersuchungen erforderlich sind. Die oben geschilderten technischen Arbeiten wurden so betrachtet, daß sie stets geologisch deutbar sein müssen. Ist dieses nicht der Fall, so liegt es meistens nicht daran, daß die Grenzen des geologischen Wissens überschritten sind, sondern daß der technischen Seite gewisse Mängel anhaften. Wie mit Hilfe der geologischen und ihr verwandter Wissenschaften stets neue Erkenntnisse gewonnen werden, zeigen die jüngsten Arbeiten von V. FRITSCH (1956) bezüglich der Überprüfung der Güte von Injektionsarbeiten.

Literatur

DYCK, S. & SCHAEF, H.-J.: Sohlenwasserdruck-Messungen an deutschen Gewichtsstaumauern. – Mitt. d. Inst. f. Wasserwirtschaft, Nr. 6, Berlin 1958.

FRITSCH, V.: Geoelektrische Baugrunduntersuchungen in Jugoslawien und Österreich. – Geophys. Prosp. Off. J. of. Europ. Ass. of Expl. Geoph. Vol. IV, S. 24–36, 1956 (1956 a).

– Zur geoelektrischen Untersuchung der Zementverpressungen von Staumauern und Staudämmen. – Geofisica pura e applicata (Reine und angewandte Geophysik), Instituto Geofisico Italiano, Vol. 34, S. 79–176, Milano 1956/II (1956 b).

HEITFELD, K. H.: Kleinlochbohrungen zur Klärung der geologischen Verhältnisse und für die Untergrunddichtung im Talsperrenbau. – Erdöl-Zeitschrift, 73. Jg., S. 311–319, Nov. 1957.

JÄHDE, H.: Injektionen zur Verbesserung von Baugrund und Bauwerk. – VEB Verlag Technik, Berlin 1953.

KIESLINGER, A.: Restspannung und Entspannung im Gestein. Geologie und Bauwesen, Jg. 24, 2, S. 95–112, Springer-Verlag, Wien 1958.

KÖHLER, R. & REUTER, F.: Einige ingenieurgeologische Probleme beim Bau von Talsperren in der ČSR. – Z. ang. Geol. 4, 10, S. 470–474, Berlin 1958.

LUGEON: Staumauern und Geologie. – Übersetzt aus dem Französischen. Archiv des Geol. Dienstes Halle.

MICHAEL, J.: Ergebnisbericht Kartierungsbohrungen Maxhütte 1957. – Archiv Geol. Dienst Jena, 17. 4. 1958.

MÜLLER, L.: Bergzerreißung. – Österr. Bauzeitschrift 8, 2, S. 25–28, Wien 1953.

– Setzungen von Bauwerken auf Felsuntergrund. – Vorträge der Baugrundtagung 1953 in Hannover, S. 81, Berlin 1954.

– Beispiele für den Einfluß der Gebirgs-Anisotropie auf Talsperrengründungen. – Geologie und Bauwesen Jg. 24, 2, S. 82–94, Springer-Verlag, Wien 1958.

PRESS, H.: Talsperren. – Verlag W. Ernst Sohn, Berlin 1953.

REDLICH, K. A., v. TERZAGHI, K. & KAMPE, R.: Ingenieurgeologie. – Verlag von Julius Springer, Wien und Berlin 1929.

REUTER, F.: Die Wasserdurchlässigkeitsprüfungen und Baugrundvergütung als ingenieurgeologische Untersuchungsmethoden bei Talsperrenbauten. – Z. ang. Geol. 4, 4, S. 166–174, Berlin 1958.

Röntgenfluoreszenz-Spektrometrie und Mineralanalyse

JOACHIM OTTEMANN, Berlin

Mit der bahnbrechenden Entdeckung MAX VON LAUEs im Jahre 1911 auf Grund der eindeutigen Experimente seiner Mitarbeiter W. FRIEDRICH und P. KNIPPING, daß Röntgenstrahlen an Kristallen gebeugt werden, war das Fundament für zwei neue, ungemein fruchtbare Forschungsgebiete, die Röntgenspektralanalyse (Röntgenspektrometrie) und die Röntgenkristallstrukturanalyse (Röntgendiffraktometrie) gelegt worden.

Den Schlüssel zum Verständnis der Röntgenstrahlenbeugung an Kristallgittern liefert die von LAWRENCE BRAGG (1912) gefundene Beziehung:

$$n \cdot \lambda = 2d \cdot \sin \theta$$

worin λ die Wellenlänge der reflektierten Röntgenstrahlung, n die Reflexionsordnung entsprechend wie bei optischen Gittern, d die Gitterkonstante — das ist der Abstand der Atomlagen parallel zur reflektierenden Kristalloberfläche — und θ der spitze Winkel zwischen Röntgenstrahl und der reflektierenden Kristallfläche bedeuten.

Ist die Gitterkonstante d bekannt, so lassen sich die Wellenlängen der Röntgenstrahlen bestimmen, wenn man den Reflexionswinkel θ mißt; hierauf beruht die Röntgenspektralanalyse. Geht man andererseits von bestimmten Wellenlängen aus und mißt die Reflexionswinkel, so läßt sich die Gitterkonstante von Kristallebenen bestimmen und hieraus die Kristallstruktur ableiten; das ist die Methode der Röntgenkristallstrukturanalyse, auf die hier nicht eingegangen werden soll.

Die Röntgenstrahlen stellen bekanntlich ein Teilgebiet des weiten Frequenzbandes der elektromagnetischen Strahlungsarten dar. Während das in der optischen Spektralanalyse benutzte Wellengebiet im sichtbaren Teil von 8000—4000 Å liegt und im Ultraviolett bis 2000 Å in der Wellenlänge herabgeht, verwendet die Röntgenspektralanalyse gewöhnlich Wellenlängen im Bereich von etwa 4—0,3 Å, und mit speziellen Vakuum-Röntgenspektrometern bei Beschleunigungsspannungen bis 100 KV erweitert sich der Bereich auf 10,6 bis etwa 0,1 Å. Besonders hervorragende Eigenschaften der Röntgenspektren sind ihre Einfachheit und regelmäßige Struktur. Für chemisch-analytische Zwecke sind praktisch nur zwei Serien, nämlich die K- und L-Spektren, zu beachten, die für ein Element nur aus wenigen einzelnen Linien bestehen (Abb. 1). Wegen ihrer Entstehung aus Elektronensprüngen zwischen Elektronenbahnen aufeinanderfolgender Elektronenschalen im Atom stehen die Röntgenspektren in gesetzmäßiger Beziehung zur Ordnungszahl des strahlenden Elementes. Nach H. G. J. MOSELEY (1913) ist die Wellenlänge λ der charakteristi-

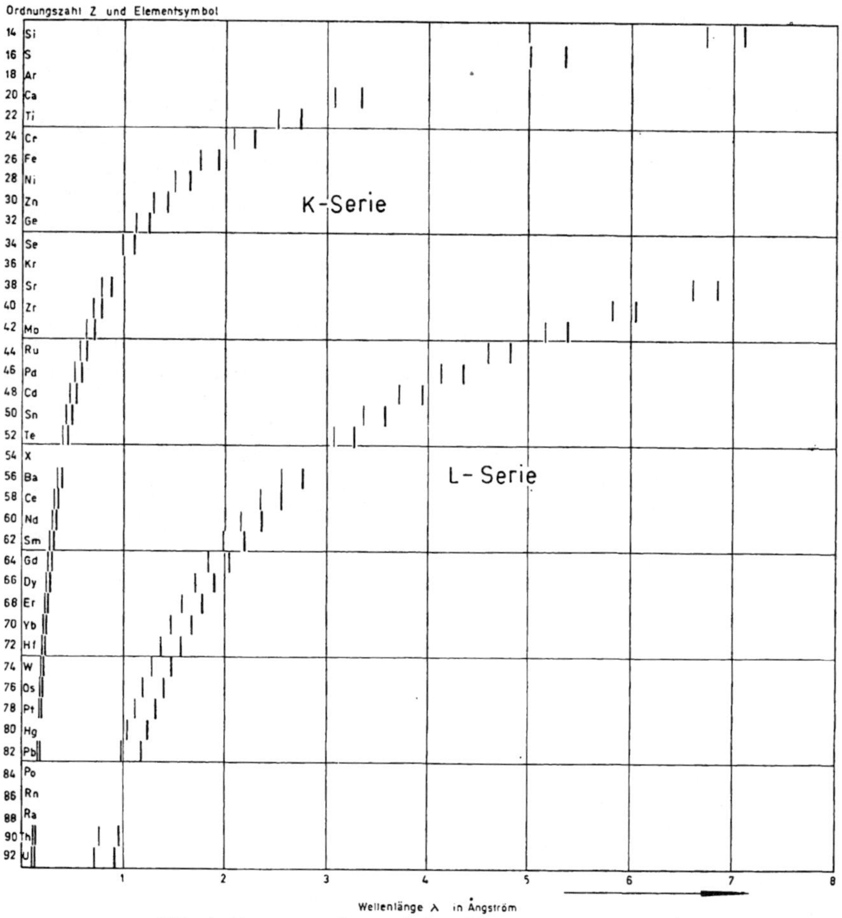

Abb. 1. Röntgenspektren einiger Elemente (vereinfacht)

schen Röntgenstrahlung eines Elementes umgekehrt proportional dem Quadrat der Ordnungszahl Z:

$$\lambda = \frac{1}{K \cdot (Z)^2}$$

K = Konstante

Die leichtesten Elemente haben daher die längsten Wellenlängen mit entsprechend geringer Energie, sie emittieren eine „weiche" Röntgeneigenstrahlung, die bei Wellenlängen von $\lambda = 3$ Å und aufwärts von Luft sehr stark absorbiert wird. Das ist auch der Grund dafür, daß normale Röntgenspektralapparate nur Elemente mit Ordnungszahlen von $Z > 20$ (Ca) erfassen können ($\lambda\ Ca_{K\alpha 1} = 3{,}3517$ Å).

Gleich im Anfang der Entwicklung war die Röntgenspektralanalyse infolge der Gültigkeit des MOSELEYschen Gesetzes zu glänzenden chemisch-analytischen Leistungen befähigt. Mit ihrer Hilfe wurden die noch unbekannten Elemente Hafnium (Z = 72) von COSTER & v. HEVESY (1923) und Rhenium (Z = 75) von NODDACK, TACKE & BERG (1925) an ihren L-Spektren entdeckt. Auch die viele Jahre später durch Atomumwandlung dargestellten und bis dahin unbekannten Elemente Technecium (Z = 43) und Promethium (Z = 61) konnten röntgenspektrographisch identifiziert werden. Bei der qualitativen Untersuchung von Präparaten mit verschiedensten Seltenen Erden erhielt man mit der Röntgenspektralanalyse einen sehr raschen und sicheren Überblick. V. M. GOLDSCHMIDT bediente sich bei seinen geochemischen Forschungen in den dreißiger Jahren ebenfalls der Röntgenspektrographie.

Trotz dieser und anderer Erfolge hat sich die Analyse mit Hilfe der Röntgenstrahlen bis in die neueste Zeit nicht als Hilfsmittel der analytischen Chemie allgemein einführen lassen. Das lag einerseits an der relativ schwierigen Handhabung der dazu notwendigen komplizierten Apparaturen, die auch die Anwendung der Hochvakuumtechnik einschloß, andererseits war die Präparation der Untersuchungsproben recht mühsam und für serienmäßige Untersuchungen wenig geeignet. Man verwendete zerlegbare Röntgenröhren. Auf die Anode (Antikathode) wurde nach deren Aufrauhung die gepulverte — oft mit Graphit und Wasserglas vermischte — Probe aufgerieben oder in metallischer Form als Blech aufgelötet. Die so präparierte Anode wurde in das Röntgenrohr eingebaut und evakuiert. Vor der Inbetriebnahme mußte dann gewartet werden, bis das Rohr genügend weit entgast war. Durch den Aufprall der stark beschleunigten Kathodenstrahlen auf die Anode bildeten sich trotz Wasserkühlung hohe Temperaturen aus, die zu unangenehmen, z. T. fraktionierten Verdampfungen und Schmelzungen der Elemente der Probesubstanz führten. So blieb der Einsatz der Röntgenemissionsanalyse als chemisch-analytische Methode bis vor etwa 10 Jahren speziellen Forschungsstätten vorbehalten.

Ein besonderer Nachteil der Röntgenspektrenanregung durch Elektronen-Bombardement der Anode war der starke „Untergrund", hervorgerufen durch die Entstehung der Bremsstrahlung — d. i. kontinuierliche strukturlose Röntgenstrahlung —, die sich im photographierten Spektrogramm als Untergrundschwärzung störend bemerkbar machte.

Um dieser Schwierigkeit Herr zu werden, haben schon GLOCKER & SCHREIBER (1930) die sog. Fluoreszenzanregung der Probe verwendet. Die Untersuchungsprobe wird mit energiereichen Röntgenstrahlen aus der Anode bestrahlt, d. h. sekundär zur Aussendung einer energieärmeren Eigenstrahlung, der Röntgenfluoreszenzstrahlung, angeregt. Mit diesem Kunstgriff sind zwei wesentliche Vorteile verbunden:

1. Fortfall der starken Erhitzung der Probe (Kalterregung),

2. Fortfall der Emission des Untergrundkontinuums von seiten der Probe. Man verfuhr so, daß man die Probe innerhalb der Röntgenröhre sehr nahe an die Anode heranbrachte. Doch die umständliche Evakuierung der Röhre mußte weiterhin in Kauf genommen werden; außerdem war die Intensität der Fluoreszenz-Eigenstrahlung der Probe 100—1000mal geringer als bei Primäranregung durch direkten Elektronenbeschuß.

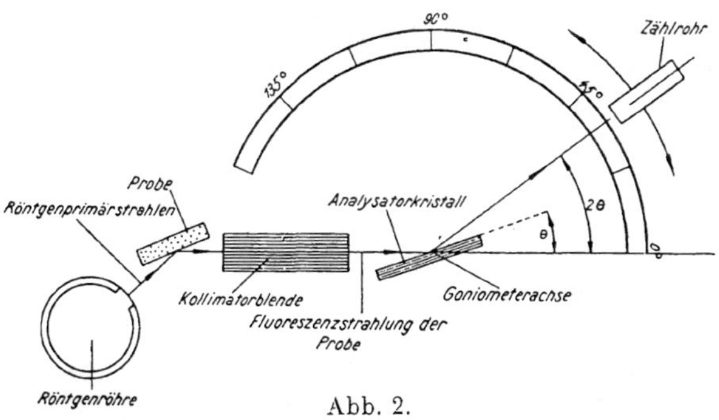

Abb. 2.
Prinzipschema eines Röntgenfluoreszenz-Spektrometers

Über diesen toten Punkt in der Entwicklung der Röntgenspektralanalyse zu einer handfesten, auch für Routineanalysen geeigneten Methode, hat nun in erster Linie die Entwicklung hochempfindlicher Zählrohre für die Messung auch schwacher. Röntgenintensitäten anstelle der photographischen Röntgenstrahlanzeige hinweggeholfen. Ferner hat dazu beigetragen der Einsatz heute zur Verfügung stehender abgeschmolzener Hochleistungsröntgenröhren, elektronisch stabilisierter Hochspannungsgeneratoren und automatischer Impulszähl- und Registriereinrichtungen, die viel genauer und wesentlich schneller arbeiten, als es durch die Photometrie photographierter Röntgenspektrallinien möglich ist.

Die Röntgenfluoreszenz-Spektrometrie hat jetzt einen so hohen Grad an apparativer Vollkommenheit erreicht, daß sie im Begriff ist, als elegante und zuverlässige Untersuchungsmethode Eingang in die chemisch-analytischen Laboratorien von Forschung und Technik zu finden.

Die bedeutenden Vorteile, daß sie zerstörungsfrei arbeitet und Lösungen, Pulver wie auch feste amorphe oder kristalline Stoffe, unabhängig von der chemischen Bindungsart, schnell zu untersuchen gestattet, macht diese neuerweckte Methode ganz besonders reizvoll. Abb. 2 zeigt das Prinzipschema eines modernen Röntgenfluoreszenz-Spektrometers mit flachem Analysatorkristall.

Die Probe wird von primären Röntgenstrahlen, die aus einer Spezialröntgenröhre, gewöhnlich mit Molybdän- oder Wolframanode, stammen, angestrahlt. Diese intensive Röntgenstrahlung regt in der Probe eine spezifische Röntgenfluoreszenzstrahlung an, deren einzelne Wellenlängen die verschiedene Atomstruktur der in der Probe enthaltenen Elemente widerspiegeln. Die Fluoreszenzstrahlung passiert darauf eine Kollimatorblende, die aus parallel zueinander angeordneten Metallfolien besteht. Sie hat die Aufgabe, nur Strahlung definierter Richtung mit kleiner Winkeldivergenz auf den Analysatorkristall fallen zu lassen. Der Kristall zerlegt die Röntgenfluoreszenzstrahlung, die aus einem Gemisch verschiedenster Wellenlängen besteht, in die einzelnen Röntgenspektrallinien, ähnlich wie in der optischen Spektralanalyse Prisma oder Strichgitter das Licht. Der Analysatorkristall besteht aus einer großen, flachen Einzelkristallplatte bestimmter kristallographischer Orientierung. Entscheidend für die Dispersion $\left(\frac{d\theta}{d\lambda}\right)$ des Spektrums ist der Gitterebenenabstand d der reflektierenden Kristallebene. Nach der BRAGGschen Gleichung ist die Dispersion um so größer, je kleiner die Gitterkonstante ist. Untersucht man jedoch leichte Elemente mit niedrigen Ordnungszahlen und großen Wellenlängen, so ist man genötigt, Kristalle mit relativ großen Gitterkonstanten zu verwenden, da sonst der Goniometerwinkelbereich, der praktisch etwa 150° (2θ) umfaßt, nicht mehr ausreicht; denn bei $\lambda = 2d$ beträgt der 2 θ-Winkel bereits 180°. Man kann daher z. B. einen Lithiumfluoridkristall mit $2d = 4{,}02$ Å nicht für Elemente mit Ordnungszahlen < 19 verwenden.

Der Analysatorkristall, dessen Drehachse in der reflektierenden Kristallebene liegt, dreht sich mit der halben Winkelgeschwindigkeit des abtastenden Goniometerzählrohres bzw. Scintillationszählgeräts derart, daß sich das Zählrohr immer in der richtigen Winkellage befindet, um Röntgenreflexe gemäß der BRAGGschen Beziehung zu empfangen. Abb. 3 zeigt den mit einem elektronischen Zähl- und Schreibgerät aufgezeichneten Registrierstreifen mit den Intensitätsspitzen eines Gemisches von Ta_2O_5, ThO_2 und ZnO und den 2θ-Werten als Abszisse.

Es liegt auf der Hand, daß die Röntgenfluoreszenz-Spektrometrie für die chemische Untersuchung von Erzen, Mineralien, Gesteinen und Konzentraten hervorragend geeignet ist. Den Beweis hierfür liefert eine beachtliche Anzahl von diesbezüglichen Veröffentlichungen aus den letzten Jahren, die eine Fülle von Beispielen der Analyse mineralischer Rohstoffe behandeln. Abgesehen von den leichten Elementen Na, Mg, Al, Si, P, S, Cl, K, die für Mineraluntersuchungen, besonders für die Silikatanalyse, von großem Interesse sind, aber — wie erwähnt — nur mit Vakuum-Röntgenspektrometern zu erfassen sind, können alle Elemente von Calcium ($Z = 20$) bis Uran ($Z = 92$) mit einer normalen Ausrüstung untersucht werden. Auf einige wichtige Anwendungsbeispiele aus dem Schrifttum sei etwas näher eingegangen.

Ein ausgesprochenes Sorgenkind sowohl der naßchemischen Analyse als auch der optischen Spektrochemie sind die seltenen Erden, für deren rasche

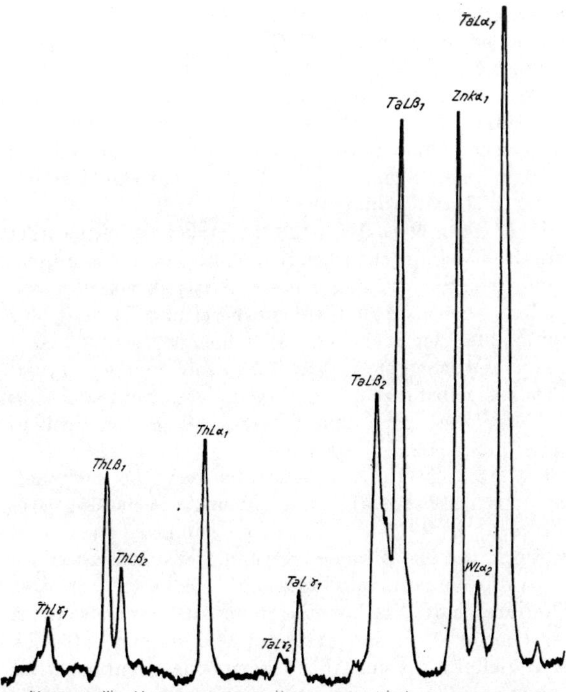

Abb. 3. Registrierstreifen mit den Intensitätsspitzen eines Gemisches aus Tantal-, Thorium- und Zinkoxyd (aufgenommen mit elektronischem Schreib- und Zählgerät)

qualitative und quantitative Untersuchung die Röntgenfluoreszenz-Spektrometrie wie geschaffen ist.

M. L. SALMON & J. P. BLACKLEDGE (1954, 1956) haben Gemische von seltenen Erden röntgenfluoreszenzspektrometrisch untersucht. Eine Registrogrammaufnahme aller reflektierten Wellenlängen liefert die qualitative Zusammensetzung der Probe (Übersichtsanalyse). Die Höhen der vom Schreibgerät aufgezeichneten Spitzen der Impulsfrequenzmittelwerte geben Auskunft über den relativen Gehalt des jeweilig vorhandenen Elementes. In vielen Fällen erwies sich diese „halbquantitative" Analyse einer quantitativen Bestimmung gleichwertig, denn die Ergebnisse wichen, verglichen mit den chemisch gefundenen Ergebnissen, gewöhnlich nur um $\pm 10\%$ relativ vom wahren Gehaltswert ab. SALMON & BLACKLEDGE verweisen mit Nachdruck auf Zuverlässigkeit, hohe Geschwindigkeit und Wirtschaftlichkeit des Verfahrens bei der Untersuchung von Mineralsystemen, die durch andere analytische Methoden nur schwierig zu bewältigen sind. Die Analyse eines Minerals dauert nur wenige Minuten für ein Element und etwa einige Stunden für fast alle erfaßbaren Elemente zusammen.

Die quantitative Bestimmung von Yttrium in Gemischen von seltenen Erden einschließlich Thorium, welche die klassischen chemischen Methoden auch vor große Schwierigkeiten stellt, wird von R. H. HEIDEL & V. A. FASSEL (1958) nach einer speziell entwickelten röntgenfluoreszenz-spektrometrischen Methode durchgeführt. Diese Autoren arbeiten mit chemisch gelösten Proben, denen sie einen Inneren Standard (2 mg Strontium pro ml) beifügen. Hierdurch werden die durch Absorption bzw. Anregung aller anwesenden Elemente untereinander hervorgerufenen Störeffekte weitgehend herabgesetzt. Das Innere-Standard-Element, das in der Röntgenspektrometrie möglichst eine dem Analysenelement benachbarte Ordnungszahl haben soll ($Z_{Sr} = 38$; $ZY = 39$), unterliegt dann den gleichen Intensitätsveränderungen wie das Analysenelement. Die Eichkurve wird so konstruiert, daß die Quotienten aus den Impulsfrequenzen von Analysenelement und Innerem Standard auf der Ordinate und die Konzentration des Analysenelementes auf der Abszisse aufgetragen werden. Die Analysenergebnisse weisen einen mittleren Fehler von $\pm 2{,}8\%$ vom Gehaltswert auf. Eine einzelne Bestimmung dauert 10 Minuten.

H. F. CARL & L. J. CAMPBELL (1954) berichten über eine Reihe eindrucksvoller Anwendungen der Röntgenfluoreszenz-Spektrometrie in der Analytik von Mineralstoffen. Die normale Probevorbereitung besteht aus Feinmahlen der Probe auf etwa 0,05 mm Korngröße und innigem Mischen sowie Verdünnen mit anderen pulverförmigen Substanzen, u. a. dem Inneren Standard. Das Pulvergemisch wird dann in einen geeigneten Probenhalter gebracht.

CARL & CAMPBELL untersuchten den Thoriumgehalt in Monazitkonzentraten mit einem Anreicherungsgrad von mehr als 90%. Der Gehalt an seltenen Erden — es waren in der Hauptsache Lanthan, Cer und Praseodym — war konstant und schwankte lediglich mit dem Thoriumgehalt. Sie konnten daher die Impulsfrequenz der Thorium Lα-Linie direkt zur Thoriumkonzentration in Beziehung setzen. Abb. 4 zeigt eine Eichkurve mit Angabe der gut übereinstimmenden chemischen und röntgenspektrometrischen Ergebnisse. Pro Tag konnten 25—50 Proben mit einer relativen Genauigkeit von ± 5—10% bestimmt werden.

Unter Verwendung brikettierter Proben und Innerer Standards wurden nach J. ADLER & J. M. AXELROD (1956) folgende Ergebnisse von Thoriumbestimmungen in Mineralien erzielt:

Probenart	% ThO_2	
	röntgenspektr.	chemisch
unreiner Monazit	0,97	1,00
„schwarzer Sand"	3,6	3,6
verwitt. Gangmaterial	1,80	1,68
Thorianiterz	1,80	1,87
verwitt. Gangmaterial	4,6	4,2
Äschynit	6,6	6,4

Eine Variante der Methode von ADLER & AXELROD (1955), die Thallium als Inneren Standard ($Th_{L\beta}/Tl_{L\beta}$) und brikettierte Pulverproben verwenden, beschreiben A. G. KING & DUNTON (1955). Diese Forscher untersuchen das unter Zusatz von Siliziumkarbid feingemahlene Pulver direkt und nehmen elementares Selen als Inneren Standard ($Th_{L\alpha}/Se_{K\beta}$). Im Bereich von 0,02—0,3% Th betrug der mittlere Fehler 0,0026% Th.

CAMPBELL & CARL (1954) konnten ferner zeigen, daß die Röntgenfluoreszenzmethode eine zuverlässige Analyse von Niob und Tantal in Erzmineralien insbesondere bei der Verfolgung der Anreicherung dieser Elemente in der Mineralaufbereitung ermöglicht. Es handelt sich hierbei um die Analyse der chemisch gemeinsam ausgefällten Niob- und Tantaloxydniederschläge. Während ein erfahrener Chemiker zur chemischen Trennung dieser Elemente 5—15 Tage braucht, konnten 10—50 Proben an einem Tage bei vergleichbarer Genauigkeit röntgenspektrometriert werden.

J. S. STEVENSON (1954) bestimmte ebenfalls fluoreszenzspektrometrisch Niob in Pyrochlor-Erzen von North Bay / Ontario im Konzentrationsbereich von 0,07—2,5% Nb_2O_5 mit Zusatz von 5% MoO_3 als Innerem Standard. In einem halben Jahre wurden 2500 Erzproben auf Niob untersucht.

Die quantitative Bestimmung von Hafnium neben Zirkonium ist für normale chemische Analysenmethoden etwa gleich schwierig wie die von Niob neben Tantal und umgekehrt. C. FELDMAN (1949) hat bereits ein optisch-spektrochemisches Verfahren für kleine Hafniumgehalte unter 1% ausgearbeitet. In Zirkonmineralien beträgt der Hafniumgehalt durchschnittlich 1,5%. Im System Hafnium-Zirkonium koinzidiert die Kα-Linie 2. Ordnung des Zirkons mit der Haupt-Hafnium-Linie Lα völlig, ähnlich wie das auch bei Niob und Tantal der Fall ist. L. S. BIRKS & E. J. BROOKS (1950) geben zwei röntgenfluoreszenz-spektrometrische Verfahrensweisen zur Bestimmung kleiner Gehalte an Hafnium in Zirkonium bekannt. Erstens trennen sie durch erhöhte Auflösung ihrer Spektrometeranordnung die Linie $Hf_{L\beta 2}$ vom unaufgelösten Linienpaar $Zr_{K\beta}$ 2. Ordnung plus $Hf_{L\beta 1}$. Das Intensitätsverhältnis der $Hf_{L\beta 2}$-Linie zum Linienpaar wird zur Konzentration des Hafniums in Beziehung gesetzt. Zweitens wird die Röntgenröhrenspannung auf 30 KV herabgesetzt, um die Intensität der schwerer anregbaren Zirkonium-Linien zu reduzieren. Auf der Ordinate der Eichkurve wird das Intensitätsverhältnis des unaufgelösten Linienpaares $Hf_{L\beta 1}$ plus $Zr_{K\beta}$ 2. Ordnung zur $Zr_{K\alpha}$-Linie 1. Ordnung aufgetragen. Man kann auf diese Weise Hafnium-Gehalte ab 0,1% bei einer Genauigkeit von 5—10% vom Gehaltswert bestimmen.

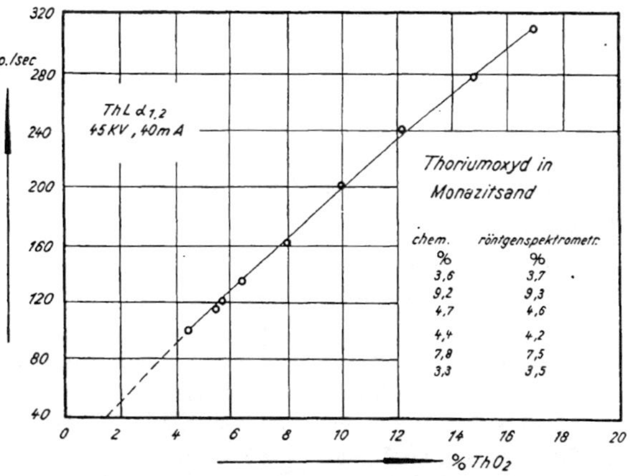

Abb. 4. Eichkurve für die Bestimmung von Thorium in Monazit nach H. F. CARL & W. J. CAMPBELL (1954)

E. JE. WAINSTEIN, J. D. SCHEWALEJEWSKI & J. F. SCHTAUBERG (1955) untersuchten Zirkonmineralien und Zirkonkonzentrate auf Hafnium röntgenspektrographisch mit Primäranregung. Sie unterdrücken die Zirkonium-Anregung gänzlich durch Absenkung der Röntgenröhrenspannung unterhalb des Anregungspotentials der Zirkon-Linien von 18 KV, um direkt die photographische Schwärzung der $Hf_{L\alpha}$-Linie zur Gehaltsbestimmung auswerten zu können. Sie bestimmen Hafnium ab 0,2—0,3 % mit einem relativen Fehler von $\pm$ 5%.

D. M. MORTIMORE & P. A. ROMANS (1952) entwickelten die röntgenfluoreszenz-spektrometrische Methode von BIRKS & BROOKS weiter für die Kontrolle bei der Herstellung von Zirkon- und Hafnium-Metall. Sie verdünnen die Oxydproben 1 : 1 mit Maisstärke und brikettieren das Gemisch zu Tabletten. Die größere Auflösung ihres Röntgenfluoreszenz-Spektrometers ermöglicht die Trennung der Linien ZrK_β 2. Ordnung von $Hf_{L\beta}$ 1. Ordnung. Durch Messung der Impulsfrequenzen dieser Linien ist es möglich, 0,5% Hf in Zr bis 0,5% Zr in Hf zu bestimmen. Der relative Fehler beträgt für Proben mit 1% Hf $\pm$3,3% und für Proben mit etwa 40% Hf $\pm$0,5%. Die Untersuchung einer Probe dauert nur 5—10 Minuten.

G. PISH & A. A. HUFFMAN (1955) beschreiben eine röntgenfluoreszenz-spektrometrische Schnellmethode zur quantitativen Bestimmung von Thorium und Uran direkt aus Lösungen. Das Rohmaterial und die Aufbereitungsprodukte, die untersucht wurden, enthielten bis 60% Th und 0—2% Uran. Die Lösungen bestanden einerseits aus salpetersauren Mineralauszügen und andererseits aus organischen Extrakten mit 40% Tributylphosphat und 60% aliphatischem Lösungsmittel. Als Innerer Standard diente bei den wäßrigen Lösungen Strontiumnitratlösung und bei den organischen Extrakten Brombenzol. Es wurden folgende Intensitätsverhältnisse bestimmt: $Th_{L\alpha}/Sr_{K\alpha}$; $U_{L\alpha}/Sr_{K\alpha}$ und $Th_{L\alpha}/Br_{K\alpha}$; $U_{L\alpha}/Br_{K\alpha}$. Die Eichkurven sind Gerade. Annähernd 90% aller untersuchten Proben, darunter sämtliche im Konzentrationsbereich von 1—10 mg/ml, weisen eine Genauigkeit von 1% vom Gehaltswert und besser auf. Etwa 10% der Proben zeigten Abweichungen bis 5% gegenüber Vergleichsmethoden. Eine Untersuchung auf Thorium und Uran dauert 30 Minuten.

J. H. COPE (1956) bestimmt Uranoxyd direkt am gepulverten Erz. Der Innere Standard, Yttrium, wird zur gleichmäßigen Verteilung in Form einer äthylalkoholischen Yttriumnitratlösung vor dem Zerkleinern im Mörser zugesetzt und das Ganze bis zur Trockne gemahlen. Bei der Wahl von Yttrium als Innerem Standard wurde die spezifische Röntgenstrahlenabsorption durch die anwesenden Elemente überprüft. Die Analysenprobe darf keine nennenswerten Gehalte an Strontium und Rubidium aufweisen.

COPE verwendet das Intensitätsverhältnis von $U_{L\alpha}/Y_{K\alpha}$ zur Bestimmung der U_3O_8-Konzentration. Die Empfindlichkeitsgrenze liegt bei etwa 0,005%. Die Genauigkeit ist besser als 10% vom Gehaltswert.

Folgendes Verfahren zur Bestimmung von Uran in Wässern und Salzlaugen haben W. L. KEHL & R. G. RUSSEL (1956) ausgearbeitet: Das Uran wird nach einer von A. P. SMITH & F. S. GRIMALDI (1954) angegebenen Methode zusammen mit Aluminiumphosphat als Uranylphosphat ausgefällt. Die veraschte Fällung wird röntgenfluoreszenz-spektrometriert. Die Empfindlichkeit der Methode ist 0,01 mg U, entsprechend 0,01 ppm in einem Liter Wasserprobe. Die Analysendauer beträgt etwa 10 Minuten pro Probe ohne den Fällungsvorgang.

CARL & CAMPBELL (1954) beschrieben ein sehr empfindliches röntgenfluoreszenz-spektrometrisches Untersuchungsverfahren auf Selen in Schwefel und Pyrit, welches von besonderer Bedeutung ist, da Selen mit gewöhnlichen optisch-spektrographischen Methoden nicht erfaßt werden kann. Für den Konzentrationsbereich von 0,001—0,1% Se wurde eine lineare Eichkurve erhalten, indem direkt die Impulsfrequenz der Selen-Kα-Linie gemessen wurde. Bei Pyrit liegt die Empfindlichkeitsgrenze für Selen um 0,01%. Die Genauigkeit ist etwa 10% vom Gehaltswert bei einem Selengehalt von 0,1%. Die entsprechende Genauigkeit für Selen in Schwefel ist etwa 25% vom Gehaltswert bei 0,01% Selen. 40—50 Proben können pro Tag routinemäßig untersucht werden.

Arme Eisen-Mangan-Erze werden nach CARL & CAMPBELL ebenfalls erfolgreich röntgenfluoreszenz-spektrometrisch untersucht. Derartige Erze sind oftmals nur schwierig für die chemische Analyse vollständig in Lösung zu bringen. Es werden die Intensitäten der K_α-Linien vom Eisen und Mangan gemessen. Verglichen mit den chemisch erhaltenen Analysenergebnissen der Erzproben mit Gehalten von 11—20% Fe und 1—22% Mn lag der mittlere relative Fehler für die Eisen- und Manganbestimmungen unterhalb 10%.

Für die rasche Bestimmung von Germanium in Kohle und Kohlenasche mit Hilfe der Röntgenfluoreszenz-Spektrometrie haben W. J. CAMPBELL, H. F. CARL & CH. E. WHITE (1957) vier verschiedene Verfahrensweisen beschrieben: 1. Vergleich mit Standardproben, 2. Verwendung eines Inneren Standards (z. B. As), 3. Additionsverfahren und 4. vorherige chemische Abtrennung von kleinen Germaniumgehalten. Der direkte Vergleich mit Standardproben ermöglicht die Bewältigung von 100 Probenuntersuchungen pro Tag. Die relative Genauigkeit der Verfahren (2—4) ist etwa $\pm$10%.

Eine Methode zur röntgenfluoreszenz-spektrometrischen Bestimmung von Palladium, Platin, Rhodium und Iridium, die schneller ist als die existierenden gravimetrischen und kolorimetrischen Methoden, geben W. M. MACNEVIN & E. A. HAKKILA (1957) bekannt. Sie untersuchen die Platinmetalle in Lösungen. Die Nachweisgrenzen liegen für Pt bei 0,10, für Pd bei 0,24, für Rh bei 0,14 und für Ir bei 0,02 mg/ml. Die Lösungen werden auf hochadsorbierendem Papier eingetrocknet und in dieser Form in den Probenhalter getan.

Nach C. A. LUCCHESI (1957) läßt sich Strontium schnell und genau in Gegenwart der anderen Erdalkalien röntgenfluoreszenz-spektrometrisch bestimmen. Yttrium dient als Innerer Standard. Bei der Analyse von Rohanhydrit beträgt der Fehler 0,005% Sr im Konzentrationsbereich von 0,005—0,4%.

Ein Verfahren zur quantitativen Baryt-Analyse hat L. B. GULBRANSEN (1955) entwickelt. Mit Hilfe der BaL_{β}-Linie wird auf Grund einer Serie von Standardproben eine Eichkurve konstruiert für Gehalte von 25,6—100% $BaSO_4$. Die röntgenfluoreszenz-spektrometrisch gefundenen Werte stimmen mit den naßchemisch gefundenen bis auf 0,5% $BaSO_4$ überein. Die Analysendauer für eine Probe beträgt etwa 3 Minuten ohne Probenfeinmahlung.

Auch die seltenen Alkalimetalle Rubidium und Cäsium lassen sich röntgenfluoreszenz-spektrometrisch bestimmen. So beschreibt A. F. VINDEIS (1957) eine Methode, nach welcher Rubidium und Cäsium zusammen mit Kaliumtetraphenylborat ausgefällt und in schwach saurem Medium von sehr reinen Filterpapiertabletten adsorbiert werden. Nachdem der Niederschlag innerhalb der Filtertablette mit Acetonitril, Aceton oder Dimethylformamid gleichmäßig verteilt und unter einer Infrarotlampe getrocknet ist, werden die Filterpapiertabletten auf einen Probenhalter aus Aluminium gelegt und unter dem Röntgenstrahlenbündel gedreht. Eine Wolframanode dient als Röntgenstrahlenquelle bei 50 KV, 50 mA und Lithiumfluorid als Analysatorkristall. $Rb_{K\alpha}$ und $Cs_{L\alpha}$ sind die Analysenlinien. Die Nachweisgrenze der Methode liegt bei 1 μg Rb oder Cs in einer Filtertablette. Die Methode ist im Bereich von 1 bis über 100 μg Rb bzw. Cs anwendbar.

Die angeführten Beispiele mögen einen Einblick in die Leistungsfähigkeit und auch die Grenzen der Röntgenfluoreszenz-Spektrometrie auf dem Gebiet der Mineralanalyse gegeben haben. Die vielseitige Anwendbarkeit läßt ahnen, welche Möglichkeiten diese neue Methodik noch in sich birgt. Stellt man die Frage nach ihrer Bedeutung gegenüber der optischen Spektralanalyse, so läßt sich sagen, daß beide spektrochemischen Untersuchungsmethoden sich keineswegs gegenseitig überflüssig machen, sondern daß sie sich in vieler Hinsicht sehr gut ergänzen.

Die optische Spektrographie ist von einzigartiger Bedeutung für die Erkundung der leichten Elemente wie z. B. Bor, Beryllium, Lithium, Natrium, Kalium und für die Spurenanalyse ganz allgemein. Die Röntgenfluoreszenzanalyse dagegen trennt einfach und sicher optisch-spektral schwierig zu analysierende, sehr linienreiche Elemente wie z. B. die seltenen Erden, Niob, Tantal, Thorium, Uran. Ferner vermag die Röntgenfluoreszenz-Spektrometrie auch höhere Elementkonzentrationen verhältnismäßig sehr schnell und genau zu bestimmen. Überdies lassen sich mit ihrer Hilfe — weil sie keine Analysensubstanz verbraucht — bei der Erz- und Mineralbestimmung in Anschliffen verblüffend schnell qualitativ bzw. halbquantitativ die vorhandenen Elemente feststellen.

In Anbetracht der vielen außergewöhnlichen Vorzüge der Röntgenfluoreszenzmethode hat sich das Zentrallaboratorium des Z. G. D., insbesondere die spektrochemische Abteilung, schon vor einigen Jahren mit Nachdruck für die Beschaffung eines modernen Röntgenfluoreszenz-Spektrometers eingesetzt. Unsere ständig erneut vorgebrachten Empfehlungen wurden von der Leitung des Zentralen Geologischen Dienstes anerkannt und gefördert, wobei es besonders der tatkräftigen Hilfe von Herrn Prof. Dr. E. KAUTZSCH zu verdanken ist, daß das Zentrallaboratorium in Berlin nunmehr über ein Röntgenfluoreszenzspektrometer (neueste Bauart von C. H. F. MÜLLER und PHILIPS) verfügt.

Zusammenfassung

Nach einer kurzen Darstellung der historischen Entwicklung der Röntgenspektralanalyse wird auf ihre Grundlagen und Besonderheiten näher eingegangen. Hohe apparative Anforderungen und experimentelle Schwierigkeiten verhinderten anfangs die allgemeine Einführung der Röntgenspektralanalyse in die Laboratoriumspraxis. Erst die Entwicklung von Hochleistungsröntgenröhren, hochempfindlichen Strahlendetektoren, gut stabilisierten Hochspannungsgeneratoren und automatischen Impulszähl- und Registriergeräten brachte die Röntgenfluoreszenz-Spektrometrie in die Vorderfront analytischer Methoden. Die Funktionsweise eines modernen Röntgenfluoreszenz-Spektrometers wird erläutert. Zahlreiche aus der Literatur bekannte Anwendungsbeispiele der Röntgenfluoreszenzmethode für die Mineralanalyse geben einen Einblick in die Leistungsfähigkeit der Methode und legen für ihre Eignung zur chemischen Untersuchung von Erzen, Mineralien und Konzentraten beredtes Zeugnis ab.

Literatur

ADLER, J. & J. M. AXELROD: Determination of thorium by fluorescent x-ray spectrometry. — Anal. Chem. **27** (1955), 1002—1003.

— Application of x-ray fluorescence spectroscopy to analytical problems. — Norelco Reporter **3** (1956), No. 2—5, 65—67.

BIRKS, L. S. & E. J. BROOKS: Hafnium-zirconium and tantalum-columbium systems. — Anal. Chem. **22** (1950), No. 8, 1017—1020.

CAMPBELL, W. J. & H. F. CARL: Quantitative analysis of niobium and tantalum in ores by fluorescent x-ray spectroscopy. — Anal. Chem. **26** (1954), 800—805.

CAMPBELL, W. J., H. F. CARL & C. E. WHITE: Quantitative analysis by fluorescent x-ray spectrography. Determination of germanium in coal and coal ash. — Anal. Chem. **29** (1957, No. 7, 1009—1017.

CARL, H. F. & W. J. CAMPBELL: The fluorescent x-ray spectrographic analysis of minerals. — Symposium on fluorescent x-ray spectrographic analysis. ASTM Special Technical Publication No. 157, Philadelphia 1954.

COPE, J. H.: Quantitative x-ray spectrograph analysis for uranium with the use of an internal standard. — Norelco Reporter **3** (1956), No. 2—5, 41—43.

COSTER, D. & G. v. HEVESY: On the missing element of atomic number 72. — Nature **111** (1923), 79.

FELDMAN, C.: Spectrochemical determination of hafnium-zirconium ratios. Anal. Chem. **21** (1949), II., 1211—1215.

GLOCKER, R. & H. SCHREIBER: Quantitative Röntgenspektralanalyse mit Kalterregung des Spektrums. — Ann. Physik **85** (1928), 1089—1102.

GULBRANSEN, L. B.: Barite analysis with x-ray spectrograph. — Anal. Chem. **27** (1955), 1181—1182.

HEIDEL, R. H. & V. A. FASSEL: X-ray spectrometric determination of yttrium in rare earth mixtures. — Anal. Chem. **30** (1958), 167—179.

KEHL, W. L. & R. G. RUSELL: Fluorescent x-ray spectrographic determination of uranium in waters and brines. — Anal. Chem. **28** (1956), 1350.

KING, A. G. & P. DUNTON: Quantitative analysis for thorium by x-ray fluorescence. — Science **122** (1955), 72.

LUCCHESI, C. A. Determination of strontium by x-ray fluorescence spectrometry. — Anal. Chem. **29** (1957), 370—373.

MACNEVIN, W. H. & E. A. HAKKILA: Fluorescent x-ray spectroscopic estimations of palladium, platinum, rhodium and iridium. — Anal. Chem. **29** (1957), No. 7, 1019—1022.

MORTIMORE, D. M. & P. A. ROMANS: X-ray spectroscopy as a control method in the production of zirconium and hafnium. — J. opt. Soc. **42** (1952), No. 9, 673—677.

MOSELEY, H. G. J.: The high-frequency spectra of the elements. — Philosophic. Mag. **2** (1913), 1024.

NODDACK, W. J., J. TACKE & O. BERG: Zwei neue Elemente der Mangangruppe. — Ber. Berl. Akad. 1925, 400.

PISH, G. & A. A. HUFFMAN: Quantitative determination of thorium and uranium in solutions by fluorescent x-ray spectrometry. — Anal. Chem. **27** (1955) 1875—1878.

SALMON, M. L. & J. P. BLACKLEDGE: Analysis of rare earth mixtures by fluorescent x-ray spectrography. — Anal. Chem. **26** (1954), 1667.

—: A review of improved mineral analyses with fluorescent x-ray spectrography. — Norelco Reporter **3** (1956), No. 2—5, 68 a. 73.

SMITH, A. P. & F. S. GRIMALDI: The fluorimetric determination of uranium in nonsaline and saline waters. — Geol. Survey Bull. 1954, No. 1006, 125—131.

STEVENSON, J. S.: Determination of columbium in ores by x-ray fluorescence. — Amer. Min. **39** (1954) 436—443.

VINDEIS, A. F.: Determination of Rb and Cs by x-ray fluorescence. — Spectrochim. Acta **9** (1957), 361.

WAINSTEIN, E. JE., J. D. SCHEWALEJEWSKI & J. F. SCHTAUBERG: Zur Methodik der röntgenspektrographischen Bestimmung von Hafnium in Zirkonmineralien und Konzentraten. — Z. Anal. Chem. (Moskau) **10** (1955), 14—19.

Die Mitarbeit des Verfahrensingenieurs bei der Erkundung auf Lithium und Beryllium

(Mitteilung aus dem Institut für angewandte Mineralogie, Dresden)

GOTTFRIED HORN & GEORG RADEISKE, Dresden

1. Einleitung

Das sächsische Erzgebirge ist reich an Zinnerzlagerstätten. Bekannt sind die mit dem Zinnbergbau eng verbundenen Orte Geising, Zinnwald, Altenberg im Osterzgebirge und Geyer, Ehrenfriedersdorf im Westerzgebirge. Die Zahl der Namen könnte noch erweitert werden.

Seit vielen Jahrhunderten sind diese Lagerstätten insbesondere auf Zinn bebaut worden. Das Zinn lag dabei mineralogisch als Zinnstein vor. Seit der Zeit des ersten Weltkrieges war der Wolframit ein neuer begehrter Rohstoff. Daß daneben noch andere Elemente, wie Wismut, Arsen usw., gewonnen wurden, ist bekannt.

Bedingt durch die fortschreitende technische Entwicklung haben seit mehreren Jahrzehnten noch andere auf diesen Lagerstätten auftretende Elemente Bedeutung erhalten. Zu ihnen gehören Lithium und Beryllium. Während Beryllium bisher nur hin und wieder in Spuren oder gerade noch in quantitativ feststellbaren Gehalten gefunden wurde, tritt das Lithium in ohne weiteres feststellbaren Mengen auf den Zinnerzlagerstätten, besonders reichlich auf denen von Zinnwald, auf. Auf tschechoslowakischer Seite des Erzgebirges wird deshalb schon heute den lithiumführenden Mineralien besondere Beachtung geschenkt. VÁRKA (1954) hat in einer Arbeit darauf hingewiesen, daß Lithiumglimmer als Emaille-Rohstoff verwendet werden kann.

In den folgenden Ausführungen sei näher auf die Erkundung von Lithium der Zinnlagerstätten von Zinnwald (Erzgebirge) eingegangen.

2. Geschichte und wirtschaftliche Bedeutung des Lithiums

Das Element „Lithium" wurde im Jahre 1817 von S. A. ARFVEDSON entdeckt. Der qualitative Nachweis ist sehr einfach. Wenn man eine kleine Menge gepulverte Substanz am Platindraht oder Substanzsplitter in der Platinpinzette der Spitze der blauen Flamme aussetzt, erscheint beim Vorhandensein von Lithium die bekannte karminrote Flammenfärbung.

Lange Zeit spielte Lithium keine wesentliche Rolle in der Wirtschaft. Erst seitdem im Metallaboratorium der Metallgesellschaft AG im Jahre 1918 erkannt wurde, daß wenige hundertstel Prozent des Lithiums Aluminium, Aluminiumlegierungen, Bleilegierungen usw. zu härten vermögen, wurde diesem Metall größere Beachtung geschenkt. Heute wird es nicht nur für Speziallegierungen, organische Synthesen usw. verwendet, sondern es hat auch Einzug in die moderne Technik gehalten. Besonders auf dem Gebiete der Kerntechnik stellt es einen wertvollen Legierungsbestandteil dar.

3. Vorkommen des Lithiums in der Natur

SCHÜLLER (1951) führt 21 Mineralien auf, welche Lithium enthalten. Das Lithium tritt als Phosphat oder Silikat auf. Nur wenige dieser Mineralien führen Lithium in hohen Gehalten, so daß wirtschaftliche Bedeutung nur dem Amblygonit, Petalit, Spodumen und Lepidolith zukommen. Im Raume der Deutschen Demokratischen Republik treten diese lithiumreichen Mineralien nicht auf. In größeren Mengen findet sich vielmehr bei uns nur der Zinnwaldit (Lithionit), bei dem ein Teil des Lithiums durch zweiwertiges Eisen ersetzt ist. Durch stärkere Eisengehalte kann dieser Glimmer in sogenannten Rabenglimmer übergehen, wie es z. B. in Altenberg/Erzg. der Fall ist. Ferner kommt Lithium in zahlreichen Mineralquellen der Erde vor. Auch im Meerwasser, in der Asche von Seetangen und vielen Pflanzenaschen, besonders in der Tabakasche ist es enthalten. Selbst gewisse Dolomite, Muschelkalke und Meteorite führen Lithium.

4. Problemstellung

Auch die Wirtschaft der Deutschen Demokratischen Republik benötigt für ihre moderne Industrie Lithium. Als Rohstoff zur Gewinnung dieses wichtigen Elementes steht nur der Zinnwaldit zur Verfügung. Während in früheren Perioden die geologische Erkundung der Zinnerzlagerstätten allgemein nur auf Zinn und Wolfram durchgeführt wurde, hat heute der erkundende Geologe die Komplexaufgabe zu lösen, alle auf einer Lagerstätte vorhandenen Wertstoffe in seiner Bilanz zu erfassen. Eine solche Komplexaufgabe kann nicht mehr vom Geologen allein gelöst werden. Vielmehr erfordern es die neu an ihn herantretenden Gesichtspunkte, insbesondere die Gewinnung und Veredelung bisher vernachlässigter Rohstoffe, Kollegen aus anderen Fachgebieten zu seiner Unterstützung mit heranzuziehen. Die Ermittlung von Vorräten hat erst dann einen Wert für die Volkswirtschaft, wenn durch technologische Verfahrensgänge festgestellt wurde, ob und in welchem Umfange diese erkundeten Vorräte wirtschaftlich angereichert und beim heutigen technischen Stand nutzbringend durch chemisch-technologische oder metallurgische Verfahren verarbeitet werden können.

Vor einigen Jahren hat sich deshalb die Regierung entschlossen, auch geologische Erkundungen auf Lithiumglimmer zum Zwecke der Gewinnung von Lithium durchzuführen.

Für den Verfahrensingenieur lautet deshalb die Problemstellung, dem Geologen bzw. der Staatlichen Geologischen Kommission Unterlagen darüber zu schaffen, inwieweit dieser Rohstoff als gewinnbar angesehen werden darf.

In einer kurzen Darstellung soll deshalb auf die Verfahren eingegangen werden, welche dem Verfahrensingenieur zur Trennung und Anreicherung des Lithiumglimmers aus Zinnwalder Greisen zur Verfügung stehen.

5. Vorkommen des Zinnwaldits in Zinnwald/Erzgebirge

Der Zinnwaldit — chemisch ein Lithion-Eisenglimmer mit über 3% Li_2O und um 10% FeO — findet sich sowohl in dem in Teplitzer Quarzporphyr eingedrungenen Granitstock als auch in den in Zinnwald vorgefundenen Flözen und Greisenstöcken.

Der Granit besteht im wesentlichen aus Quarz, lithiumhaltigem Glimmer und kaolinisierten bzw. serizitisierten Feldspäten. Im Granitstock setzen Zinnstein und Wolframit führende Gänge, sogenannte Flöze und Greisenstöcke, auf. Letztere sind durch pneumatolytische Vorgänge aus dem Granit entstanden und bestehen aus einem allotriomorphen Gemenge von Zinnwaldit, Topas und Quarz. Fluorit, Kassiterit und Nakrit sind typische Nebengemengteile. In Spuren tritt Beryllium auf. Teilweise liegt es, wie Mineralstufen beweisen, als Beryll vor. Ob Be noch andere chemische Bindungen eingegangen oder ob es an irgendein Mineral gebunden ist, ist beim derzeitigen Stande der Untersuchung noch unbekannt.

Während der Zinnwaldit an den Salbändern der Flöze recht grobschuppig auftritt, findet er sich in Greisen selten in größeren Platten. Er liegt hier meist in kleinen, kaum 8 mm übersteigenden Schuppen vor. Oft besteht er aus feinkörnigen Aggregaten, deren Einzelindividuen kaum 1 mm erreichen. Der volle Aufschluß des Haufwerkes liegt unter 0,5 mm.

Das spez. Gewicht liegt bei 2,9—3,1 g/cm³. Infolge seines etwas schwankenden Eisengehaltes variiert seine Farbe von Halbmetallisch-glänzend über Goldgelb bis Braun und Schwarzbraun. Auch blaßviolette und silbergraue Farbtöne treten auf.

In Spaltbarkeit und Härte gleicht er den anderen Glimmern.

Unter dem Einfluß der Atmosphärilien bleicht der Zinnwaldit aus, da seine Eisenkomponente fortgeführt wird. Er kann deshalb fast völlig farblos werden. Nur mit Hilfe optischer Methoden ist er dann von Muskovit zu unterscheiden, sofern man nicht mit Methoden der Lötrohrprobierkunde arbeitet. Nach Augenschein kann er dann nicht bestimmt werden, zumal neben Zinnwaldit noch Biotit, Muskovit und Phlogopit auftreten.

6. Verfahrenstechnische Fragen

In verfahrenstechnischer Hinsicht waren in engerem Sinne zwei Fragen zu beantworten. Die erste Frage lautete, ob der Lithiumeisenglimmer von den anderen Mineralkomponenten abgeschieden und angereichert werden kann. Die zweite Aufgabe bestand darin, Untersuchungen über das Verhalten des noch unbekannten Berylliumminerals und seine chemische Bindung anzustellen. Da die Glimmer bekanntlich ganz allgemein gewisse hydrophobe Eigenschaften besitzen, Zinnwaldit außerdem eisenhaltig ist und darüber hinausgehend seine Gewinnung volkswirtschaftliches Interesse hat, erstreckten sich die ersten Untersuchungen speziell auf Abtrennung des Glimmers. Die Ergebnisse dieser Untersuchungen ließen bereits erkennen, daß der Glimmer angereichert, dagegen über das Berylliummineral nichts ausgesagt werden kann. Beryllium wurde bei der magnetischen Scheidung sowohl in den Glimmerkonzentraten als auch in den unmagnetischen Abgängen gefunden.

Aus diesem Grunde mußten die vorgesehenen Arbeiten weiter ausgedehnt werden. Sie führten schließlich dazu, mit Hilfe aufbereitungstechnischer Verfahren das gesamte Haufwerk nach Möglichkeit in monomineralische Fraktionen aufzuteilen.

6.1 Glimmerabtrennung

Zum Abtrennen des Zinnwaldits stehen mehrere Verfahren zur Verfügung:

Abschwimmen in schweren Flüssigkeiten,
Magnetscheiden oder
Flotieren.

Die Trennung in schweren Flüssigkeiten führt nicht sofort zu einer exakten Glimmerabscheidung. In Bromoform fällt vielmehr ein Schwimmgut leichter als Bromoform an, das im wesentlichen aus Quarz und sehr wenig Glimmer besteht. Das erhaltene Sinkgut enthält neben Glimmer noch Flußspat, Topas und die Schwermineralien der Zinnsteinabfolge, wie Zinnstein, Wolframit, Sulfide usw. Es hätte sich daher erforderlich gemacht, noch andere spezifisch schwerere Flüssigkeiten, wie beispielsweise Clerici-Lösung, zum Abtrennen der gegenüber Glimmer spezifisch schwereren Mineralien zusätzlich zu benutzen. Der hohe Preis verbot jedoch die Verwendung solcher Flüssigkeiten. Nur kleine Mengen hätten getrennt werden können. Außerdem wäre dieses Verfahren sehr zeitraubend gewesen. Als Trennverfahren kamen deshalb nur Magnetscheiden oder Flotieren in Frage.

6.11 Magnetscheiden als Verfahren zum Abtrennen des Glimmers

Der Zinnwaldit kann auf Grund seines Eisengehaltes auf magnetischem Wege gewonnen werden. Er ist zwar kein ferromagnetischer Stoff, vielmehr zählt er zu den paramagnetischen Mineralien, die nicht im Schwachfeld, sondern nur im Starkfeld als magnetische Fraktion aus dem Haufwerk abgezogen werden können.

Für die Versuche stand ein Ullrich-Trockenringscheider zur Verfügung.

Es zeigte sich, daß erst bei etwa 18 A Erregung ein Teil des Zinnwaldits aus dem Haufwerk herausgehoben werden konnte. Bis zur höchstmöglichen Erregung von 24 A fiel nochmals ein Zinnwalditprodukt an. Die Konzentrate waren verhältnismäßig rein. Sie enthielten von Fall zu Fall auch etwas Wolframit und hin und wieder oxydische Eisenmineralien. Die Ergebnisse zeigten, daß bei unklassiertem Aufgabegut die unmagnetischen Berge oft noch hohe Li_2O-Gehalte aufwiesen. Zu einer exakten Trennung wäre demnach eine Vorklassierung erforderlich gewesen, die aber bei der Verarbeitung zahlreicher Proben einen recht hohen Zeitaufwand erfordert hätte. In drei Beispielen ist die magnetische Trennung dargestellt:

Ergebnisse von Magnetscheideversuchen

Konzentrat 1			Konzentrat 2			Konzentrat 3			Berge
Erregung Amp.	Gew.-Anteil %	Li_2O-Gehalt %	Erregung Amp.	Gew.-Anteil %	Li_2O-Gehalt %	Erregung Amp.	Gew.-Anteil %	Li_2O-Gehalt %	Li_2O-Gehalt %
18	0,97	2,4	22,5	1,6	2,4	24	12,62	2,6	0,13
18	24,0	3,1	22	1,47	1,5	—	—	—	0,06
18	32,75	2,6	24	7,58	3,1	—	—	—	0,22

Die max. erzielten Li_2O-Gehalte liegen für das Glimmerkonzentrat bei rd. 3,5% Li_2O. Die Li_2O-Gehalte der Abgänge befriedigen nur in wenigen Fällen, sie steigen maximal bis auf 0,81% Li_2O an.

6.12 Flotieren als Verfahren zum Abtrennen des Glimmers

Über die Flotation (Schaumschwimmaufbereitung) des Zinnwaldits liegen bereits einige Arbeiten vor. So hat Winkler (1935) aus Zinn-Wolframerzen von Zinnwald den Zinnwaldit vor Zinnstein und Wolframit mit Schäumern herausgeschwommen. Melzer (1942) verrührte eine Lösung einer kationischen Seife mit verdünnter Kalilauge oder Sodalösung und setzte zur Schaumverdünnung einen sulfonierten Fettsäureester, wie Sulfatonöl oder Monopol-Brillant-Öl zu. Zum Drücken der Gangart benutzte er Wasserglas.

WALCK (1958) untersuchte in einer Ingenieurarbeit Zinnwalder Haldenmaterial. Er benutzte zum Flotieren Lanaestrol, ein Produkt des VEB Fettchemie Karl-Marx-Stadt. Dieses Reagens ließ wohl eine Anreicherung des Zinnwaldits zu, für eine vollständige Trennung des Glimmers vom Quarz arbeitete es aber nicht selektiv genug.

Angeregt durch die Patentschrift MELZERs (1942) und seine uns persönlich gemachten Angaben, als kationaktive Seife die vom VEB Fettchemie auf Amin- oder Pyridin-Basis entwickelten Reagenzien zu benutzen, führten zur Anwendung anderer kationaktiver Seifen, wobei die Kohlenwasserstoffkette eine wesentliche Rolle spielte. Als sehr brauchbar erwies sich der Sammlerschäumer PC-Amin-C_{10}-C_{12} des VEB Deutsches Hydrierwerk Rodleben.

Die ersten Flotationsversuche, die mit diesem Reagens durchgeführt wurden, schlugen fehl. Die tonig-lettigen Bestandteile sowie die Oberflächenbeschaffenheit des Zinnwaldits — teilweise waren die Glimmerschuppen von dünnen Eisenhydroxydfilmen überzogen — wirkten sich ungünstig auf das Trennergebnis aus. Das tonreiche Feinstkorn gelangte mit dem Schaum ins Glimmerkonzentrat, so daß dieses nur geringfügig angereichert wurde. Dieser Fehlschlag führte zu der Erkenntnis, daß nur durch eine ganz exakte Probenvorbereitung vor der Flotation dieses unerwünschte Verhalten des Glimmers beseitigt werden kann.

6.121 Probenvorbereitung zur Glimmerflotation

Die Probenvorbereitung geschah nach folgenden Arbeitsgängen:
a) Vorzerkleinerung der Bohrkerne in einem Backenbrecher auf — 30 mm
b) Nachzerkleinerung auf einem Walzenstuhl auf — 2 mm
c) stufenweises Feinmahlen in einer Porzellankolonnenmühle auf — 0,5 mm mit zwischengeschaltetem Absieben auf einem freischwingenden Zittersieb, um einer zu weitgehenden Feinmahlung vorzubeugen
d) Verjüngen der Proben mittels Viertelgerät und Riffelteiler nach JONES
e) Abreiben der Teilproben in dicker Trübe unter Zusatz von HCl (1:10)
f) Entschlämmen bei einer Kornscheide von 0,015 mm
g) Trocknen und Wägen der entschlämmten Proben zur Ermittlung des Schlammanteiles.

Die exakte Durchführung der unter e) und f) genannten Verfahrensgänge ist für den Flotationserfolg entscheidend. Die feinen Gangartteilchen überziehen die Oberflächen der Glimmerschuppen und beeinflussen den Glimmer in seiner Schwimmfreudigkeit ungünstig. In dicker Trübe reiben sich diese Feinstteilchen ab und werden bei Zusatz von Frischwasser dispergiert. Durch die Zugabe von HCl lösen sich die Eisenoxydfilme. Darüber hinaus erfolgt annehmbar an der Oberfläche des Zinnwaldits eine Veränderung, so daß bei der späteren Zugabe des Amins dieses in ein Aminhydrochlorid überzugehen scheint. Die überaus großen Oberflächen der kleinsten Teilchen erfordern ferner einen viel höheren Schwimmittelverbrauch als die gröberen Mineralkörner. Außerdem gelangen beim Flotieren solche Feinstteile leicht mit in den Schaum und beeinflussen die Anreicherung in ungünstigem Sinne, so daß sie vor der Flotation gründlich ausgeschieden werden müssen. Diese Schlämme enthalten gewisse Glimmermengen, welche verlorengehen. Um diese Verluste klein zu halten, muß die Zerkleinerung möglichst schonend erfolgen.

6.122 Durchführung der Flotation und ihre Ergebnisse

Die Flotation des Zinnwaldits wurde in einer 2000 ml fassenden MS-Laborzelle vorgenommen. Die Versuchsbedingungen waren folgende:

Trübedichte:	200 g/l	
p_H:	8	
Temperatur:	20—21°C	
Reagenzien:	Sammler PC-Amin-C_{10}-C_{12}	ca. 200 g/t
Schäumer:	PT 1542	ca. 90 g/t
Dispergator:	Na_2SiO_3 (20%ig)	ca. 2000 cm³/t

Durchschnittliche Flotationszeit: 8 Minuten

PT 1542, ein Lorol-PC-I-Sulfat mit organischen Basen, ist ein Versuchsprodukt des VEB Fettchemie Karl-Marx-Stadt mit sehr guten schäumenden, aber keinen sammelnden Eigenschaften. Es wurde zugesetzt, da der Schaum bei einer 1%igen Lösung von PC-Amin nicht genügend stabil war.

Das Schwimmverhalten des Zinnwaldits war durchschnittlich gut.

Die Flotationsprodukte wurden flammenphotometrisch auf Li untersucht und daraus der Lithiumgehalt errechnet. Aus dem Li_2O-Gehalt des Rohmaterials und der Flotationsaufgabe ergab sich durch Rechnung über den Metallinhalt der Li_2O-Verlust im Schlamm. Die Ergebnisse der flammenphotometrischen Untersuchung waren folgende:

Rohmaterial:	0,11—1,25% Li_2O
Flotationsgut:	0,11—1,39% Li_2O
Glimmerkonzentrat:	durchschnittlich über 3% Li_2O
Flotationsberge:	durchschnittlich unter 0,01% Li_2O.

An zahlreichen Bohrkernen durchgeführte Flotationsversuche ergaben, daß die Flotation hochangereicherte Glimmerkonzentrate bei hohem Glimmerausbringen liefern kann. Die Frage, inwieweit in diesen Glimmerkonzentraten außer Zinnwaldit auch die auf der Zinnwalder Lagerstätte vorkommenden anderen Glimmer mit angereichert wurden, steht noch offen.

7. Verhalten des Berylliums

Die Untersuchungen über das Auftreten des Berylliums sind noch nicht abgeschlossen.

Spektrochemische Untersuchungen, die von Dr. OTTEMANN im spektrochemischen Laboratorium der Staatlichen Geologischen Kommission Berlin an magnetisch aufbereiteten Proben durchgeführt wurden, ergaben, daß sich Be sowohl in den Glimmerkonzentraten als auch in den unmagnetischen Bergen findet. OTTEMANN fand in 11 Bergeproben Be-Gehalte von — 0,01%, in 11 Glimmerkonzentraten Be-Gehalte von rd. 0,01% und weniger. Die magnetische Aufbereitung hat also keine Be-Anreicherung erbracht. Über das Flotationsverhalten des Be liegen noch keine Ergebnisse vor. Solange die chemischen Bindungen des Be noch unbekannt sind, bleibt es dem Zufall überlassen, ob sich Be bei irgendeinem Verfahren in einem Aufbereitungsprodukt anreichert. Über die Aufbereitung armer Be-Erze durch Flotation liegen bereits Veröffentlichungen vor.

8. Abtrennung des Topases aus den Flotationsrückständen

Die Glimmerabtrennung wird nach dem Vorhergesagten keine eindeutigen Aussagen über das Auftreten des Be gestatten. Aus diesem Grunde lag es nahe, den Versuch zu machen, eine völlige Aufteilung des Greisen in seine einzelnen Mineralkomponenten durchzuführen. Die Flotationszellenrückstände bestehen im wesentlichen aus Quarz, Topas, wenig Flußspat und von Fall zu Fall aus etwas Wolframit und Zinnstein.

Die Topasflotation ist bereits durch EVANS (1953, 1956) versucht worden.

Verfasser benutzten Avirol als Sammler und PT 1542 als Schäumer.

Flotiert wurde Topas. Als Flotationsgut diente der Zellenrückstand der Zinnwalditflotation.

Die Versuchsbedingungen waren folgende:

Einwaage:	400 g
Trübedichte:	200 g/l
Flotationsmittel:	Sammler: Avirol AH extra in 1%iger Lösung
	Schäumer: PT 1542
	Aktivierungsmittel: NaF in 1%iger Lösung
Flotationstemperatur:	22° C
Flotationsdauer:	rd. 12 Minuten
p_H:	veränderlich
Regler:	HF in 1%iger Lösung

Aus den noch nicht abgeschlossenen Versuchen geht hervor, daß der Topas mit diesen Flotationsmitteln gut aufschwimmt. Mit ihm wird auch Flußspat ausgetragen.

Bei einem p_H 2,7 wurden ohne Nachreinigung folgende Ergebnisse erzielt:

Flotationsgut:	400 g	mit 2—3% Topasgehalt
Schaumprodukt 1	20 g	„ 80% „
„ 2	15 g	„ 55—60% „
Zellenrückstand:	365 g	„ rd. 98% Quarzgehalt.

Bei p_H 3,7 ergab sich folgendes:

Flotationsgut:	400 g	mit 2—3% Topasgehalt
Schaumprodukt 1	20 g	„ 80—85% „
„ 2	10 g	„ 20—25% „
Zellenrückstand:	370 g	„ 98% Quarzgehalt.

Die Auswertung erfolgte dabei u. d. M. Auch diese Untersuchungen sind noch nicht beendet. Zu gegebener Zeit wird darüber weiter berichtet werden, wobei auch das Beryllium-Problem mit behandelt wird.

9. Zusammenfassung

Am Beispiel des Zinnwalder Greisenvorkommens versuchten Verfasser darzustellen, in welcher Weise der Verfahrensingenieur dem Objektgeologen Hinweise über die Möglichkeiten zur Gewinnung der von ihm zu erkundenden Wertstoffe geben kann. Es wurde gezeigt, daß der Zinnwaldit, ein Lithium-Eisenglimmer, auf verschiedene Art abgeschieden werden kann. In die Untersuchung wurden die Benutzung von Schwereflüssigkeiten, das Magnetscheiden und das Flotieren einbezogen. Auf das Be-Problem wurde eingegangen. Schließlich wurde eine völlige Aufspaltung der im Greisen auftretenden wesentlichen Minerale versucht, um auf diese Weise der Klärung des Be-Problems näher zu kommen.

Glimmer wurde auf flotativem Wege zuerst abgeschieden; es fielen dabei Zinnwalditkonzentrate mit über 3% Li_2O-Gehalt bei hohem Ausbringen an. Schließlich konnte auch die erfolgreiche Trennung von Topas und Quarz in Testversuchen nachgewiesen werden.

Die geschilderten Verfahrensgänge hatten nicht das Ziel, Unterlagen für künftige Projektierungen zu schaffen. Sie sollten vielmehr zeigen, daß der Geologe Lagerstättenprobleme in Zukunft nur in Zusammenarbeit mit Wissenschaftlern anderer Fachgebiete ökonomisch lösen kann.

Literatur

EVANS, L. F.: Die Topas-Flotation mit Natriumhexadecylsulfat als Sammler. — Austral. J. appl. Sci. 4, 165—73. März 1953. Melbourne, CSTRO, Div. of Ind. Chem.; Ref. Eckhard, H. Chem. Zentralbl., 1956/52, S. 14462.

MELZER, R.: Verfahren zum Abtrennen von Glimmer und glimmerhaltigen Stoffen aus Quarz- und anderen Ganggesteinen durch Schwimmaufbereitung. — DRPK 163 244 VI b/1 c vom 5. Nov. 1942.

SCHÜLLER, A.: Die Eigenschaften der Minerale II. — Akad. Verl. Berlin 1951.

SRINIVASAN, N. R. & ASWATH, H. S.: Untersuchungen über die Aufbereitung von armen Beryllerzen durch Flotation. — J. Indian Inst. Sci. 38. Sect. B 135—42. Juli 1956. Bangalore, Indian Inst. of Sci., Dep. of Metallurgy. Ref. Ensslin, F. Chem. Zentralbl. Nr. 7/1958, S. 1966.

VÁRKA, J.: Lithiumglimmer als Email-Rohstoff. — Silikattechn. 8 (1957), H. 2, S. 54.

WALCK: Ingenieurarbeit der Ingenieurschule für Aufbereitung und Hüttentechnik. — Unterwellenborn 1958.

WINKLER, M.: Metall und Erz 32 (1935), S. 181.

Bemerkungen über ein Vorkommen von Kobaltmanganerz bei Rengersdorf (Lausitz)

PETER RICHTER, Freiberg

Im Bereich des Görlitzer Schiefergebirges tritt eine Anzahl von Quarzgängen auf, die verschiedentlich Kobaltmanganerz führen (Abb. 1). Das bekannteste Vorkommen dieser Art vom Heideberg bei Rengersdorf zwischen Görlitz und Niesky ist zwar schon seit 1774 bekannt, aber die Genese blieb bis jetzt ungeklärt.

1872 wurde das Gebiet des Kobaltmanganerzvorkommens vom Heideberg unter den Namen „Editha", „Harriet" und „Adele" gemutet. Als einzige scheint jedoch die Grube „Editha" Erz abgebaut zu haben. Die Fördermenge betrug 10333 t Erz. Aus finanziellen Gründen wurde jedoch die bergbauliche Tätigkeit bereits 1879 wieder eingestellt. Sie ruhte dann bis zu den durch die Staatliche Geologische Kommission durchgeführten Erkundungsarbeiten im Jahre 1950.

Der Heideberg, auf dem das Vorkommen liegt, bildet morphologisch eine Kuppe innerhalb des kulmischen Kieselschiefer-Hornstein-Konglomerat-Zuges des Görlitzer Schiefergebirges. Das Konglomerat ist hier kontaktmetamorph durch den Königshainer Stockgranit überprägt. Die Schichtung, die aus der Einregelung der Gerölle ermittelt wurde, steht durchweg recht steil und zeigt Werte von 120°/70—90° SW.

Bisher glaubte man, daß die Kobaltmanganerze an Quarzgänge gebunden seien, die WNW-ESE streichen und im Grenzbereich von Ordovizium zu Kulm auftreten (GRUHL). Nach den neueren Untersuchungen kann dem nicht mehr zugestimmt werden.

Auf dem Heideberg liegt der Quarzgang diskordant im steilstehenden Kieselschiefer-Hornstein-Konglomerat und stellt eine flachfallende mineralisierte Störung dar. Er ist durchschnittlich 0,70 m mächtig und tritt hier lokal in Form einer etwa 25 m breiten Mulde auf. Nach Osten dellt sich der Quarzgang erneut in Muldenform ein und fällt dann flach nach Osten ein (Abb. 2).

Tab. 1. Analysen verschiedener Kobaltmanganerzproben im Auszug.

Mn	9,4	7,6	10,1	3,01	0,60	1,29%
Co	0,6	0,4	0,6	0,19	0,05	0,06%
Fe	0,8	1,0	2,7	0,19	0,46	0,16%
Ni	0,3	0,2	0,3	0.08	0,03	0,03%

Abb. 1. Geologische Übersichtskarte über die Erzvorkommen im Raum von Rengersdorf/Lausitz (vervollständigt nach BERG)

Das Kobaltmanganerz ist an den Quarzgang und an eine etwa 0,5 m mächtige Zone des liegenden Kieselschiefer-Hornstein-Konglomerats gebunden und im Mittel- und Nordteil der „Mulde" von den Alten fast vollständig abgebaut. Nach HERRMANN (S. 19) hat das Fördererz folgende Gehalte gehabt:

0,422% CaO
25,07 % Fe_2O_3
63,51 % MnO_2
3,912% Co_2O_3
2,837% Ni_2O_3
4,1 % H_2O.

Bemerkenswert ist, daß die Haupterzführung auf den Zentralteil der „Mulde" beschränkt ist und die ansteigenden Schenkel des Quarzganges erzarm bis erzfrei sind.

Das Vorkommen liegt in einer maximalen Teufe von 7,0 m. Es liegt also ohne Zweifel in seiner Gesamtheit innerhalb der Oxydationszone.

Der Mineralinhalt des Ganges ist recht eintönig. Außer dem dominierenden Quarz tritt das Kobaltmanganerz, bestehend aus sich konzentrisch-schalig abwechselndem Psilomelan und Pryolusit und wenig Pyrit auf.

Tab. 2. Spektrochemische Analyse zweier Kobaltmanganerzproben im Auszug

Al	st	st
Ba	st – stst	stst
Ca	m – st	m – st
Co	stst	stst
Cu	st – stst	st – stst
Fe	s – m	s – m
Mg	m	m – st
Mn	stst	stst
Mo	m	s – m
Ni	m – st	m – st
Si	stst	stst
V	s – m	s – m

s = schwach
m = mittel
st = stark
stst = sehr stark (Hauptelement)

Nach PETRASCHECK (S. 65) sind im Quarzgang auf dem Heideberg auch Magnetkies, Zinkblende, Kupferkies und Lievrit gefunden worden. Dieser Mineralbestand konnte jedoch nicht nachgewiesen werden. Das Kobaltmanganerz bildet entweder nierig-traubige Massen in den Hohlräumen des Quarzes oder feine dendritische Kluftbeläge. Der Quarz selbst ist meist stark kavernös und deutet auf intensive Auslaugungserscheinungen hin, die bei der geringen Teufenlage auch nicht verwunderlich sind.

Durch eine Tiefbohrung in das Liegende des Quarzganges wurden Trümchen mit Quarz, Pyrit und Karbonspat angetroffen. Es liegt nahe, daß es sich bei dem ausgelaugten Quarzgang um eine zumindest ähnliche Mineralisation handelt.

Der kavernöse Quarz zeigt deutlich Negative eines rhomboedrisch kristallisierenden Minerals (Karbonspat) und eines tafelig kristallisierenden Minerals (Baryt?). Eventuell auftretende Manganmineralien wurden ebenfalls ausgelaugt.

Untersucht man den Mineralinhalt des Vorkommens, so wird klar, daß das Kobaltmanganerz kein Primärerz, sondern eine Bildung innerhalb der Hutzone darstellt. Das zeigt sowohl die chemische Analyse als auch das makroskopische und mikroskopische Bild.

Die Analysen des Kobaltmanganerzes zeigen stets die gleiche Elementkombination, nämlich Mn-Co-Ni-Fe-Ba-Cu-Li-K-Zn- u. a. Dabei ist bemerkenswert, daß die Verhältniswerte für Mn:Co und Co:Ni etwa stets gleich bleiben. So liegt bei allen Analysen das Verhältnis von Mn:Co bei 18/19:1 und das Verhältnis Co:Ni bei 2,5:1.

Diese Ergebnisse stimmen recht gut mit den Werten RANKAMAs (S. 650) überein, die er für sekundäre Manganoxydhydrate angibt. So gibt er an, daß für sekundäre Manganoxydhydrate der hohe Grad der Adsorbierbarkeit für Li, K, Ca, Ba, Ti, Ni, Co, Cu, Zn u. a. typisch sei (vgl. Tabelle 2). Für Wad gibt er einen NiO-Gehalt von 2,82% und einen CoO-Gehalt von 8,33% an. Das Verhältnis dieser beiden Werte bewegt sich durchaus auch in den oben für das Erz des Heidebergs angegebenen Grenzen.

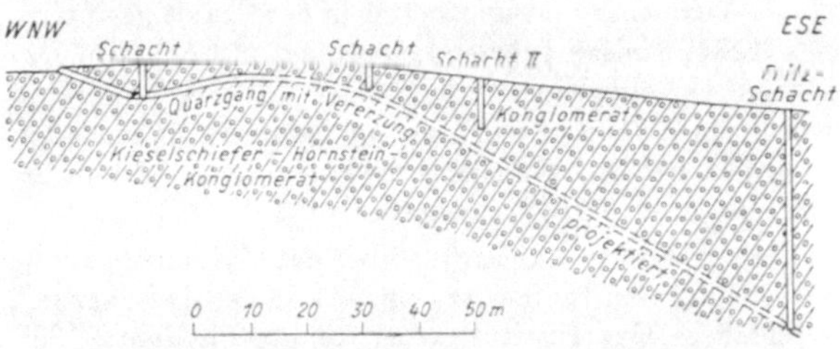

Abb. 2. WNW–ESE-Profil durch den Heideberg (vervollständigt nach einem alten Grundriß)

Der in verschiedenen Analysen gefundene hohe Li-Gehalt von maximal 0,91% LiO hat dazu geführt, daß man das Erz früher als Lithiophorit bezeichnete. Diese Anreicherung von Li scheint jedoch nur stellenweise erfolgt zu sein, da nicht in allen Proben Li nachgewiesen werden konnte. Auf Grund des Co-Gehaltes kann das vorliegende Erz als Asbolan bezeichnet werden.

Da der Metallgehalt des Quarzganges auf dem Heideberg jedoch kaum dazu ausgereicht haben dürfte, derartige Mn-Co-Ni-Anreicherungen hervorgebracht zu haben, liegt es nahe, daß der auf dem Heideberg muldenförmig ausgebildete Quarzgang bei den sekundären Lösungsprozessen eine Art lokales Sammelbecken für die Mn-Co-Ni-führenden Lösungen dargestellt hat und die Erze gerade hier derart angereichert wurden.

Recht zutreffend auch für das vorliegende Vorkommen scheint die Äußerung SMIRNOWs (S. 269) zu sein: „Charakteristisch ist der Umstand, daß manchmal bei geringem Co-Gehalt in sulfidischen Erzen einiger Blei-, Zink- und Kupferlagerstätten in der Oxydationszone in der Masse des Materials, die völlig Co-frei ist, Co-reiche Ansammlungen von Manganhydroxyden angetroffen werden" (siehe Transbaikalien).

Über die Primärmineralisation kann nach den bisherigen Aufschlüssen wenig gesagt werden. Eventuell ist die Mineralisation ähnlich wie die der Gruben Jänkendorf und Maximilian/Ludwigsdorf, wo Kupferkies, Pyrit, Arsenkies und wenig Kobaltglanz und Gersdorffit vorkommen.

Für die Beurteilung der Genese des Vorkommens sind die folgenden Punkte von besonderer Wichtigkeit:

1. Um den Königshainer Granit, der oberkarbonischen Alters ist, liegen ringförmig Erzvorkommen (Jänkendorf, Freischütz bei Rengersdorf, Heideberg bei Rengersdorf, Maximilian bei Ludwigsdorf).
2. Das Kobaltmanganerzvorkommen vom Heideberg bei Rengersdorf ist an einen Quarzgang gebunden, der diskordant im kulmischen Kieselschiefer-Hornstein-Konglomerat liegt und eine mineralisierte Bewegungskluft darstellt.
3. Das Kobaltmanganerz selbst ist nicht primären Ursprungs, sondern stellt eine Anreicherung innerhalb der Hutzone dar.

Aus diesen Punkten geht hervor, daß es sich bei dem Vorkommen vom Heideberg um eine primär-magmatische Bildung eines mehr oder weniger vererzten Quarzganges handelt, der höchstwahrscheinlich dem Differentiationsprozeß des Königshainer Granits zuzuordnen ist. Die Kobaltmangan-Vererzung des Quarzganges ist dabei eine sekundäre Bildung innerhalb der Hutzone.

Literatur

GRUHL, H.: Ergebnisbericht der Staatlichen Geologischen Kommission über die geologischen und wirtschaftlichen Ergebnisse der Erkundungsarbeiten auf nickelhaltige Kobaltmanganerze, 1951 (unveröffentlicht).
HERRMANN, O.: Über das Auftreten der Erze im Lausitzer Gebirge, 13. Bericht der naturf. Gesellschaft, Chemnitz 1896.
PETRASCHECK, W. E.: Die Kupferlagerstätte von Ludwigsdorf bei Görlitz. — Abh. d. naturf. Gesellschaft, Görlitz 32, 1934.
RANKAMA/SAHAMA: Geochemistry — Chicago 1950.
SMIRNOW, S. S.: Die Oxydationszone sulf. Lagerstätten. — Akademie-Verlag, Berlin 1954.

Der Einsatz von Hydrozyklonen und Bogensieben zum Entsanden von Bohrtrüben

(Mitteilung aus dem Institut für angewandte Mineralogie, Dresden)

FRIEDRICH SITTE-ZÖLLNER, Dresden

1. Der Hydrozyklon, ein Gerät zum Entsanden von Bohrtrüben

1.1 Der Hydrozyklon, eine Erfindung des Holländers DRIESSEN aus dem Jahre 1939, ist ein Zentrifugalklassierer, bei dem die Klassiertrübe mittels Pumpe tangential in den zylindrischen Teil des Zyklons aufgegeben wird. Der Trübestrom bewegt sich im Zyklon spiralförmig abwärts. Die Feststoffteilchen werden durch die Fliehkraft entsprechend ihrer Masse mehr oder weniger gegen die Zyklonwandung gedrängt. Als Ergebnis dieses Klassiereffektes tritt das Feingut durch den Überlauf des Zyklons aus, während das Grobgut durch die Austragsdüse abfließt.

Das Institut für angewandte Mineralogie hat im Jahre 1952 den Einsatz dieses Gerätes für die Klassierung von Mineraltrüben geprüft. Die zunächst auf einem Versuchsstand und später in der Praxis gewonnenen Erkenntnisse führten zur Konstruktion von Zyklonen verschiedener Durchmesser. Als Standardgerät wurde ein Zyklon mit 86 mm ∅ entwickelt. Je nach der geforderten Durchsatzleistung werden diese Zyklone zu Gruppen nach Abb. 1 zusammengefaßt.

Eine umfassende Literatur über den Zykloneinsatz in verschiedensten Industriezweigen ist in der Zwischenzeit erschienen. Das Institut selber konnte im Jahre 1955 über den Einsatz des Hydrozyklons als Klassiergerät für Kreide-, Kaolin- und Tontrüben berichten (BAUMANN, 1955). Um dieselbe Zeit wurde der Vorschlag gemacht, den Hydrozyklon auch im Bohrfeld zur Entsandung von Bohrtrüben einzusetzen, wie dies auf amerikanischen Bohrfeldern mit Erfolg geschieht (D. E. WUTH & R. L. O'SHIELDS, 1955).

Im Jahre 1957 wurden die ersten Entsandungsversuche im Bohrfeld Kleistau in der Deutschen Demo-

Tab. 1. Ergebnisse der Hydrozyklonversuche zwecks Entsandung der Bohrtrübe aus Bohrungen in tertiären Sanden

	Dim.		
Versuchsort		Bohranlage A	Bohranlage B
Datum		27. 11. 58	18. 3. 59
Versuch Nr.		1	1
Teufe	m	100	32
Vorgeschaltete Siebanlage		Schwingsieb	Bogensieb
Hydrozyklon-Überlauf ∅	mm	30	26
Hydrozyklon-Austrag ∅	mm	8	8
Eintrittsdruck	m WS	50	28
Einlauf	l/min	182	179,5
Überlauf	l/min	167	167
Austrag	l/min	15	12,5
Feststoff im Einlauf	Gew.-%	41,02	46,82
Feststoff im Überlauf	Gew.-%	38,0	44,44
Feststoff im Austrag	Gew.-%	74,87	77,62
Kornscheide nach IVERS	mm	0,226	0,282
Fehlkornanteil nach IVERS	%	6,5	10,0
Ausbringen im Austrag			
Kornanteil + 0,04 mm	kg/min	18,7	16,5
Kornanteil − 0,04 mm	kg/min	1,8	1,5

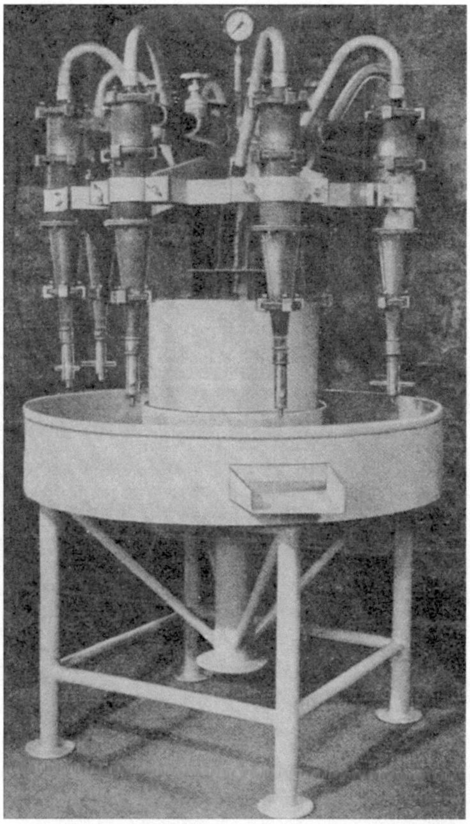

Abb. 1. Hydrozyklongruppe, System Institut für angewandte Mineralogie

kratischen Republik mit den Standardzyklonen des Institutes durchgeführt.

Die Forderung der Regierung, die geologische Erkundung und damit auch die Bohrarbeit zu verstärken, führte im Herbst 1958 zu neuen Untersuchungen seitens des Institutes. In der Zeit von November 1958 bis März 1959 wurden sechs Bohranlagen mit Hydrozyklonen ausgerüstet. Von 10 Versuchsreihen liegen die Ergebnisse über das Entsanden von Bohrtrüben aus Bohrungen in tertiären Sanden und im Buntsandstein vor.

Zur Durchführung der Versuche wurde im Spülungskreislauf entweder einer der Sandabsetzbehälter angezapft oder ein ca. 1 m³ fassender zusätzlicher Stahlblechbehälter eingebaut, dem eine Kreiselpumpe als Zulaufpumpe für den Hydrozyklon angeschlossen wurde. Diese Pumpen setzten bei n = 2800 U/min und Drücken von 28—50 m WS $Q_{max} \approx 10$ m³/h Trübe durch. Der Hydrozyklon-Überlauf wurde als entsandete Bohrtrübe dem Saugbassin zugeführt, während der Sandaustrag verworfen wurde.

Im folgenden werden Versuchsergebnisse, die auf den Bohrstellen A und B erhalten wurden, beschrieben.

1.2 Entsanden von Bohrtrüben aus Bohrungen in tertiären Sanden (Tabelle 1)

1.21 Bohranlage A

Auf der Bohrstelle A wurde die Hydrozyklonanlage eingebaut, als die Bohrteufe bereits ca. 100 m betrug und die Bohrtrübe stark versandet war (Sandgehalt ca. 40%). Die eingebaute Pumpenanlage war für einen einzelnen Hydrozyklon zu hoch dimensioniert, wodurch der hohe Druck von 50 m WS entstand. Das dem Hydrozyklon-Pumpensumpf vorgeschaltete Rinnensystem, zu dem ein Schwingsieb sowjetischer Herkunft gehörte, hatte eine Länge von ca. 12—15 m. Die Untersuchung der aus der Hydrozyklonklassierung gewonnenen Produkte ergab eine Kornscheide (nach IVERS) von 0,226 mm. Der effektive Anteil des Korns + 0,2 mm im Hydrozyklonüberlauf betrug nur 10,5% und der des Korns + 0,1 mm 38,1%. 18,7 kg Sand/min wurden im Hydrozyklonaustrag ausgebracht, der Tonanteil betrug 1,8 kg/min. Dabei wurde angenommen, daß Gut — 0,04 mm aus Ton und Gut + 0,04 mm aus Sand besteht. In Wirklichkeit liegt diese Kornscheide noch tiefer, etwa bei 0,02 mm, so daß das Sandausbringen demnach noch höher und der durch anhaftenden Ton bedingte Tonverlust noch geringer ist. Nach zweistündigem Betrieb der Hydrozyklonanlage sank der Sandgehalt der Bohrtrübe von ursprünglich 40% auf 13% ab.

Im Monat April 1959 wurde auf derselben Anlage am neuen Bohrpunkt beim Durchteufen der tertiären Sandschichten von Anfang an mit einer Hydrozyklonanlage gefahren. Der Sandgehalt stieg dabei nicht über 3%. Die erreichten Bohrleistungen betrugen am

1. Tag 90 Bohrmeter und am
2. Tag 73 Bohrmeter.

1.22 Bohranlage B

Vor Aufnahme der Bohrarbeit auf Bohranlage B wurden dort ein unter 2. näher beschriebenes Bogensieb und eine Hydrozyklonanlage aufgebaut. Vom Bohrloch lief auf kürzestem Wege die Bohrtrübe dem Bogensieb, das unmittelbar am Bohrturm stand, zu. Anschließend an das Bogensieb befand sich der ca. 1 m³ fassende Hydrozyklonpumpensumpf. Der Zyklonüberlauf wurde auf kürzestem Wege dem Saugbassin der Bohranlage zugeführt. Der Umlauf der Bohrtrübe war also der denkbar kürzeste. In Anbetracht der zufälligen Verknappung des Tonmehles war dies für die Bohranlage von großer Bedeutung.

Die Pumpe reichte für einen Hydrozyklon vollkommen aus und setzte bei einem Eintrittsdruck von 28 m WS 179,5 l/min durch.

Der Überlauf des Hydrozyklons enthielt noch 44% Feststoff, der Austrag 78%. Der Feststoffgehalt in der Aufgabe war mit 47% höher als bei Bohranlage A. Das Sandausbringe im Austrag betrug 16,5 kg/min, der

Tab. 2. Ergebnisse der Hydrozyklonversuche zwecks Entsandung der Bohrtrübe aus Bohrungen im Buntsandstein

	Dim.	
Versuchsort		Bohranlage C
Datum		5. 12. 1958
Versuch Nr.		2
Teufe	m	500
Vorgeschaltete Siebanlage		Schwingsieb
Hydrozyklon-Überlauf ∅	mm	26
Hydrozyklon-Austrag ∅	mm	6
Eintrittsdruck	m WS	28
Einlauf	l/min	172,2
Überlauf	l/min	167
Austrag	l/min	5,2
Feststoff im Einlauf	Gew.-%	32,86
Feststoff im Überlauf	Gew.-%	31,76
Feststoff im Austrag	Gew.-%	68,54
Kornscheide } nach IVERS	mm	0,100
Fehlkornanteil } nach IVERS	%	2,5

Ausbringen im Austrag

Kornanteil	+ 0,04 mm	kg/min	5,150
Kornanteil	— 0,04 mm	kg/min	1,150

Verlust an Korn —0,04 mm 1,5 kg/min. Auch hier gilt das unter 1.21 Gesagte.

Der Sandgehalt in der Bohrtrübe sank auf 1,5% und konnte auf dieser Höhe gehalten werden.

Aus den Versuchen kann geschlossen werden, daß durch den Einsatz von Hydrozyklonen für alle Bohrungen, die in tertiären Sanden stehen, der kostspielige und zeitraubende Spülungswechsel entfallen kann. Der durch den niedrigen Sandgehalt bedingte relativ geringe Verschleiß der Spülpumpen ermöglicht eine Senkung der Reparaturzeiten. Ein merklicher Verschleiß an den Hydrozyklonpumpen (Kreiselpumpen) konnte, obgleich sie nicht gummiert waren, nicht festgestellt werden.

1.3 Entsanden von Bohrtrüben aus Bohrungen im Buntsandstein (Tabelle 2)

Als Beispiel für die Entsandung solcher Bohrtrüben wurden die Ergebnisse des Versuches Nr. 2 vom 5. 12. 1958 der Bohranlage C gewählt. Die Bohrung stand in einer Teufe von ca. 500 m. Das dem Hydrozyklon vorgeschaltete Schwingsieb hatte zur Zeit der Versuchsdurchführung nur einen mangelhaften Siebgütegrad. Infolgedessen entstanden zunächst Störungen durch häufiges Verstopfen der Hydrozyklonaustragsdüse (6 mm ∅). Erst nach Auflegen eines neuen Siebbelages konnten die Versuche einwandfrei durchgeführt werden. Daraus ergibt sich, daß den Zyklonen jeweils ein Sieb vorzuschalten ist.

Zur Durchführung der Versuche wurde die auf Anlage B schon vorher eingesetzte Pumpe benutzt. Ihre Leistung betrug in diesem Falle Q = 172 l/min bei h = 28 m WS. Bei außerordentlich hoher Viskosität der Bohrtrübe und einem Feststoffgehalt von 33 Gew.-% in der Einlauftrübe hatte die Überlauftrübe 32 Gew.-% und der Zyklonaustrag 69 Gew.-%. Die Kornscheide (nach IVERS) betrug 0,1 mm, der Fehlkornanteil 2,5%. Im Hydrozyklonaustrag wurden 5,15 kg Sand/min und 1,15 kg Ton/min (bzw. Kornanteil —0,04 mm) ausgebracht. Der Tonverlust erscheint demnach sehr hoch. Man wird hier annehmen müssen, daß der Sandgehalt in der Kornfraktion —0,04 mm noch beträchtlicher ist als bei Bohrungen in tertiären Sanden. Da gerade bei sehr hoher Viskosität die Bohrarbeit durch Festsetzen der Bohrgeräte und notwendig werdende zeitraubende Fangarbeit gefährdet ist, kommt dem Einsatz des Hydrozyklons zum Entsanden auch dieser Bohrtrüben große Bedeutung zu.

2. Bogensieb zur Entsandung der Bohrtrübe

Nicht nur in den Bohrbetrieben, sondern auch in den bergbaulichen Aufbereitungsanlagen entstehen beim Absieben von Feinkorn unter 1 mm große Schwierigkeiten. Es ist bekannt, daß Siebbeläge mit Maschenweiten unter 1 mm sehr ungern und selten verwendet werden. Der große Siebverschleiß und die geringe Durchsatzleistung verursachen hohe Betriebskosten. Um hohe Durchsatzleistungen und geringen Verschleiß auch bei tiefen Siebschnitten zu erzielen, entwickelte F. J. FONTEIN (1955) das Bogensieb. Die Arbeitsweise dieses Gerätes ist folgende: Das zu klassierende Siebgut wird durch einen Aufgabetrichter tangential in einer optimalen Schichtdicke auf eine bogenförmige Siebfläche aufgegeben. Diese besteht aus einem Spaltsieb mit horizontal liegenden Stegen. Die aus Wasser und Feststoff bestehende Schicht, die sich über den Spaltrost bewegt, wird von jedem Steg in dünnster Schicht angeschnitten, so daß die Gesamtschicht ständig dünner wird.

Abb. 2. Kippbares Bogensieb, System Institut für angewandte Mineralogie

FONTEIN hat für die Durchsatzleistung des Bogensiebes die Faustformel

$$Q = 200 \cdot F \cdot v \ (m^3/h)$$

entwickelt, wobei F = offene Siebfläche in m² und v = Aufgabegeschwindigkeit in m/s bedeuten.

Um bei dem auftretenden Verschleiß immer gleiche Siebverhältnisse zu erhalten, wurde das kippbare Bogensieb (F. J. FONTEIN, 1957) entwickelt. Das Institut für angewandte Mineralogie hat diesen Gedanken aufgegriffen und das in Abb. 2 dargestellte Sieb gebaut. Der Siebbelag kann zu jeder Zeit um etwa 90° geschwenkt werden, so daß jeweils eine Umkehrung der Beaufschlagungsrichtung eintritt. Hierdurch werden die Stege gleichmäßiger abgenutzt. Der Siebbelag hat einen Krümmungsradius von 500 mm bei einer Breite von 260 mm und einer gestreckten Länge von 655 mm. Das Sieb wurde auf der Bohranlage B versuchsweise eingesetzt und eine Spaltweite von 4 mm gewählt.

Nach FONTEIN und nach eigenen Erfahrungen ist die Trennkorngröße 2,5—3,0mal kleiner als die Spaltweite des Bogensiebes, so daß mit einem maximalen Korn im Siebdurchgang von 1,6 mm zu rechnen war. Bei dieser Korngröße ist ein sicheres Arbeiten des nachgeschalteten Zyklons von 86 mm ∅ bei entsprechender Austragsdüse gewährleistet.

Ein feinerer Spaltsiebbelag empfahl sich auf Grund der hohen Viskosität der Bohrtrübe nicht.

Die Aufgabegeschwindigkeit betrug bei einer Durchsatzleistung von ca. 11 m³/h etwa 1,5 m/sec. Nach der o. a. Formel ergibt sich bei einer offenen Siebfläche von 0,1 m² die Durchsatzleistung des Bogensiebes zu

$$Q = 200 \cdot 0{,}1 \cdot 1{,}5 = 30 \ m^3/h.$$

Hieraus ist zu erkennen, daß das eingesetzte Sieb überdimensioniert war. Um die offene Siebfläche zu verringern, wurde zur Anpassung an die Kapazität der Spülpumpe die offene Siebfläche durch Abdeckung entsprechend reduziert. Hierdurch konnte der kontinuier-

	Bogensieb (kippbar) mit Belag aus Material St 00.12 260 × 655 mm	Vibrosieb mit Harfensiebbelag 600 × 1490 mm
Anschaffungswert	DM 1000,–	DM 4500,–
Platzbedarf	0,5 m²	3,0 m²
Gewicht	ca. 100 kg	430 kg o. Schlitten
Kraftbedarf		1,5 kW
Höhe	1,10 m	1,25 m
Anschaffungskosten eines Siebbelages	DM 12,10	DM 52,00
Lebensdauer eines Belages	ca. 90 Tage	2–3 Tage

liche Austrag des Siebrückstandes, d. h. der Grobsande, gewährleistet werden.

Aus technischen Gründen war es nicht möglich, Mengenmessungen von Siebrückstand und -durchgang durchzuführen. Daher konnte die Kornscheide nur nach MADEL ermittelt werden. Sie lag bei 0,075 mm bei einem Fehlkornanteil von 28%. Die Bestimmung der Kornscheide nach IVERS, die die Mengenmessung voraussetzt, erbringt gegenüber MADEL ein Ansteigen derselben bei sinkendem Fehlkornanteil. Die Kornscheide würde dabei aber immer noch unter 1,0 mm bleiben.

Es ist interessant, zu beobachten, daß bei den durchgeführten Versuchen mit abgedecktem, unterem Teil der Siebfläche bei Bohrtrüben hoher Viskosität der Spaltfaktor auf etwa 5 ansteigt. Eine Erkenntnis, die für die Spülungstechnik im Bohrwesen von entscheidender Bedeutung ist.

Sofern auch mit Bohrtrüben geringerer Viskosität gearbeitet wird, kann die Spaltweite des Siebbelages herabgesetzt werden, die Kornscheide würde weiter absinken, so daß gegebenenfalls auf den Einsatz von Zyklonen verzichtet werden könnte.

Vergleicht man den Bogensiebbelag mit dem Siebbelag eines Vibrationssiebes, so fällt dieser Vergleich trotz des für das Bogensieb beim Versuch benutzten minderwertigen Stahls St 00.12 zugunsten des Bogensiebes aus. Nach den bisherigen Erfahrungen des Instituts für angewandte Mineralogie, Dresden, lassen sich nebenstehende technische und ökonomische Werte gegenüberstellen.

Diese Werte beweisen eindeutig die Überlegenheit des Bogensiebes für o. a. Zwecke.

3. Zusammenfassung

Die von Mitarbeitern des Institutes für angewandte Mineralogie, Dresden, im Bohrfeld durchgeführten Untersuchungen ergaben, daß durch den Einsatz von Bogensieben und Hydrozyklonen zum Entsanden von Bohrtrüben eine wesentliche Verbesserung der Spültechnik erzielt wird.

Das wenig befriedigende Absetzen des Sandes in sehr langen Rinnen entfällt. Bogensieb und Hydrozyklon lassen den kürzesten Weg vom Bohrloch zum Saugbassin bei geringstem Höhenverlust zu, zumal der Hydrozyklonüberlauf so hoch gelegt werden kann, daß das Saugbassin nicht tief unter Rasensohle anzulegen ist. Für die Zeit der strengen Winterfröste ermöglicht dieser kurze Spülungsumlauf die Weiterführung des Bohrbetriebes, da die Gefahr eines Einfrierens gemindert ist.

Wertvoll ist ferner, daß durch die Reduzierung des Umfanges des Spülrinnensystems die erforderliche Spülung auf ein Minimum beschränkt werden kann.

Literatur

BAUMANN, K.: Der Hydrozyklon als Klassiergerät für Kreide-, Kaolin- und Tontrüben. – Silikattechnik 6, S. 247–251, 1955.

FONTEIN, F. J.: Das Bogensieb der niederländischen Staatsmijnen, ein neues Gerät zur nassen Siebung von Feinkohle. – Glückauf 91 (1955), H. 27/28, S. 781–786.

– Der Einsatz des DSM-Bogensiebes in der Zementfabrik ENCI in Holland. – Zement-Kalk-Gips 10 (1957), H. 4, S. 121–124.

WUTH, D. E. & R. L. O'SHIELDS: New mud desander cuts drilling costs. The Drilling Contractor, October 1955.

Bohrschwierigkeiten im Dolomit des Unteren Zechsteins im Raum Spremberg

KURT DETTE, Berlin

Dem Niederbringen der Erkundungsbohrungen, die den Unteren Zechstein in der Struktur Mulkwitz zwischen Spremberg und Weißwasser untersuchen sollen, stellten sich bisher mehrfach größere technische Schwierigkeiten entgegen. Besonders in den oberen Metern des Zechsteinkalkes, der dort als Dolomit ausgebildet ist, traten häufiger Havarien auf. Bezeichnend für die Situation ist es, daß Bohrung Spremberg 13 sowie ihre zweite Ersatzbohrung, die Bohrung Spremberg 13 E_2, im gleichen Horizont aufgegeben werden mußten, und daß erst Spremberg 13 E_3 nach der Überwindung einer in gleicher Position aufgetretenen Havarie das Kupferschieferflöz ziehen und einen Liegendaufschluß bringen konnte.

Über das Festwerden des Kernrohres und damit den Beginn der schweren Havarie in der Bohrung Spremberg 13 E_2 berichtete der damalige Bohrinspektor SCHÄFER, der zufällig zu dieser Zeit die Anlage befuhr. Es sollte der Gestängeüberstand gemessen werden. Zu diesem Zweck wurde das Rotieren für kurze Zeit, für schätzungsweise 4 Minuten, unterbrochen. Als das Bohren dann fortgesetzt werden sollte, war ein Rotieren nicht mehr möglich; Gestänge und Kernrohrgarnitur ließen sich nicht mehr bewegen. Das Bohrloch mußte in 482,70 m Teufe aufgegeben werden, nachdem die Bohrung bei ca. 475 m aus dem Unteren Werra-Anhydrit in den Zechsteindolomit eingedrungen war.

Bohrmeister ADLER konnte beim Niederbringen der Bohrung Spremberg 13 E_3 im Jahre 1957 folgende Beobachtungen anstellen:

12. 6. 1957	– 488,60 m	Übergang vom Unteren Werra-anhydrit zum Zechsteindolomit.
17. 6. 1957	– 492,90 m	Dolomit, klüftig.
18. 6. 1957	– 492,60 m	Beim Einbau wurde das Kernrohr in dieser Teufe fest. Spülungsumlauf kam auch bei einem Druck von fast 15 atü nicht mehr zustande. Unter großen Mühen konnte das Kernrohr noch um fast 0,50 m gehoben werden, wo es dann endgültig festsaß.

Nach Durchfräsen des Kopfstückes konnte die Bohrung weitergeführt und nach Erreichung ihres geologischen Zieles erfolgreich beendet werden.

Material Friedland:	Kornaufbau Feinst	Schluff	Bezeichnung	p_H	W ∞	P	N	Q
Bohrg. 31/53 (8 Proben)	n. b.	n. b.	tonige Schluffe bis schluffige Tone	8,30–9,25	117–132	65,8–84,2	6,0–7,9	i. a. mittelmäßig
Rohton Bank 3	42%	57%	stark toniger Schluff	7,78	118	60,3	5,4–7,5	i. a. mittelmäßig
Tonmehl Werk I	67%	29%	stark schluffiger Ton	8,73	128	80,7	6,6–7,1	i. a. mittelmäßig
Tonmehl Werk II	27%	72%	stark toniger Schluff	8,05	110	35,6	4,3–4,9	i. a. mittelmäßig

W ∞ = Wasseraufnahemefähigkeit – Enslinwert (% H_2O zur Trockensubstanz)
P = Plastizitätszahl (über 25 = hochplastische, fette Tone)
N = Thixotroper Grenzwert (5–9 etwa mittelmäßig)
Q = Quellverhalten
n. b. = nicht bestimmt

die Trocknungstemperaturen wesentlich höher liegen. Zur Charakterisierung von Rohton und Tonmehl werden aus den zahlreichen, besonders in den Jahren 1953—1954 durchgeführten Untersuchungen des Erdbaulaboratoriums Ergebnisse in zusammenfassender Übersicht mitgeteilt, die an Tonproben aus der Bohrung Friedland 31/53 (Bericht Dr. KÖHLER vom 5. 8. 54), an Rohton (Blauton) aus dem Abbau (Bank 3) sowie an Tonmehlproben aus Werk I (Braunkohlenfeuerung) und Werk II (Steinkohlenfeuerung) (Bericht Dr. KÖHLER vom 5. 7. 54) gewonnen wurden (s. Tab. oben links).

Schwierigkeiten ähnlicher Art sind noch bei weiteren Bohrungen im Spremberger Raum beobachtet worden. So konnte die Bohrung Spremberg 11, bei der im Zechsteindolomit noch starker Spülungsverlust auftrat, ihr Ziel nicht erreichen, sie mußte im Zechsteindolomit eingestellt werden. Auch ihre Ersatzbohrung Spremberg 11 E wurde in der gleichen geologischen Position fest. Sie mußte deshalb gleichfalls vorzeitig eingestellt werden, nachdem noch weitere technische Schwierigkeiten hinzugekommen waren. Auf dem Bohrpunkt Spremberg 17 traten in ähnlicher Position die gleichen Schwierigkeiten auf, die sich nachher nur noch durch eine Ablenkung von nahezu 300 m beheben ließen.

Das Festwerden der Bohrgarnitur ist nie im reinen Anhydrit aufgetreten, auch in den tieferen Teilen des Zechsteindolomits, ca. ab 10 m unter der Basis Werra-Anhydrit, ist es nicht mehr vorgekommen. Die Bohrstrecke von 3—7 m unter der Unterkante Werra-Anhydrit ist die bevorzugte Zone für das Auftreten der bohrtechnischen Schwierigkeiten. Die mehrfache Wiederholung der Havarien im Zechsteindolomit in 3—7 m unter der Basis Unterer Werra-Anhydrit ließ bald auf Zusammenhänge zwischen Gestein und Dickspülung schließen. Wechselwirkungen zwischen beiden Systemen wurden vermutet, und deshalb wurde in den Diskussionen mit den Bohrtechnikern über die möglichen Ursachen der Havarien die Aufmerksamkeit zunächst besonders auf die Veränderungen der Spülung im Übergang vom Anhydrit zum Dolomit, vom Sulfat- zum Karbonatgestein gelenkt. In Zusammenarbeit zwischen dem Spülungsdienst des VEB Geologische Bohrungen und dem Erdbaulaboratorium des Zentralen Geologischen Dienstes wurden Zustand und Veränderung der Spülung beim Durchfahren des Gesteinswechsels beobachtet. Allerdings ist es bisher noch nicht so restlos gelungen, bei den noch laufenden Untersuchungen schon auswertbare Ergebnisse zu gewinnen.

Die Zubereitung der Dickspülung erfolgt im Gebiet Spremberg wie auf den anderen Bohrstellen des VEB Geologische Bohrungen unter Verwendung von Friedländer Tonmehl. Es wird aus dem Rohton (= Friedländer Blauton) hergestellt, der nach seiner Zerkleinerung in Drehöfen im erhitzten Luftstrom bei Temperaturen bis 180° C getrocknet und danach anschließend vermahlen wird. Die bodenphysikalischen Eigenschaften des Rohtons werden bei seiner Verarbeitung zu Tonmehl nicht merklich beeinflußt. Allerdings läßt seine Quellfähigkeit deutlich nach, wenn

Bei den Untersuchungsbohrungen im Raum Spremberg soll die Spülung eine bestimmte Konsistenz innehalten, damit stets ein sicheres und zuverlässiges Arbeiten gewährleistet werden kann. Nach den im geologisch-technischen Projekt Spremberg gegebenen Hinweisen soll sich die Spülung in den durch folgende Kennwerte bezeichneten Bereichen bewegen:

	p_H	μ sec	γ	$W_3 \infty$ cm	K mm	Behandlung
Deckgebirge	8 bis	bis 28	1,22	<10	<2	0,5% Soda
Festes Gebirge	9	18–25	1,22	<20	<3	15–20% Kohlenlauge

Beim Durchfahren der dolomitischen Gesteinsstrecken, also im Hauptdolomit und Zechsteindolomit, soll γ jeweils 1,30 betragen.

μ = Viskosität
γ = Raumgewicht
W∞ = Wasserabgabe (cm^3 in 30 min auf 100 cm^2 Filterfläche)
K = Krustendicke (Tonbelag auf der Bohrlochwandung in mm Stärke)

Eine Erklärung der Vorgänge, die zu den technischen Schwierigkeiten führten und die sich der unmittelbaren Beobachtung stets entziehen, muß verschiedene Faktoren berücksichtigen. Die lange Bohrstrecke in dem teilweise ± vergipsten Werra-Anhydrit ermöglicht die Anreicherung von SO_4-Anionen in der Spülung. Die Auflösung der Sulfatanteile und ihre Anreicherung werden gesteigert durch die Anwesenheit eines im Anhydrit vermutlich zumindest in Spuren vorhandenen chloridischen Salzgehaltes. Während des Bohrens im Zechsteindolomit kommt nun außerdem noch der Dolomitanteil in die Spülung hinein, bis mit steigender Konzentration die Karbonatanteile und der Sulfatanteil der Spülung immer mehr in Wechselwirkung treten. Da beim Bohren im reinen Zechsteinkalk Erscheinungen ähnlich denen, wie sie im Zechsteindolomit bei Spremberg aufgetreten sind, bisher nicht beobachtet wurden, darf daraus entnommen werden, daß im wesentlichen das Magnesiumkarbonat aus dem Dolomit in Wirksamkeit tritt. Es ist anzunehmen, daß auf Grund der Löslichkeitsverhältnisse die Reaktion in folgender Richtung verläuft:

$$CaSO_4 + MgCO_3 \rightarrow MgSO_4 + CaCO_3.$$

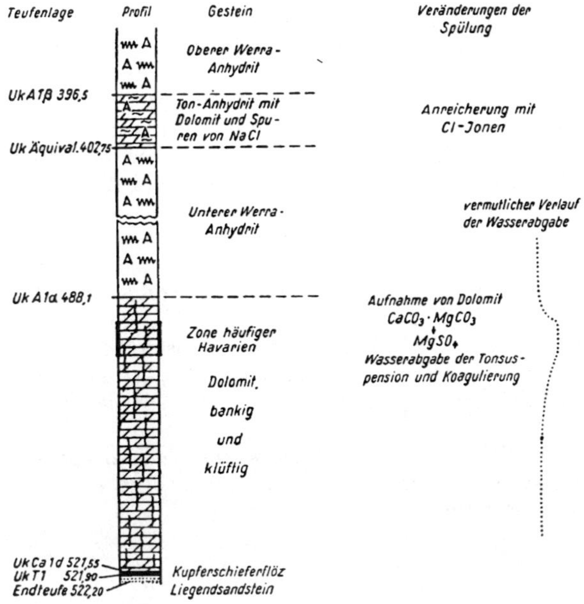

Beziehungen zwischen durchbohrtem Gestein und Veränderung der Spülung — nach mehreren Beobachtungsreihen schematisch dargestellt für Bohrung Spremberg 13 E_3

In welchem Ausmaß die Kalzium- und Magnesiumkarbonate ihre Kationen dem Schichtgitter der Tonminerale einlagern, läßt sich nur sehr schwer an der Veränderung der Eigenschaften der Spülung abschätzen. Sie verliert ihre wasserhaltende Kraft, die Wasserabgabe steigt sprunghaft an (s. Abb.), und die Tonsuspension beginnt zu koagulieren. Bei Bohrung Spremberg 15 beobachtete Bohrmeister WALTER in dieser Zone, daß „die Spülung breiartig, fast wie ein Pudding" wurde. Ähnliche Erscheinungen konnten im Laboratorium reproduziert werden. Die Untersuchungen laufen gegenwärtig in weiteren Versuchsreihen. Über ihre Ergebnisse wird später berichtet.

Diese Beobachtungen fordern den Vergleich zu Vorgängen heraus, wie sie bei technischen Verfahren angewendet werden. Durch Zusatz von Elektrolyten lassen sich Tonsuspensionen bequem versteifen. Diese Eigenschaft nutzt man bei der Bodenvermörtelung aus (Tonerstarrung durch Zufügung von Mg-Salzen).

In den USA werden bindige Böden mit Mg-Salzen vermengt und nach evtl. Wasserzugabe, falls sie überhaupt notwendig ist, verdichtet. Auch die Untergrundvergütung macht sich (z. B. beim Legen eines Chemikalteppichs) diese Eigenschaften der Tone gleichfalls mit zunutze.

Beim Bohren im Zechsteindolomit wird die Spülung also zu einer vermutlich sehr elektrolytreichen Tonsuspension. Es bedarf dann nur eines äußeren Anlasses, um die dieser Suspension innewohnende latente Fähigkeit zur Koagulation gleichsam schlagartig auszulösen und wirksam werden zu lassen. Solch ein Anlaß kann in der Erreichung eines Schwellenwertes des jeweils vorliegenden Systems oder auch in mechanischen Beeinflussungen der Spülung gegeben sein (wie z. B. Erschütterungen der Suspension beim ruckhaften Einfahren der Bohrgarnitur). Da mehrfach beobachtet wurde, daß die Kerngarnitur plötzlich unverrückbar festsaß, können jedoch möglicherweise beim Koagulieren der Tonsuspension zusätzlich auch zementchemische Umsetzungen mit wirksam werden. Die Bohrgarnituren sind dann durch eine Art „Mischbinder" im Bohrloch direkt „einzementiert" worden.

Bisher ist es noch nicht geglückt, die Dickspülung so zu behandeln, daß die Gefahrenstrecke in den oberen Metern des Zechsteindolomits beim Niederbringen der Bohrungen sicher überwunden werden konnte. Deshalb hat man sich im Bohrfeld entschlossen, in diesen Strekken lediglich mit klarem Wasser zu spülen. Nunmehr konnten, obwohl jetzt in einer Bohrung daraufhin wieder andere Schwierigkeiten auftraten, bereits einige Bohrungen im Raum Spremberg—Weißwasser den Übergang vom Unteren Werra-Anhydrit in die oberen Meter des Zechsteindolomits hinein ohne irgendwelche bohrtechnischen Schwierigkeiten überwinden und somit das geologische Ziel erreichen und den Flözkern aus dem lagerstättenkundlich wichtigen Mineral gewinnen.

Untersuchungen zur Stabilität von Tiefbohr-Dickspülungen

ARNOLD ESCHHOLZ, Brandenburg

Allgemeines zur Theorie der Spülung

Bohrspülungen stellen physikalisch-chemisch betrachtet kolloiddisperse Systeme von Tonen in Wasser dar. Auf Grund der feinen Verteilung, d. h. der großen Oberfläche der festen Phase, besitzen sie einen sehr großen Energieinhalt. Da mit wachsendem Energieinhalt die Stabilität abnimmt, versuchen diese Systeme durch Energieabgabe stabilere Zustände zu erreichen. Im Falle der Tonspülung geschieht das durch Verringerung der Oberfläche bzw. durch Vergrößerung der Kolloidteilchen. Es tritt Koagulation ein. Der Einfluß der Schwerkraft bewirkt sodann Sedimentation und damit völliges Zusammenbrechen der Spülung. Wenn dennoch kolloide Systeme auftreten, die eine sehr hohe Stabilität besitzen, so beruht das darauf, daß Kräfte zwischen den Kolloidteilchen vorhanden sind, die eine Annäherung und Zusammenlagerung verhindern. Diese Kräfte sind elektrischer Natur und werden durch Anlagerung von Ionen oder Wasser hervorgerufen, dessen Molekül ja einen Dipol darstellt und das infolgedessen auch ein nach außen wirksames elektrisches Feld besitzt. Diese Ladungsträger werden an der stark gekrümmten und damit stark oberflächenaktiven Oberfläche der Kolloide adsorbiert. Die Folge ist, daß alle Teilchen eine gleichsinnige im Falle der Spülung negative Ladung bekommen, die dann die Abstoßung untereinander bewirkt. Gibt man nun zu einem solchen System Ionen, deren Ladung entgegengesetzt der Ladung der Kolloidteilchen ist, so findet Kompensation statt. Das abstoßende Feld bricht zusammen und der Vergrößerung der Teilchen steht nichts mehr im Wege. In diesem Zusammenhang wird der starke Einfluß der Salze, insbesondere der zweiwertigen, auf die Spülung klar. Auch der Zusammenhang zwischen Wasserabgabe und Stabilität bekommt eine theoretische Deutung, wenn man bedenkt, daß die Oberfläche der festen Phase und die oben erwähnten Wasserumhüllungen eng miteinander verknüpft sind. Im Hinblick auf die Bedeutung der

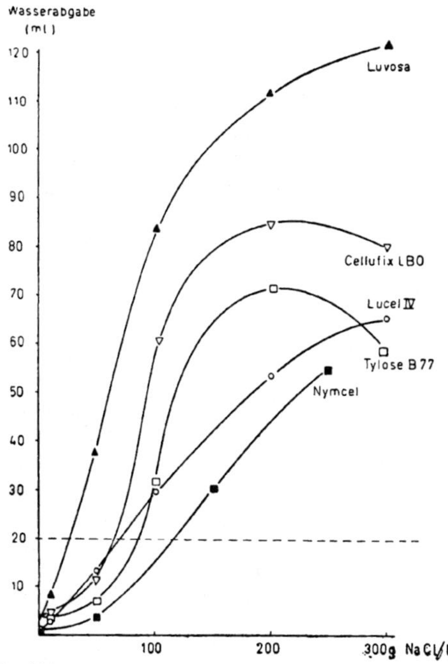

Abb. 1. Abhängigkeit der Wasserabgabe vom CMC-Produkt (1%)

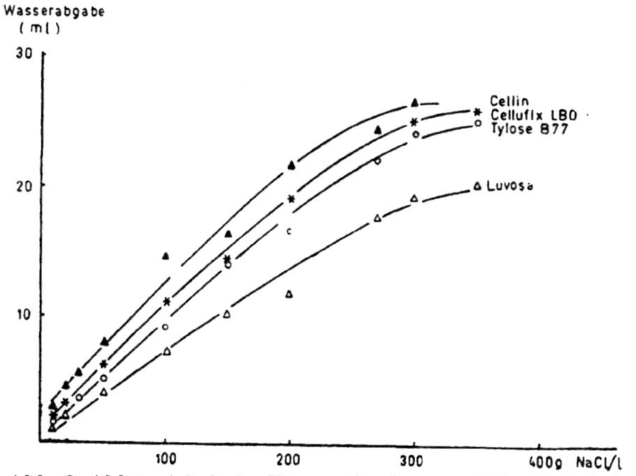

Abb. 2. Abhängigkeit der Wasserabgabe vom Salzgehalt bei Anwesenheit von 1% wasserfreiem CMC

Ladung für ein kolloides System wird auch die große Rolle der als Schutzkolloide bezeichneten CMC- (Carboxylmethylcellulose-) Produkte klar. Diese auf Grund ihres großen Molekular- bzw. Micellgewichtes als Kolloide auftretenden Stoffe stellen selbst Salze dar, die in wäßriger Lösung Kationen abgeben und damit negative Ladung annehmen. Die Aufladung der Kolloidteilchen liegt hier also von vornherein fest. Eine Umladung mit Kationen tritt aus naheliegenden Gründen kaum auf, weshalb die reinen CMC-Produkte weit stabiler gegen Salze sind als z. B. Tonsuspensionen.

Trotz dieser allgemeinen Kenntnisse sind in der Kolloidchemie noch große Lücken zu schließen. Dies liegt nicht zuletzt daran, daß die Meßtechnik große Schwierigkeiten zu überwinden hat. Für die Untersuchung der Spülung kommt noch hinzu, daß viele der beteiligten Stoffe wie Ton, Sulfitspritablauge und Zement keine einheitliche Zusammensetzung aufweisen, sondern komplexer Natur sind. Der Einfluß der einzelnen Komponenten ist daher theoretisch kaum zu erfassen und vorauszusagen. Folglich mußte in verstärktem Maße das Experiment die Grundlage unserer Arbeit sein.

Praktische Arbeitsausführung

Ziel unserer Arbeit war es zunächst, viel statistisches Material zu erarbeiten und dies auszuwerten. Damit wurde für die Zukunft die Möglichkeit gegeben, in zunehmendem Maße Voraussagen machen zu können. In diesem Sinne wurden und werden hauptsächlich untersucht: CMC-Produkte, SSA Fichte und SSA Buche, Zemente und Alkalien. Die Testung wird an Grundspülungen verschiedenen Salzgehaltes vorgenommen.

Die ersten Untersuchungen befaßten sich mit den erhältlichen Schutzkolloiden Tylose/Westdeutschland, Cellufix/Schweden, Nymcel/Holland, Lucel/Jugoslawien und Luvosa/ČSR. Die erhaltenen Wasserabgabewerte ergaben bei einem CMC-Gehalt von 10 g/Liter Spülung in Abhängigkeit von der Salzkonzentration die Kurven der Abb. 1.

Die CMC-Produkte wurden in dem gleichen Zustand verwandt, wie sie auch auf den Bohranlagen zum Einsatz gelangen, d. h. wasserhaltig.

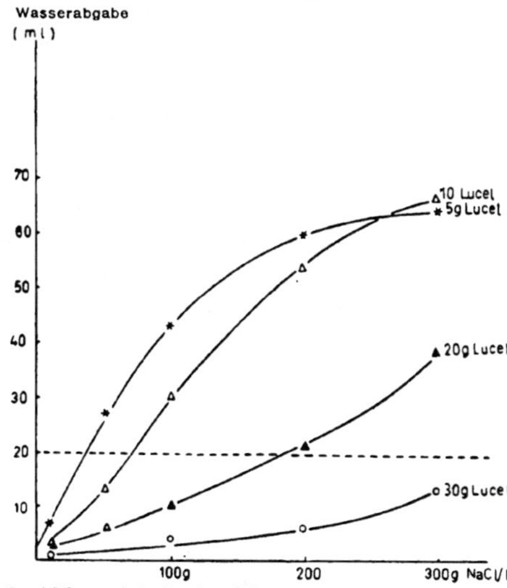

Abb. 3. Abhängigkeit der Wasserabgabe von der Konzentration an Lucel 4

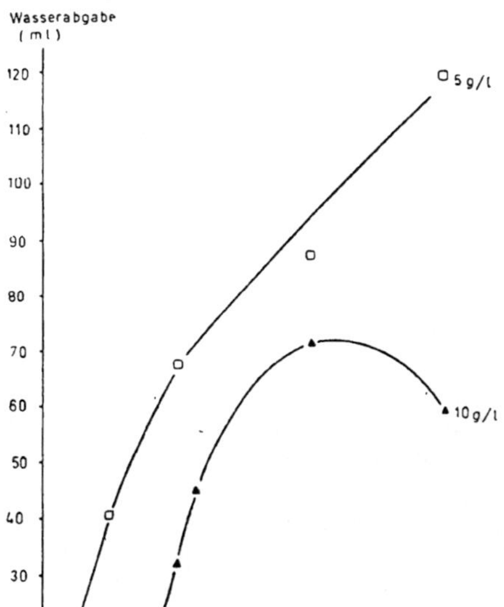

Abb. 4. Abhängigkeit der Wasserabgabe vom Salzgehalt (NaCl) (Tylose)

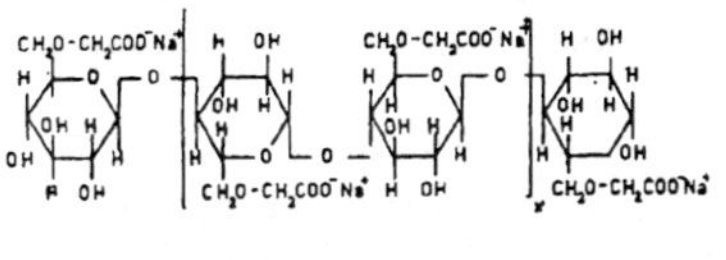

Abb. 5. Formelbild der Carboxylmethyl-Cellulose (CMC); O — Sauerstoff, H — Wasserstoff, C — Kohlenstoff, Na — Natrium

Aus den Kurven ist nun ersichtlich, daß die im Labor durchgeführten Versuche die gleiche Abstufung in der Wirksamkeit der Schutzkolloide wiedergeben wie auf den Bohranlagen. Damit hatten wir labormäßig erstmalig in der Praxis gemachte Beobachtungen quantitativ reproduziert. Zu erwähnen ist, daß bei der Auswertung der Abb. 1 nicht die Höhe des Maximums das entscheidende Kriterium für die Brauchbarkeit eines CMC-Produktes ist, sondern die Steilheit im gestrichelten Bereich, in dem sich bei einer brauchbaren Spülung die Wasserabgabe bewegen darf.

Berücksichtigt man den Wassergehalt der verschiedenen CMC-Produkte

Cellin	38,8% H_2O
Luvosa	39,3% ,,
Cellufix	15,8% ,,
Nymcel	7,2% ,,
Lucel	6,1% ,,
Tylose	10,0% ,,

so ergibt sich ein etwas anderes Bild. In späteren Versuchsreihen wurde daher, um den durch den Wassergehalt hervorgerufenen Verdünnungseffekt auszuschließen, der sich bei theoretischen Betrachtungen störend bemerkbar macht, auf Trockensubstanz umgerechnet. Da hierdurch die Konzentration an CMC bei stark wasserhaltigen Produkten wesentlich höher bemessen wurde, war eine Angleichung in der Wirksamkeit zu erwarten. Das Ergebnis zeigt Abb. 2. Die Unterschiede sind wesentlich geringer geworden.

Diese mit 1% CMC durchgeführten Versuche ergeben jedoch noch kein umfassendes Bild von der Wirksamkeit der Produkte, da diese, wie sich bereits bei der Anwendung wasserfreier Stoffe ergeben hat, noch stark von der Konzentration abhängig sind. Deshalb wurden die gleichen Untersuchungen auch bei 0,5%, 2% und 3% CMC durchgeführt. Dabei ergeben sich Kurven wie Abb. 3 und Abb. 4, die die Wirksamkeit des Lucels 4 und der Tylose B 77 bei verschiedenen Konzentrationen wiedergeben.

Diagramme dieser Art haben den Vorteil, daß man nach Bestimmung des Salzgehaltes einer Spülung annähernd die Grenzkonzentration an CMC angeben kann,

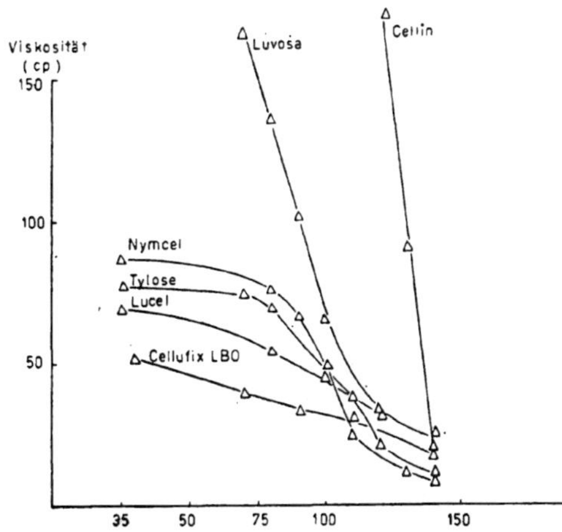

Abb. 8. Thermostabilität der CMC-Produkte

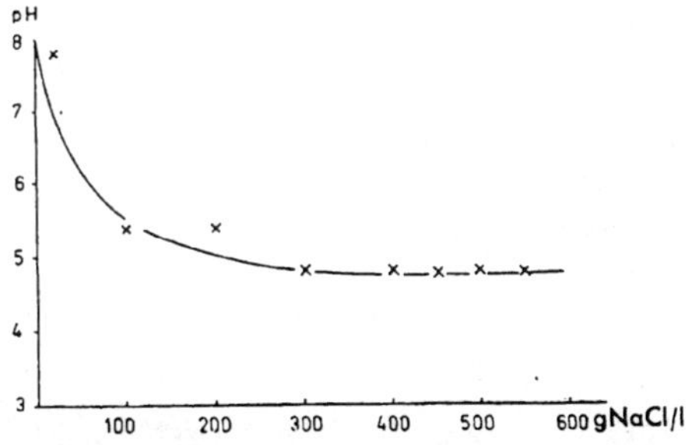

Abb. 9. Abhängigkeit des p_H vom Salzgehalt

die erforderlich ist, um die Wasserabgabe auf normalen Werten zu halten.

Weitere Arbeiten an CMC-Verbindungen laufen darauf hinaus, das Cellin zu einem brauchbaren Spülungszusatz zu entwickeln. Hierzu sind jedoch noch genauere physikalisch-chemische Untersuchungen, wie die Bestimmung des Molekular- bzw. Micellgewichtes erforderlich. Diese werden zur Zeit durchgeführt und ausgewertet. Desgleichen wird der Einfluß der Produktionsbedingungen bei der Cellinherstellung auf die Qualität untersucht. Insbesondere wird der Einfluß der Reifezeit der Alkalicellulose auf die Viskosität des Endproduktes bestimmt.

Ein weiterer wesentlicher Faktor bei der Beurteilung der Güte eines CMC-Produktes ist die Thermostabilität. Der Temperatureinfluß läßt sich aus folgenden theoretischen Vorstellungen ableiten: Die CMC-Produkte bestehen aus mehr oder weniger langen Ketten, die aus Grundbausteinen zusammengesetzt sind, wie sie Abb. 5 zeigt. Eine größere Anzahl dieser Ketten lagert sich zu sogenannten Micellen (Bündeln) zusammen, die bei Hitzeeinwirkung durch Schwingungsvorgänge in kleinere Bruchstücke zerfallen. Da die Kettenlänge nach dem STAUDINGERschen Viskositätsgesetz direkten Einfluß auf die Viskosität hat, läßt sich durch Verfolgung derselben beim Erhitzen über längere Zeiträume direkt

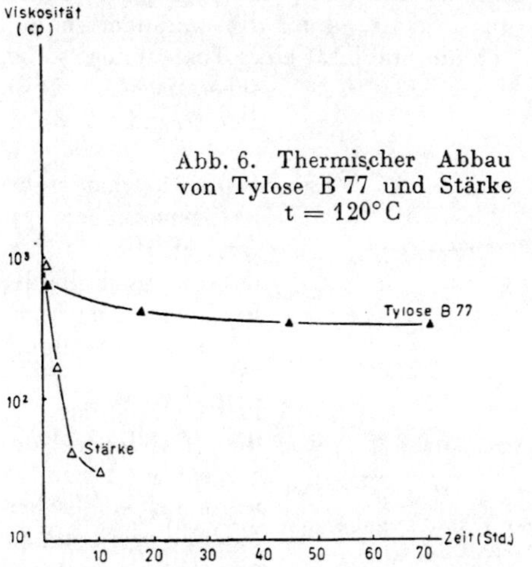

Abb. 6. Thermischer Abbau von Tylose B 77 und Stärke t = 120° C

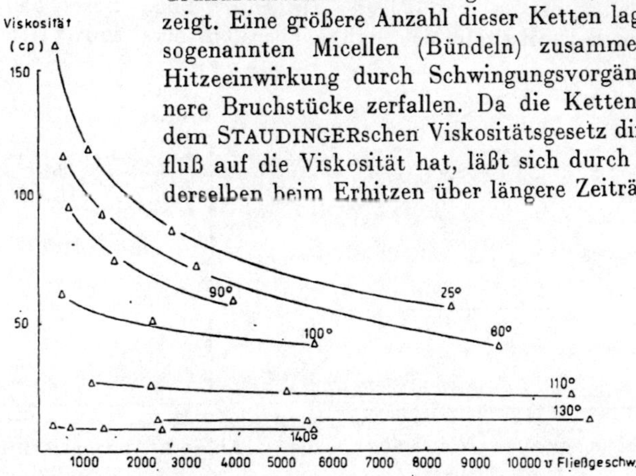

Abb. 7. Thermostabilität von 5%iger Nymcel-Lösung

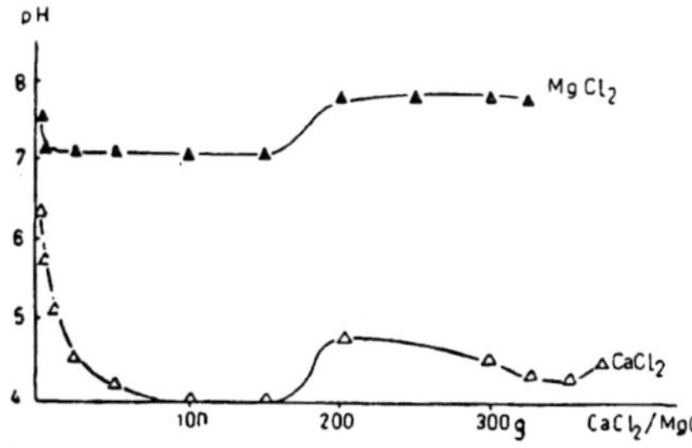

Abb. 10. Abhängigkeit des p_H-Wertes vom $CaCl_2$- bzw. $MgCl_2$-Gehalt

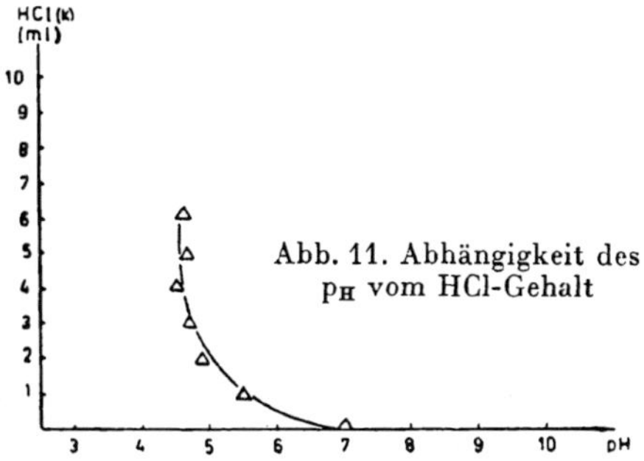

Abb. 11. Abhängigkeit des p_H vom HCl-Gehalt

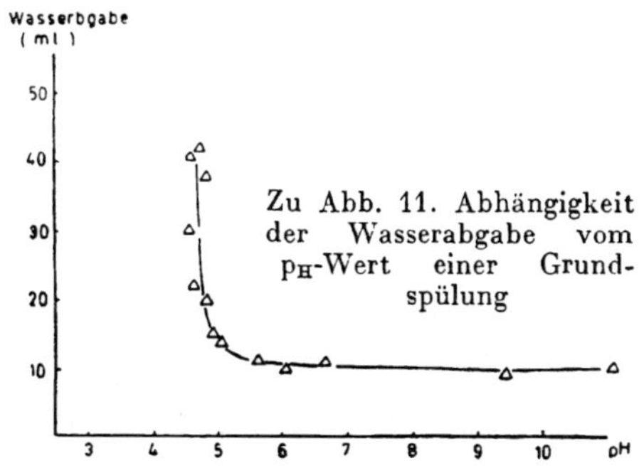

Zu Abb. 11. Abhängigkeit der Wasserabgabe vom p_H-Wert einer Grundspülung

das Ausmaß des Abbaus erkennen. Die Viskosität nimmt mit der Zeit ab, wie es Abb. 6 für die Tylose zeigt. Dieser thermische Abbau verläuft nun bei den verschiedenen CMC-Produkten verschieden schnell, je nach den Herstellungsbedingungen. Es gibt somit CMC-Produkte, die in großen Teufen sehr schnell zerfallen und dementsprechend ihre Wirksamkeit verlieren.

Die von uns aufgenommenen Abbau-Kurven zeigen im Prinzip den Verlauf der Kurven in Abb. 7, die das Temperaturverhalten von 5%iger Nymcellösung wiedergibt. Zur Ermittlung der Strukturviskosität wurde die Viskosität in Abhängigkeit von der Fließgeschwindigkeit aufgetragen. Die Abhängigkeit von Viskosität und Temperatur ergibt die Abb. 8, woraus direkt die Thermostabilität der Schutzkolloide ersichtlich ist. Für Nymcel zum Beispiel ergibt sich, daß es höchstens bis 80° C verwertbar ist. Oberhalb dieser Temperatur tritt ein sehr schneller Abbau ein. Cellin und Luvosa werden bereits bei viel tieferen Temperaturen zerstört.

Der Einfluß des Druckes ist bei all diesen Reaktionen von untergeordneter Bedeutung. Eine weitaus größere Rolle kommt dagegen der Anwesenheit von Elektrolyten, wie NaCl, KCl, $CaCl_2$ und $MgCl_2$ und der entsprechenden Sulfate zu. Sie bewirken, daß die Schutzkolloide schneller unwirksam werden. Das Eintreten von Elektrolyten in die Spülung macht sich durch einen starken Viskositätsanstieg bemerkbar, der bei stärkeren Salzzugaben wieder rückläufig ist.

Ein weiterer Effekt, der bei Zugabe von Salz auftritt, ist der Säuerungseffekt. Er wird durch Kationenaustausch hervorgerufen. Die Na-Ionen werden gegen Protonen (H^+) aus dem Ton ausgetauscht. Die Folge ist natürlich eine Zunahme der H-Ionen-Konzentration und damit Abnahme des p_H. Dieser Austausch kann jedoch nicht unbegrenzt vor sich gehen, da ja der Vorrat an H^+ nicht beliebig groß ist. Es ist also zu erwarten, daß eine Sättigungsgrenze besteht, zumal dieser Austausch eine Gleichgewichtsreaktion darstellt. Abb. 9 zeigt nun den Verlauf dieses Austausches. Der Stillstand dieser Reaktion ist eindeutig am Verlauf des p_H zu erkennen. Außer Na können natürlich auch andere Kationen diesen Austausch bewirken. Das Gleichgewicht liegt jedoch dann anders, was seine Ursache im

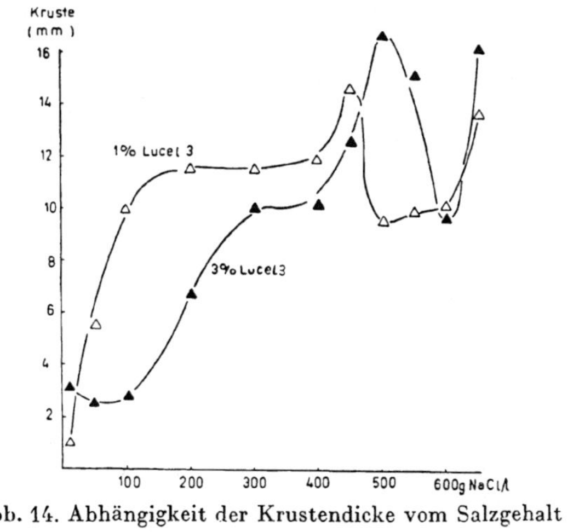

Abb. 14. Abhängigkeit der Krustendicke vom Salzgehalt

veränderten Ionenradius und damit veränderter Wanderungsgeschwindigkeit hat. Abb. 10 zeigt den Verlauf der Austauschreaktionen mit $CaCl_2$ und $MgCl_2$. Auf Grund dieses Säuerungseffektes, d. h. des veränderten p_H, ändert sich auch die Stabilität einer Tonspülung (s. den theoretischen Teil). Der Grund ist in folgendem zu suchen: Die Kolloidteilchen stabiler Suspensionen tragen elektrische Ladungen. Im Falle der Spülung ist sie negativ, und zwar durch oberflächlich adsorbierte OH^--Ionen. Da die OH-Ionen-Konzentration logischerweise im alkalischen Medium größer ist als

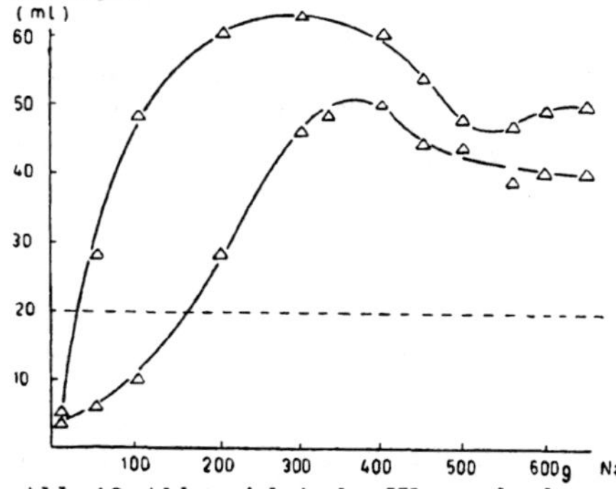

Abb. 12. Abhängigkeit der Wasserabgabe vom NaCl-Gehalt

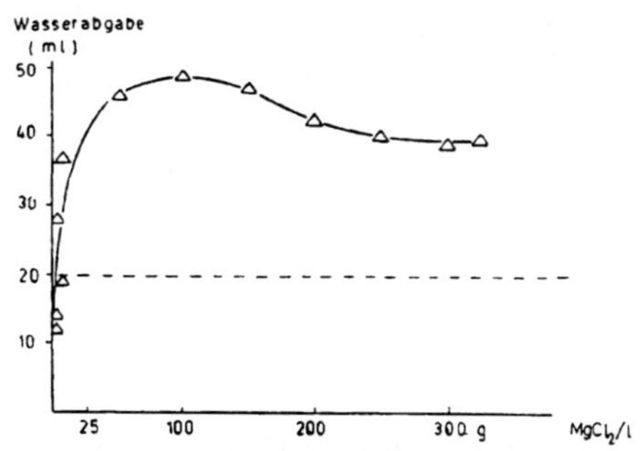

Abb. 13. Abhängigkeit der Wasserabgabe vom $MgCl_2$-Gehalt

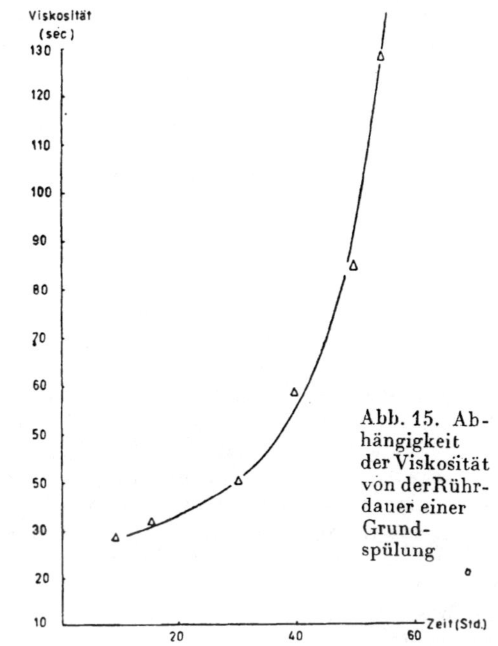

Abb. 15. Abhängigkeit der Viskosität von der Rührdauer einer Grundspülung

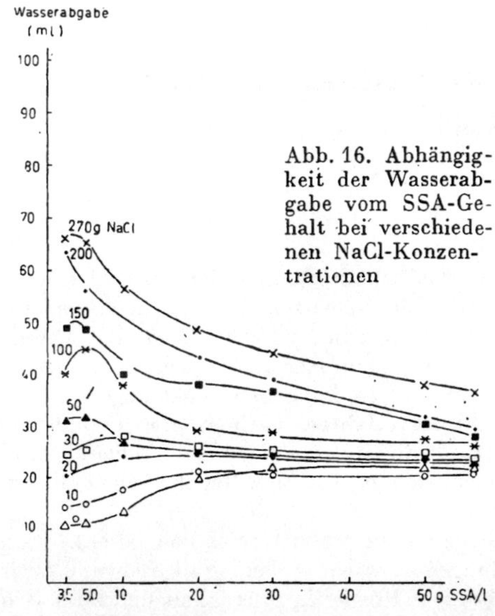

Abb. 16. Abhängigkeit der Wasserabgabe vom SSA-Gehalt bei verschiedenen NaCl-Konzentrationen

im sauren, womit auch die negative Ladung zunimmt, liegt auch im alkalischen Medium das Gebiet der größten Stabilität einer Spülung, während unterhalb p_H 5 ein völliger Zusammenbruch eintritt. Abb. 11 zeigt dies klar und deutlich. Der Einfluß von Elektrolyten ist jedoch hiermit nicht erschöpft. Verfolgt man die Wasserabgabewerte bei steigender Salzkonzentration, so zeigt sich, daß die Wasserabgabe bis zur Löslichkeitsgrenze ständig steigt und bei weiterer Salzzugabe wieder fällt (Abb. 12). Ähnlich liegen auch die Verhältnisse bei Mg-Schädigung, wie aus Abb. 13 ersichtlich ist. Daß tatsächlich die Sättigungsgrenze überschritten wurde, zeigt sich auch an der Abhängigkeit Kruste—Salzgehalt (Abb. 14), derzufolge oberhalb 350 g/l die Messung der Krustendicke durch enthaltenes Salz in Form von Kristallen mit den von uns angewandten Meßmethoden nicht mehr einwandfrei möglich war.

Für die Viskositätsuntersuchungen ist in letzter Zeit die folgende Erscheinung von Bedeutung geworden: Läßt man eine ausgequollene Spülung stehen, so findet keine wesentliche Veränderung statt, wenn nicht durch Verdunsten von Wasser Eintrocknung stattfindet. Rührt man jedoch unter gleichen Bedingungen, so steigt die Viskosität mit der Rührdauer stark an (Abb. 15). Wir sind hierdurch gezwungen, Rührzeit und Rührmethode einheitlich festzulegen, was besonders bei Vergleichsmessungen von Wichtigkeit ist.

Mit Erreichung größerer Teufen spielen die auftretenden Temperaturen eine immer größere Rolle, denn die Erhaltung der kolloiden Eigenschaften der Spülung macht dann in steigendem Maße Schwierigkeiten. An die benutzten Schutzkolloide werden erhöhte Anforderungen bezüglich ihrer Thermostabilität gestellt, die jedoch in den meisten Fällen nicht erfüllt werden. Dazu kommt noch, daß der größte Teil der Schutzkolloide aus dem Ausland importiert werden muß. Daher werden seit einiger Zeit im Spülungslabor des Zentrallaboratoriums Untersuchungen über die Verwendung von Sulfitspritablauge als Stabilisator von Tonspülungen angestellt.

Grundlage für diese Untersuchungen bildet der Umstand, daß Sulfitspritablauge (SSA) in versprühter Form bei Gegenwart von NaCl bessere Eigenschaften zeigt als in salzfreien Spülungen. Seine Verwendung für Salzspülungen lag daher nahe. Da jedoch weder die günstigste NaCl-Konzentration noch die erforderliche SSA-Menge bekannt war, mußte zunächst hierüber Klarheit geschaffen werden. Dabei ergab sich für die Abhängigkeit der Wasserabgabe, als Maß für die Stabilität, vom SSA-Gehalt bei verschiedenen NaCl-Konzentrationen das in Abb. 16 u. Abb. 17 dargestellte Bild. Die verwendete SSA war aus der Celluloseproduktion aus Buchenholz entnommen. Aus den Kurven ist ersichtlich, daß bei der Salzkonzentration 0 eine

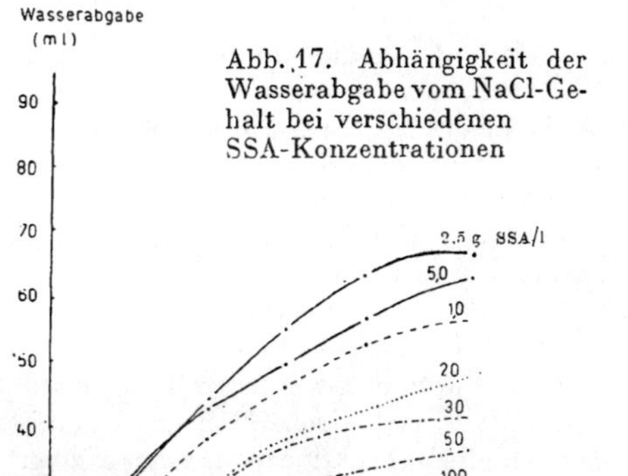

Abb. 17. Abhängigkeit der Wasserabgabe vom NaCl-Gehalt bei verschiedenen SSA-Konzentrationen

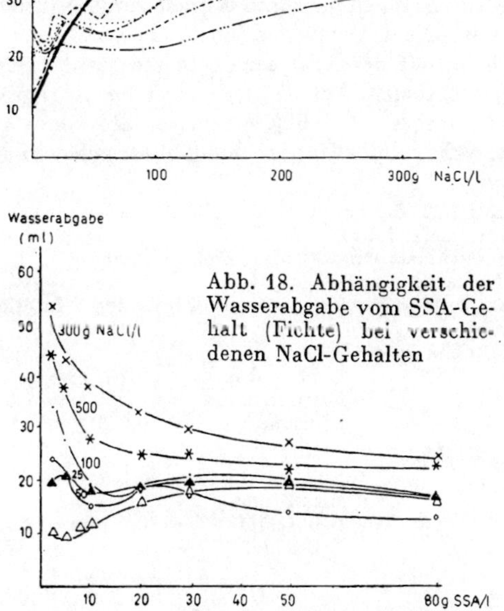

Abb. 18. Abhängigkeit der Wasserabgabe vom SSA-Gehalt (Fichte) bei verschiedenen NaCl-Gehalten

geringe Senkung der Wasserabgabe erzielt werden kann. Jedoch steigt mit zunehmendem SSA-Gehalt die Wasserabgabe wieder an. Bei hohem Salzgehalt erhält man wohl eine Senkung, jedoch liegen die Werte absolut so hoch, daß sie praktisch nicht verwertbar sind.

Die erste allgemeine Senkung der Wasserabgabe konnte dadurch erzielt werden, daß der Säuerungseffekt, der durch die Salzzugabe auftritt, durch NaOH oder Na_2CO_3 kompensiert wurde. Der p_H hielt sich dadurch im Bereich von 7—9. Die maximale Wasserabgabe befand sich jedoch noch immer bei 40 ml, lag also noch weit über der kritischen Grenze von 20 ml. Gegenüber ungeschützten Spülungen war aber bereits eine Senkung von 20 ml zu verzeichnen. Eine weitere Verbesserung der Wasserabgabe ergab sich durch Verwendung von Fichten-SSA, die auf Grund ihres größeren Gerbstoffgehaltes bessere Spülungseigenschaften aufweist (Abb. 18). Wie aus den Kurven ersichtlich ist, liegt die maximale Wasserabgabe bei Salzsättigung und 3% SSA hier bereits unter 30 ml, bei 5% SSA sogar nahe 25 ml. Durch die Verwendung der Fichten-SSA war also ein wesentlicher Fortschritt erzielt worden. Durch die Lieferung von quellfähigerem Ton wird unter diesen Umständen sogar die kritische Grenze unterschritten.

In der weiteren Verfolgung dieses Problems ist beabsichtigt, durch Veränderung der Molekülgröße der Sulfitspritablauge, die chemisch gesehen ligninsulfonsaures Ca darstellt, die kolloiden Eigenschaften zu verbessern. Da die SSA in wäßriger Lösung beim Erhitzen sog. Kondensationen ausführt, d. h. Verknüpfungen verschiedener Moleküle unter Wasserbildung zu größeren Molekülen, ist bereits auf diesem Wege eine Änderung im kolloiden Zustand zu erwarten. Andererseits ist durch Temperaturerhöhung und Änderung des p_H ein Abbau der Ligninsulfonsäure zu erreichen. Es liegt also ganz an den Versuchsbedingungen, ob Auf- oder Abbau und damit Vergrößerung oder Verkleinerung des Moleküls eintritt. Versuche hierüber sind im Gange. Ein weiterer Weg zur Veränderung des Molekulargewichts ergibt sich durch Verknüpfung zweier Moleküle Ligninsulfonsäure durch Formaldehyd. Das Reaktionsprodukt kann sich erneut umsetzen. Auch diese Reaktion ist eine Kondensation und läßt sich durch Temperatur und Konzentrationsänderungen lenken. Auf diesem Wege konnten bereits gute Ergebnisse erzielt werden. Weiterhin läßt sich die Wirksamkeit der SSA durch teilweise Oxydation mittels Luft bzw. anderer Oxydationsmittel verbessern.

Ein verbessertes Temperatur-Konstanthaltebecken für die mechanische Bodenanalyse

(Mitteilung aus dem Bodenlabor des Geologischen Dienstes Jena)

DIETRICH RAU & ARNO BOLZ, Jena

Die mechanische Bodenanalyse bedient sich physikalischer Methoden, um eine Probe von Boden- oder Lockergestein in die einzelnen Kornfraktionen zu zerteilen und diese gewichtsmäßig und in ihrem Verhältnis zur Gesamtprobe zu bestimmen. Ihre Ergebnisse liefern wichtige Unterlagen für Bodenkunde, Quartärforschung und Baugrunduntersuchung.

Durch das KÖHNsche Pipettverfahren werden die Teilchen < 0,002 mm, 0,002—0,006 mm, 0,006—0,02 mm und 0,02—0,06 mm, d. h. die Korngrößengruppen Ton, Feinschluff, Mittel- und Grobschluff und Staubsand, erfaßt. Die an diese Fraktionen anschließenden drei Sand-Korngruppen bis 2 mm werden durch Naßsiebung ermittelt. Die Untersuchungsmethode ermöglicht eine gute Kontrolle der Analysenergebnisse, da die Summe der prozentualen Anteile der einzelnen Korngrößengruppen insgesamt 100% ergeben muß, wenn keine Fehler während der Untersuchung unterlaufen sind.

Beispiel:
Material: Löß, C-Horizont Probe Nr. 19, 4a
Entnahmetiefe: 1,5 m
Herkunftsgebiet: Himmelsberg, Mbl. Schernberg
Unterlagerndes Gestein: mo_2
Einwaage: 10 g absolut trockener Feinboden (Material < 2 mm)

Die Naßsiebung ergab:

Grobsand	=	0,102 g =	1,02%
Mittelsand	=	0,055 g =	0,55%
Feinsand	=	0,071 g =	0,71%

Die Pipettanalyse erbrachte:

Staubsand	=	42,9 mg =	42,9 %
Mittel- und Grobschluff	=	30,9 mg =	30,9 %
Feinschluff	=	7,5 mg =	7,5 %
Ton	=	18,5 mg =	18,5 %
			102,08%

Im Beispiel ist die Summe der Einzelfraktionen mit 102% etwas überschritten. Dies ist noch als durchaus annehmbares Ergebnis zu werten, da eine Abweichung von ±3% bei dem sehr feinen Verfahren der Pipettanalyse im Bereich der Fehlergrenze liegt.

Das Pipettverfahren nach KÖHN beruht auf der Ausnutzung der unterschiedlichen Fallgeschwindigkeit der verschieden großen Einzelteilchen einer Bodenprobe im Wasser.

Nach der Widerstandsformel von STOKES bestehen Beziehungen zwischen der Fallgeschwindigkeit (v) kugelförmiger Körper in Flüssigkeit und ihrer Größe:

$$v = \frac{2}{9} \cdot r^2 \cdot \frac{(d - d_1) \cdot g}{\eta}$$

Die Fallzeit der Bodenpartikel ist aber nicht nur von deren Größe, sondern auch von deren spezifischem Gewicht (d), dem spezifischen Gewicht des Wassers (d_1) sowie von der Viskosität des Wassers (η) abhängig. Die beiden letztgenannten Größen sind temperaturabhängig. Während die Veränderung von d_1 praktisch vernachlässigt werden kann, unterliegt die Viskosität (η) mit wechselnder Temperatur erheblichen Schwankungen, die die Fallgeschwindigkeit (v) beträchtlich verändern.

So beträgt η z. B. bei 20° Wassertemperatur 10^2 cP (Centipoise); die Fallgeschwindigkeit für die Teilchen < 0,002 mm ist dann 1,32 cm/std. Bei 16° Wassertemperatur ist η mit $1{,}11 \cdot 10^2$ cP erheblich größer, so daß die Tonfraktion nur 1,16 cm/std. fällt.

Entnahmetiefe: 100 mm		Fallzeiten bei °C Wassertemperatur				
		18°	21°	24°	27°	30°
Ton	(< 20 μ) Std.	8^{11}	7^{36}	7^{05}	6^{32}	6^{11}
Feinschluff	(< 60 μ) Std.	1^{19}	1^{13}	1^{08}	1^{04}	1^{00}
Mittel- und Grobschluff	(< 200 μ) min	4^{55}	4^{36}	4^{15}	3^{58}	3^{43}
Staubsand	(< 600 μ) sec	47	44	41	38	36

Im Labor arbeitet man zweckmäßig mit Tabellen, in denen die Fallzeiten der zu pipettierenden Fraktionen bei gegebener Temperatur und gleichbleibender Entnahmetiefe verzeichnet sind (s. S. 494).

Ändert sich die Temperatur während der Sedimentation, so ändern sich auch die Fallzeiten der Einzelpartikel der Bodenprobe, so daß bei der Entnahme aus konstanter Tiefe nicht die geforderte Korngrößengruppe erhalten wird.

Um eine gleichbleibende Temperatur während der Sedimentation zu erreichen, arbeiteten wir zunächst mit einem Thermostaten, der, in einem separaten Becken aufgestellt, über eine Schlauchverbindung die Wassertemperatur im Temperiergefäß regelte. Diese Methode erwies sich als wenig zweckmäßig, da die Wasserpumpe des Thermostaten Schwingungen und Strudel erzeugte, die auf die ungestörte Sedimentation der Bodenpartikel Einfluß nahmen. Die unmittelbare Beheizung des Temperiergefäßes ließ sich somit nicht umgehen, und in der Folgezeit benutzten wir einen gewöhnlichen Tauchsieder zum Aufheizen des Wassers im Becken. Die Beheizung mit einem Tauchsieder führte aber zu Temperaturdifferenzen im Gefäß, da die Wärmefortpflanzung vom Heizgerät nach den peripheren Teilen des Ausgleichbeckens nicht rasch genug vonstatten ging. Besonders nachteilig wirkte sich das stoßweise Nachheizen während der Sedimentationszeit aus. Außerdem mußte die Wassertemperatur laufend kontrolliert werden. Alles in allem befriedigte auch diese Methode nicht, denn aus unseren Analysen ging eindeutig hervor, daß die vergleichsweise großen Differenzspannen bei der Aufrechnung der Fraktionen zu 100% auf Temperaturschwankungen während der Sedimentation zurückzuführen waren. Bei Wiederholungen mit besserer Temperaturkonstanz traten dagegen solche Abweichungen nicht auf.

In Verbindung und Zusammenarbeit mit der Fa. HERING, Jena, wurde ein neues Temperaturkonstanthaltebecken konstruiert und gefertigt.

Das Gerät besteht aus dem eigentlichen Aluminiumwasserbecken (r = 240 mm, h = 400 mm), dessen runde

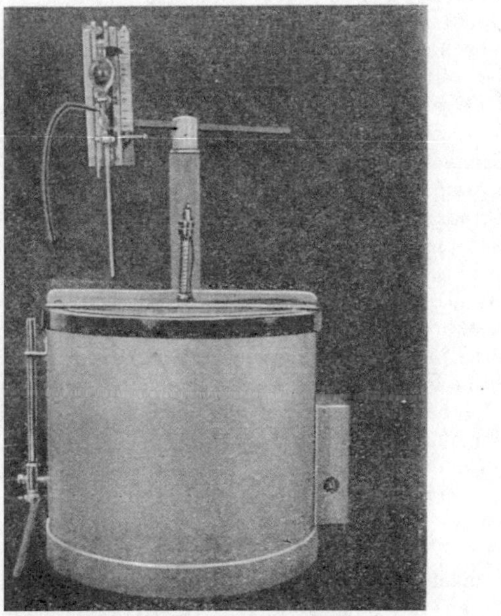

Abb. 1. Temperaturkonstanthaltebecken für die mechanische Bodenanalyse

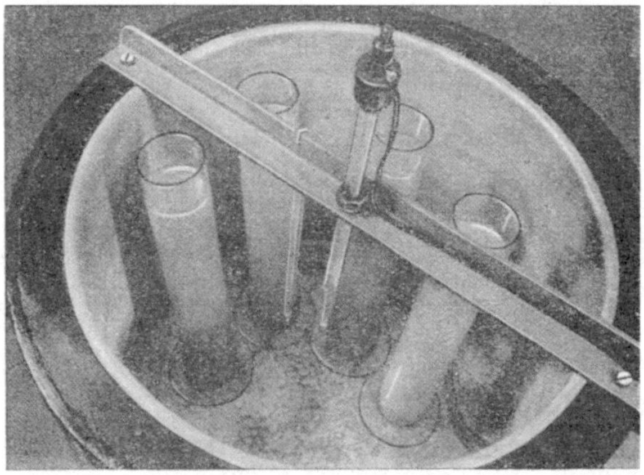

Abb. 2. Ansicht von innen

Form sich als besonders praktisch erweist, da sich die KÖHN-Pipette unserer Anlage am feststehenden Stativ drehen und aus- und einfahren läßt, so daß sie bequem in die kreisförmig aufgestellten Zylinder eingeführt werden kann (s. Abb. 1).

Das Aluminiumgefäß wird von einem Stahlmantel umgeben und getragen, dessen Radius 60 mm größer als der Innenradius ist, so daß sich zwischen Stahlmantel und Wasserbecken eine Lufthülle befindet, die als Isolierschicht den Ausgleich zwischen Raumtemperatur und Wassertemperatur im Gefäß verhindert. Am Mantel sind außerdem die Halterungen für Heizkörper, elektrischen Schaltkasten, Relais und Wasserüberlauf angebracht. Die Beheizung des Temperiergefäßes erfolgt durch zwei Kupfer-Heizspiralen (Leistung je 1700 Watt; 2 getrennte Stromkreise), die sich schleifenförmig links und rechts am Boden des Beckens befinden (s. Abb. 2).

Innerhalb der Heizkörper werden die sechs Sedimentationszylinder aufgestellt. Die Anordnung der Heizkörper am Beckenboden garantiert eine gleichmäßige Wärmefortpflanzung im gesamten Gefäß. Durch das Kontaktthermometer, das von einem Metallsteg gehalten wird, ist die Temperaturkonstanz gewährleistet. Das Kontaktthermometer mißt die Temperatur genau in der Mitte des Beckens etwa in halber Höhe der Wassersäule. Solange die Heizkörper in Tätigkeit sind, leuchtet die Kontrollampe am Schaltkasten; sie erlischt, sobald die am Kontaktthermometer eingestellte Temperatur erreicht ist. Zu erwähnen ist noch der gegenüber dem Schaltkasten angebrachte Wasserüberlauf mit Ablaßhahn, durch den ein bequemes Entleeren des Gefäßes ermöglicht wird.

Zum Aufheizen der 63 l Wasser im Gefäß von 18° C auf 30° C benötigt das Gerät 68 min.

Werte der Temperatur-Kontrollmessungen bei 30° C

Meßstelle	Gefäßrand °C	Gefäßmitte °C
oben (1,5 cm unter dem Wasserspiegel)	29,8	29,8
halbe Höhe (19 cm unter dem Wasserspiegel)	30,0	30,0
unten (38 cm unter dem Wasserspiegel)	30,0	30,0
Messungen in den Sedimentationszylindern		
oben (1,5 cm unter dem Wasserspiegel)	29,6–29,7	
halbe Höhe (17 cm unter dem Wasserspiegel)	30,0	
unten (34 cm unter dem Wasserspiegel)	30,0	

Der Temperaturabfall um maximal 0,4° C unmittelbar unter dem Wasserspiegel beschränkt sich auf die oberste Zone der Wassersäule, denn bereits in 3 cm Tiefe wurden in allen Zylindern genau 30° C wie im gesamten Becken gemessen.

Die vergleichsweise hohe Arbeitstemperatur von 30° C führt zu einer Verkürzung der Sedimentationszeit, so daß auch die Tonfraktion nach 6 Std. 11 Min. noch innerhalb der 8stündigen Arbeitszeit entnommen werden kann.

Die seitliche Bohrlochsondierung und ihre Anwendung im norddeutschen Mesozoikum

KLAUS LEHNERT, Gommern

Elektrische Widerstandsmessungen mit Sonden verschiedener Eindringtiefe, ergänzt durch die Eigenpotentialkurve, waren die ersten Bohrlochmessungen, die hinreichend genaue quantitative Aussagen über die Beschaffenheit der durchbohrten Gesteine, insbesondere deren Porosität und Porenfüllung, zuließen. Die „klassische" Kombination dieser Art besteht aus zwei Normalsonden, einer Gradientsonde (Laterale) mit großem Spacing (d. i. die die Eindringtiefe der Messung bedingende Sondenlänge) und dem Eigenpotential. Zusätzlich müssen der Bohrlochdurchmesser d und der spezifische Widerstand R_m der Spülung gemessen werden. Zur Auswertung werden zunächst mit Hilfe der Eigenpotentialkurve die permeablen Gesteine von den impermeablen geschieden. Mittels „Abweichungskurven", die für Idealfälle berechnet sind, werden dann die scheinbaren spezifischen Widerstände, die die zwei oder drei Widerstandssonden im untersuchten Gestein anzeigten, zur Eliminierung der Einflüsse der Spülungssäule und der spezifischen Widerstände der Hangend- und Liegendschichten korrigiert. Im Ergebnis erhält man, mehr oder weniger genau, R_t (den wahren spezifischen Gesteinswiderstand) und R_i (den spezifischen Widerstand der Infiltrationszone). An Hand dieser Werte lassen sich unter Benutzung der bekannten, von ARCHIE und anderen Autoren gefundenen Relationen Aussagen über den Formationsfaktor (und damit über die Porosität) sowie die Wassersättigung des Gesteins machen.

Dieses Verfahren ist nicht universell anwendbar und liefert auch unter günstigen Bedingungen vieldeutige Ergebnisse. Die Einflüsse der Schichtmächtigkeit und der Gesteinsinhomogenitäten lassen sich nicht immer genügend genau in Rechnung stellen. Stark entwickelte Infiltration kann die Auswertung ebenso behindern wie geringe Infiltration in extrem porösen Gesteinen mit hochmineralisiertem Schichtwasser. In schlechtleitendem Gebirge, besonders in Karbonatgesteinen geringer Porosität, werden die Kurven uncharakteristisch. Diese und andere Mängel führten dazu, die Standardverfahren durch Zusatzmessungen, besonders mit Mikrosonden und Sonden mit fokussierter bzw. induktiver Stromzuführung, zu ergänzen, die seitdem immer mehr in den Vordergrund getreten sind.

Der Hauptnachteil der beschriebenen Standardmethode besteht wohl darin, daß der „Typ" des elektrischen Feldes, das im Gestein erzeugt und dessen Deformation bzw. Ausdehnung bei der Widerstandsmessung untersucht wird, bei Sonden verschiedenen Spacings der gleiche bleibt, wenn sich auch die geometrischen Verhältnisse ändern. Ungenauigkeiten, Störungen und Nachteile der Messung mit einer Sonde treten, wenn auch quantitativ verändert, so doch qualitativ in ähnlicher Weise bei der Messung mit einer von der ersten durch anderes Spacing unterschiedenen Sonde auf. Kombiniert man dagegen Sonden verschiedener physikalischer Arbeitsweise, z. B. eine kurze Normalsonde mit einer Induktionssonde, so werden die untersuchten Parameter gleichsam von verschiedenen Seiten angegangen. Das Meßergebnis ist dann nicht mehr in dem Maße von systematisch auftretenden Störungen beeinflußt, wie das bei Messungen mit Sonden gleichen „Typs" der Fall sein kann. Noch günstiger ist es in manchen Fällen, Messungen verschiedener Gesteinseigenschaften zu kombinieren, etwa eine Mikro-Widerstandsmessung mit einer Radioaktivitätsmessung. Für verschiedene, bestimmten Gesteinen angepaßte Sondenkombinationen dieser Art ist die Auswertung z. T. zu hoher Vollendung gebracht worden. Oftmals wird dabei die direkte Ermittlung der Größen R_t und R_i oder des Formationsfaktors umgangen, und man erhält unmittelbar die Porosität oder Wassersättigung.

In der Sowjetunion und einigen befreundeten sozialistischen Ländern gibt es zahlreiche Eigenentwicklungen moderner Bohrlochmeßverfahren, die den „westlichen" Verfahren z. T. gleichwertig, z. T. auch schon überlegen sind. Für den speziellen Fall der Untersuchung der Widerstandsverteilung in porösen Gesteinen mit Spülungsinfiltration wurde frühzeitig die „seitliche Bohrlochsondierung" (SBS) als Erweiterung und Vervollkommnung der eingangs beschriebenen Standardmethode entwickelt [vgl. KOMAROW (1950), DACHNOW (1955) und ALPIN (1938). Eine gute, kurzgefaßte Einführung gibt KULINKOWITSCH (1958)]. Die Hauptziele der seitlichen Bohrlochsondierung (SBS) sind: Eindeutige Entscheidung, ob Spülungsinfiltration vorliegt oder nicht; Feststellung der Infiltrationstiefe D/2; Ermittlung der Widerstandsgrößen R_i und R_t; Ermöglichung der Auswahl einer bestimmten „optimalen" Standardsonde für einen bestimmten geologischen Komplex. Die SBS ist wegen ihrer Einfachheit in technischer Hinsicht in vielen Gebieten seit langem zum Standardverfahren der Spezialuntersuchung öl- und gasführender Schichten geworden. Da die Erdölerkundung in der DDR auf die Unterstützung durch sowjetische Fachleute und Ausrüstungen angewiesen war und z. T. heute noch ist, wurde auch diese Methode hier eingeführt.

Bei der SBS werden, analog der Tiefensondierung der angewandten Geoelektrik, in der Bohrung Widerstandsmessungen mit mehreren verschiedenen Eindringtiefen, also verschiedenen Sondenspacings, vorgenommen. Je nach der Art des Gebirges und den Anforderungen, die an die Genauigkeit der Auswertungsergebnisse gestellt werden, sind Meßfahrten mit 4, 5 oder mehr Sonden verschiedenen Spacings erforderlich. Die Spacings werden so gewählt, daß die Differenzen ihrer Logarithmen annähernd gleich sind, damit die aus den Meßwerten an den einzelnen Schichten konstruierten Sondierungskurven, die in logarithmischem Maßstab aufgezeichnet werden, gleichmäßig mit Werten belegt sind. Die Meßreihe wird durch eine Kalibermessung und eine fortlaufende Registrierung des spezifischen Widerstandes der Bohrlochspülung im durchmessenen Teufenintervall ergänzt. Wegen des starken Einflusses der Schichtmächtigkeit auf die Kurvenbilder, die mit Normalsonden (im Russischen als Potentialsonden bezeichnet) erhalten werden, kommen Sondierungen mit Normalsonden nur in Schichtkomplexen mit großen Mächtigkeiten und geringer Inhomogenität der einzelnen Schichten zur Anwendung. In feingeschichteten Sedimenten werden dagegen Gradientsonden bevorzugt, da die mit Gradientsonden erhaltenen Kurven wegen der an den Schichtgrenzen auftretenden Stromdichtemaxima auch bei sehr geringmächtigen Schichten noch Indikationen liefern. Im Unterschied zu Normalsonden ergeben Gradientsonden Kurven, die asymmetrisch zur Schichtmitte verlaufen. Jede Meßreihe sollte deshalb durch eine Meßfahrt mit einer Gradientsonde umgekehrter Anordnung (z. B. Unterkantensonde A-MN, wenn die Sondierung mit Oberkantensonden NM-A durchgeführt wurde) ergänzt werden.

Je geringer der Bohrlochdurchmesser und die Schichtmächtigkeiten sind, um so kleinere Spacings sind erforderlich. Die kleinsten Sonden haben ein Spacing von 0,25 m, die größten von 15,0 m. So lange Sonden sind allerdings bei Wechsellagerungen geringmächtiger Schichten nicht mehr anwendbar. In der DDR kommen Gradientsonden mit Spacings von 0,55—8,25 m zur Anwendung.

Wie schon angedeutet wurde, werden den Meßkurven an der zu untersuchenden Schicht bestimmte Werte des scheinbaren spezifischen Widerstandes, und zwar möglichst die sog. Plateauwerte, entnommen. Bei kleinen Schichtmächtigkeiten müssen jedoch, weil keine Plateaus mehr ausgebildet sind, auch andere Werte zur Konstruktion der Sondierungskurve herangezogen werden. Aus diesen Werten wird die „faktische" Sondierungskurve konstruiert, die dann, evtl. nach einer Korrektur für die Schichtmächtigkeit, mit theoretischen Sondierungskurven-(Abweichungskurven) verglichen wird. Die Verfahren zur Konstruktion einer Kurve, die trotz geringer Schichtmächtigkeiten mit einer der für unendliche Schichtmächtigkeiten gezeichneten Abweichungskurven zur Dekkung gebracht werden kann, sind zu einem hohen Grade der Vollkommenheit entwikkelt worden.

Theoretisch konstruierte Abweichungsdiagramme (БКЗ- und БКЗ-U-Tafeln) stehen, beonders für Gradientsonden, in großer Zahl zur Auswahl. Wo der Schluß auf unendliche Schichtmächtigkeit auch bei Gradientsondenmessungen nicht mehr zulässig ist, kommen Diagramme für die mit Gradientsonden erhaltenen Maxima des scheinbaren spezifischen Widerstandes (z. B. die Tafelwerke ПКМ und МКЗ) zur Anwendung. Die Gesamtheit der zur Verfügung stehenden Diagramme gestattet die quantitative Auswertung von Sondierungen an Schichten verschiedensten spezifischen Widerstandes, mit und ohne Infiltration, bis zur Schichtmächtigkeit der Größe eines Bohrlochdurchmessers herunter ($m/d = 1$; m = Schichtmächtigkeit). Im Ergebnis der Auswertung erhält man R_i, R_t und D (Gesamtdurchmesser der spülungsinfiltrierten Zone). Auch der Fall „herabsetzender" Infiltration ($R_i < R_t$) läßt sich mit diesen Verfahren, deren im Rahmen der gegebenen Möglichkeiten erreichte Vollkommenheit alle Anerkennung verdient, ohne Schwierigkeiten bearbeiten.

Die SBS ist eine Weiterentwicklung, Vervollkommnung des „klassischen" Meß- und Auswerteverfahrens, wie es oben beschrieben wurde. Die Vervollkommnung besteht hauptsächlich darin, daß 1. an die Stelle des Vergleichs e i n z e l n e r Meßwerte mit der Abweichungskurve die Konstruktion der Sondierungs k u r v e tritt, was wegen der dichteren Wertebelegung derselben die Vieldeutigkeit erheblich einschränkt, und 2. umfangreiche, sorgfältig durchgearbeitete Tafelwerke und Hilfstafeln zur Verfügung stehen, die auch die Bearbeitung selten vorkommender Sonderfälle ermöglichen.

Die Umgehung oder restlose Ausschaltung der Nachteile der Messung mit einem und demselben Sonden-„typ" gelingt natürlich nicht in jedem Falle. Dem Meß- wie dem Auswerteverfahren sind Grenzen gesetzt, die sich nicht überspringen lassen. So können in hochporösen, mit hochmineralisiertem Schichtwasser gesättigten Gesteinen Schwierigkeiten bestehen, den dann sehr niedrigen spezifischen Widerstand R_t zu bestimmen. Durch Restölgehalt verursachte geringe Widerstandsanhebungen, wie überhaupt geringe Änderungen allgemein niedriger spezifischer Widerstände können daher unerkannt bleiben, während höhere Ölsättigungen genauer faßbar sind. Die bei hochporösen Gesteinen und starkem Filterkuchen manchmal sehr geringen Infiltrationstiefen stören die Auswertung der Messung in

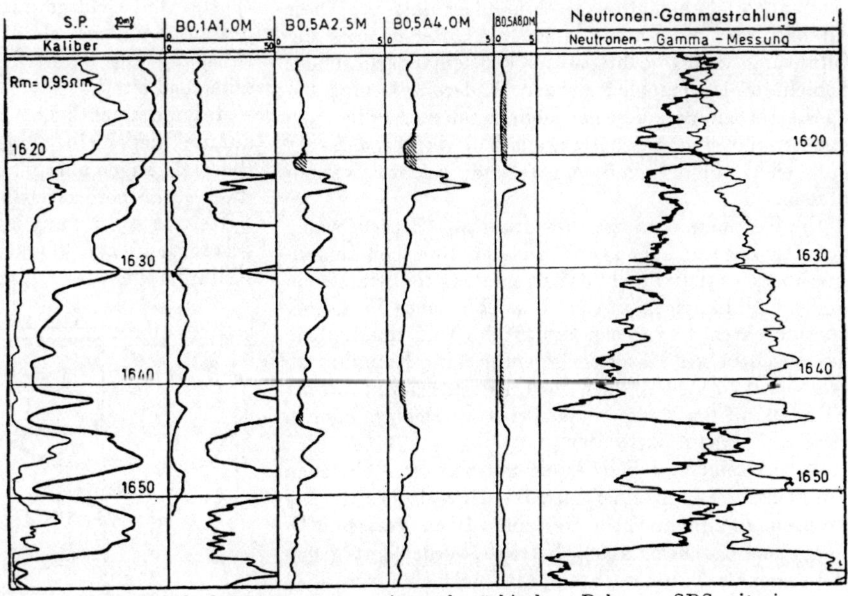

Abb. 1. Bohrlochmessungen aus einer altmärkischen Bohrung, SBS mit vier Oberkanten-Gradientsonden

gewisser Weise ebenfalls; die Infiltrationszone wird dann ungenügend erfaßt, und ihr spezifischer Widerstand R_i ist nicht zu ermitteln. Damit ist dann meist die Ermittlung des Formationsfaktors und der Porosität ausgeschlossen. Die Bestimmung dieser Größen aus dem wahren spezifischen Widerstand R_t ist nur dann möglich, wenn das Nutzporenvolumen 100%ig mit Schichtwasser gefüllt und dessen spezifischer Widerstand R_w bekannt ist.

Bei Errechnung der Abweichungskurven mußte die Infiltrationszone zwangsläufig idealisiert werden. Ihr über die ganze Infiltrationstiefe D/2 als konstant angenommener spezifischer Widerstand R_i und die Infiltrationstiefe selbst sind, dem Äquivalenzprinzip entsprechend, zu einem Integralwert

$$U = \int_{d/2}^{D/2} \frac{R_i - R_t}{R_m} \frac{dr}{r} = \frac{R_i - R_t}{R_m} \ln \frac{D}{d}$$

zusammengezogen; die Abweichungskurven sind für verschiedene Werte von U gezeichnet, gestatten also, einen Mittelwert für R und einen Mittelwert für D festzustellen. Die Untersuchung des Aufbaus der Infiltrationszone, in der ja, konzentrisch zur Bohrlochachse, eine u. U. recht verwickelte Widerstandsschichtung vorliegt, ist auf diese Weise nicht möglich.

Ein besonderer Nachteil der SBS, der auch die sowjetischen Autoren zur Aufstellung strenger Kriterien für die Anwendbarkeit des Verfahrens veranlaßt hat, ist der Einfluß der spezifischen Widerstände der der untersuchten Schicht benachbarten Gesteine. Messungen mit Gradientsonden, die zur Untersuchung von Wechsellagerungen und geringmächtigen Schichten allein in Frage kommen, leiden unter diesen Schwierigkeiten sehr. Die durch geringmächtige Einlagerungen hohen spezifischen Widerstandes verursachten „blinden" Zonen sowie die am Ende derselben beobachteten Reflexionsmaxima machen die Meßkurven auf eine um so größere Länge unbrauchbar, je größer das Sondenspacing ist. Wer mit diesen physikalischen Gegebenheiten nicht vertraut ist, kann sich leicht zu schwerwiegenden Fehldeutungen hinreißen lassen. Diese Grenzen des Verfahrens lassen die Untersuchung der Ölführung geringmächtiger, nahe beieinanderliegender Schichten oft unmöglich werden. Andererseits muß bemerkt werden, daß diese gar nicht so seltenen Fälle auch mit komplizierteren geophysikalischen Verfahren durchaus nicht immer zufriedenstellend geklärt werden können.

Die Tatsache, daß die sowjetischen Autoren wenig auf den Zusammenhang mit anderen Bohrlochmessungen hinweisen, darf nicht dazu verleiten, die SBS als ein völlig unabhängiges, in sich abgeschlossenes Verfahren zu betrachten. Es ist nach Ansicht des Verf. unerläßlich, alle erhältlichen Karottageergebnisse im Komplex zu studieren. In vielen Fällen wird man überhaupt auf die SBS zugunsten anderer Methoden verzichten können (vgl. z. B. ANPILOGOW 1959).

Abb. 1 zeigt eine Sondierung mit vier verschiedenen Gradientsonden in einer altmärkischen Bohrung. Die porösen und permeablen Gesteine, deren Wassersättigung hier durchweg 100% beträgt, werden gut gegen impermeable Gesteine abgegrenzt und lassen sich auch untereinander hinsichtlich ihrer Eigenschaften unterscheiden. Das Nachlassen des Einflusses der relativ hochohmigen Infiltrationszonen mit zunehmendem Sondenspacing fällt deutlich ins Auge; in Tonsteinen ergeben dagegen alle Sonden praktisch gleich große Meßwerte. Das Beispiel zeigt aber auch, daß bei Nichtberücksichtigung des Eigenpotentials (vgl. auch die radiometrischen Kurven) der von 1623—1643 m fast stetig abnehmende Tongehalt unerkannt bliebe, was eine falsche Interpretation der Widerstandskurven zur Folge hätte. Die R_t-Werte können — mit Ausnahme des hochohmigen Horizontes um 1622 m, dessen Bearbeitung die Anwendung der ПКМ- bzw. МКЗ-Tafeln erfordert — direkt aus der Kurve der längsten Sonde entnommen werden. Die errechneten R_i-Werte gestatten die Ermittlung des Formationsfaktors und damit der Porosität mit ausreichender Genauigkeit, wenn der spezifische Widerstand des Spülungsfiltrats bekannt ist.

Ein ähnliches Beispiel, aber für einen Horizont mit geringerer Wassersättigung (30—35%) zeigt Abb. 2. Der Teufenmaßstab ist der gleiche wie in Abb. 1.

Abb. 3 zeigt einen Fall, der für die Anwendung der SBS ungünstig ist. Die Wassersättigung beträgt überall 100%. Die Infiltrationszone ist aber wegen hoher Porosität und anderen lagerstättenphysikalischen Gründen sehr wenig ausgedehnt. Außerdem wurde wegen hoher vertikaler Permeabilität das wenige eingedrungene Spülungsfiltrat noch zu einer Art gravitativer Sonderung vom Schichtwasser veranlaßt, d. h. das Filtrat wurde von dem spezifisch schwereren Schichtwasser nach oben verdrängt (H. G. DOLL 1955). Porositätsabschätzungen wären hier nur bei genauer Kenntnis der Schichtwasserleitfähigkeit möglich, diese läßt sich aber aus der SP-Kurve nicht einwandfrei ermitteln. Auch der Gehalt an Tonsubstanz ist nicht feststellbar. Die geophysikalische Bearbeitung des Bohrprofils muß deshalb als ungenügend bezeichnet werden; Messungen mit Gradientsonden verschiedener Eindringtiefe allein reichen zu seiner Beurteilung nicht aus.

Auf allen drei Abbildungen sind die oberhalb geringmächtiger, schlechtleitender Einlagerungen auftretenden blinden Zonen zu erkennen (in Abb. 1 schraffiert). Wie schon oben bemerkt wurde, ist die Kurve in diesen Zonen verfälscht und kann nicht zur Bestimmung des spezifischen Gebirgswiderstandes herangezogen werden, dessen Kenntnis aber zur Berechnung der Wassersättigung und damit des Ölgehalts einer Schicht entscheidend ist.

Auf die eigentliche, rechnerische Auswertungsarbeit konnte hier nicht eingegangen werden. Die wenigen Beispiele zeigen aber, daß bei sorgfältiger Interpretation die SBS in mesozoischen Gesteinen der DDR als Hilfsmittel zur Auffindung und Untersuchung von Speichergesteinen dienen kann, sofern diese Gesteine gewissen Kriterien genügen. Dazu gehören u. a. die Art der

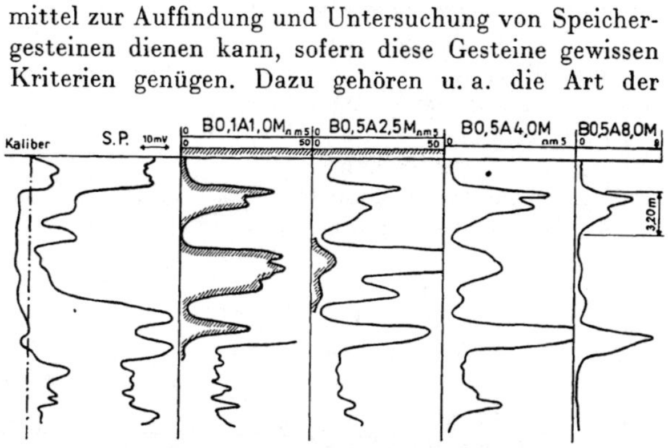

Abb. 2. Ausschnitt der SBS mit vier Oberkanten-Gradientsonden aus einer Bohrung in Mecklenburg

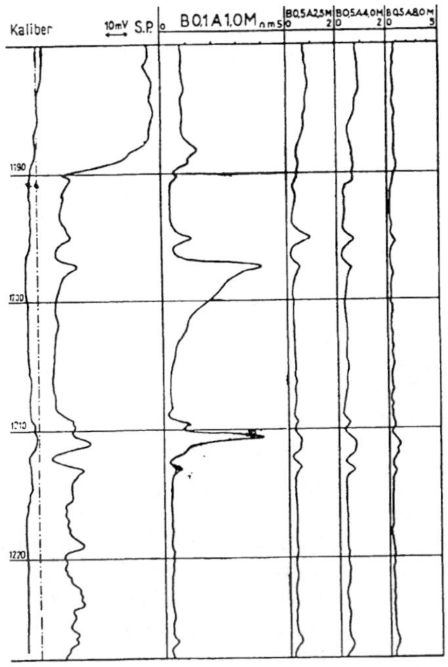

Abb. 3. Ausschnitt der SBS mit vier Oberkanten-Gradientsonden aus einer Bohrung in Mecklenburg

Wechsellagerung, vor allem der Abstand, den die Gesteine, deren Eigenschaften mit Hilfe der SBS untersucht werden sollen, von hochohmigen Zonen wie auch untereinander aufweisen müssen, und die Homogenität und Isotropie dieser Gesteine (Schwankungen des Tongehalts, der Porosität, der Infiltrationstiefe usw. dürfen innerhalb der untersuchten Schicht ein gewisses Maß nicht übersteigen). Diese Kriterien sind aber recht selten so erfüllt, daß eine befriedigende quantitative Auswertung der Meßergebnisse möglich ist. Besondere Schwierigkeiten bereiten dünnschichtige Wechsellagerungen mehr oder weniger schluffiger Tonsteine mit tonigen bis feinsandigen Schluffsteinen, wie sie z. B. im Rät nicht selten sind. Die Aufgliederung solcher makro- und (wegen des Tongehalts) auch mikroanisotroper Wechsellagerungen mit Hilfe der Gammastrahlen- und Mikro-Widerstandskurven ist nicht nur mindestens ebenso genau, sondern gestattet u. U. auch die Gewinnung zuverlässigerer quantitativer Daten, als das mit Gradientsonden wegen der Anisotropie möglich ist (M. MARTIN & K. S. KUNZ 1958). Es liegt daher nahe, aus Ersparnisgründen in einigen Meßgebieten an Stelle von 4 oder 5 Gradientsonden nur noch die 8,25-m-Sonde einzusetzen, weitere Informationen über die durchsunkenen Schichten aber anderen, auch jetzt schon obligatorisch durchgeführten Messungen zu entnehmen (bes. Mikro-Widerstand, Eigenpotential, radiometrische Messungen). Die baldige Einführung induktionselektrischer Sonden muß angestrebt werden.

Dem Wesen des Verfahrens der Widerstandsmessung mit direkter, nicht fokussierter Stromzuführung entsprechend bleibt die Anwendung der SBS hauptsächlich auf Sand-Ton-Profile beschränkt. Versuche, sie in „harten“ Gesteinen anzuwenden, zeigten in der DDR keine Erfolge. Zur geophysikalischen Untersuchung solcher Gesteine müssen andere Verfahren angewandt werden.

Literatur

ALPIN, L. M.: Zur Theorie der elektrischen Bohrlochmessung. — ONTI NKPT, Moskau 1938 (russ.).
ANPILOGOW, A. P.: Lithologische Charakteristik produktiver Devonschichten der Lagerstätte Tuimasy auf Grund von Materialien der Bohrlochgeophysik. — Geologija nefti i gasa, III (1959), 2., S. 40.
DACHNOW, W. N.: Die Interpretation der Ergebnisse geophysikalischer Bohrlochmessungen. — Gostoptechisdat, Moskau 1955 (russ.).
DOLL, H. G.: Invasion Process in High Permeability Sands. — The Petr. Engineer, Jan. 1955.
KOMAROW, S. G.: Die Karottage nach der Widerstandsmethode; Interpretation. — Gostoptechisdat, Moskau u. Leningrad, 1950 (russ.).
KULINKOWITSCH, A. E.: Diagramme der seitlichen Bohrlochsondierung und ihre Anwendungsmethode. — Gostoptechisdat, Moskau 1958 (russ.).
MARTIN, M. & KUNZ, K. S.: Why Those Low Lateral Readings. — The Oil and Gas Journ. 56 (1958), 6, S. 88.

Zur Herstellung schwach vergrößerter Mikroaufnahmen mit der Kleinbildkamera

KARL ZASTROW, Berlin

Im Heft 12/1958 der „Zeitschrift für angewandte Geologie“ erschien der Aufsatz, „Ein Gerät für mikrofotografische Aufnahmen in der Gesamtgröße von Dünnschliffen“. Das Gerät hat sich im Zentralen Geologischen Dienst, Berlin, Arb. Gr. Min. und Petrographie, bestens bewährt. Die Bildfeldkrümmungen fallen bei den erwähnten kleinen Vergrößerungen gänzlich weg. Allerdings ist das Gerät nur für die Formate 6×9 und 9×12 cm beschrieben.

Die wissenschaftliche Fotografie verlangt aber nicht nur das Großformat, sondern es wird oft auf Kleinbild Wert gelegt. Außerdem werden neuerdings in steigendem Maße Farbaufnahmen gewünscht. Das trifft sowohl für Veröffentlichungen als auch für Diapositive zu. Der-

Abb. 1. Aufnahmegerät zur Herstellung schwach vergrößerter Mikroaufnahmen

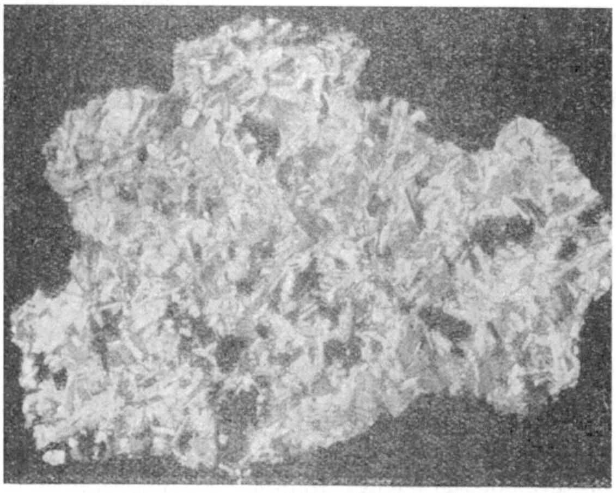

Abb. 2. Übersichtsaufnahme eines Dünnschliffes im polarisierten Licht bei + Nic. Gabbro Plagioklas und Pyroxen, ophitisches Gefüge. Radanberg, Blatt Harzburg. Vergrößerung 4 × Mikrotar f = 90 mm

Abb. 3. Wie Abb. 2. Vergrößerung 8,5 × Mikrotar f = 45 mm

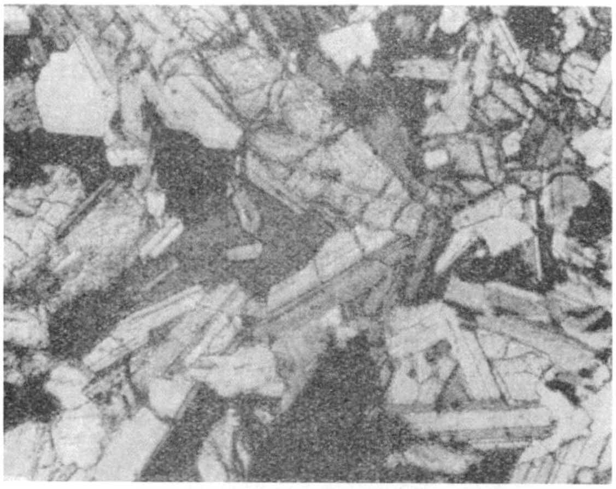

Abb. 4. Wie Abb. 2. Vergrößerung 22 × Mikrotar f = 20 mm

artige Aufnahmen können selbstverständlich auch mit der 9×12 cm-Kamera und Agfacolor-Planfilm hergestellt werden, können aber durch die weitaus kompliziertere Belichtung der Aufnahme und das schwierig zu beschaffende Filmmaterial wesentlich teurer kommen. Dagegen ist die Aufnahme auf Kleinbildformat sehr viel billiger.

Aus den erwähnten Gründen gebe ich der Kleinbildkamera gegenüber der Großformatkamera den Vorzug. Im folgenden möchte ich etwas näher auf die Aufnahmetechnik mit der Kleinbildkamera in Verbindung mit dem oben erwähnten Beitrag (ZASTROW 1958) eingehen. Für diesen Zweck wird das Vielzweckgerät von der Firma IHAGEE, Dresden, gemeinsam mit der EXAKTA-VAREX (Abb. 1) verwendet. Außerdem sind sämtliche Spiegelreflexkameras, wie Contax, Praktica, Praktina und die Exa, zu verwenden. Zu den genannten Kameras stellen die Firmen entsprechende Balgengeräte her. Man könnte auch Vorsatztuben benutzen, aber diese sind nicht variabel genug. Als Objektive werden, wie bei der 9×12 cm-Kamera, die Mikrotare des VEB ZEISS-Jena mit den Brennweiten f — 90 mm, f — 45 mm und das Mikrotar f — 20 mm verwendet.

An die Balgengeräte lassen sich nur die normalen Foto-Objektive ansetzen. Sie besitzen entweder Bajonettfassungen (IHAGEE-Kamera) oder Schraubgewinde (Contax usw.). Man kann also die Mikrotare mit dem kleineren Gewindedurchmesser nicht an das Balgengerät schrauben. Daher müssen Zwischenringe benutzt werden, die für Varex und Exa von der Firma IHAGEE, Dresden, zu beziehen sind. Für die anderen Kameras können diese von jedem Mechaniker leicht hergestellt werden.

Das Vielzweckgerät der IHAGEE kann man ohne jeglichen Umbau verwenden. Es wird an der Längsseite der Grundplatte der Standardkamera aufgestellt, wie aus Abb. 1 ersichtlich ist. Um mit dem Balgenauszug die größte Auszugslänge zu erreichen, muß man noch eine ca. 50 mm starke Platte unter das Vielzweckgerät legen. Durch Verschieben des Gerätes kann man das Bild genau in die Mitte der Mattscheibe bringen. Legt man Wert auf eine feste Kamera, muß man durch einen kleinen Umbau das Balgengerät an der Säule der Standardkamera befestigen, wodurch ein besseres Arbeiten gewährleistet ist.

Die Belichtungszeiten sind ähnlich wie für die Herstellung von Mikroaufnahmen mit der Kleinbildkamera. Als Negativmaterial verwendet man den 17° DIN- bzw. 10° DIN-Film. Es ist angebracht, Feinkornentwickler zu verwenden. Die besten Erfahrungen liegen bei ATOMAL F. Macht man mehrere Aufnahmen mit demselben Balgenauszug und dem gleichen Objektiv, muß am Schluß der Aufnahme ein Maßstab mitfotografiert werden. Ändern sich jedoch Optik sowie Balgenauszug, muß der Vergrößerungsmaßstab nach jeder Aufnahme fotografiert werden. Der VEB Zeiß Jena stellt derartige Maßstäbe für Durchlicht mit einer Unterteilung von 10 mm auf Wunsch her. Man kann sich diesen Maßstab auch selbst herstellen, indem man zehn Teilstriche im Abstand von je 10 mm auf weißes Papier zeichnet und diese dann fotografisch genau auf 1 cm verkleinert. Das dadurch entstandene Negativ, man nimmt am besten Planfilm (hartarbeitend), wird zwischen zwei Deckgläser 5×5 cm als Dia geklebt.

Die Abbildungen 2—4 sind mit den drei genannten Mikrotaren aufgenommen. Sie zeigen von einem Dünnschliff Aufnahmen verschiedener Größen.

Literatur

ZASTROW, K.: Mikrofotografische Aufnahmen von Dünnschliffen. Z. angew. Geol., 1958, Heft 12, Seite 579.

Zeitschrift für angewandte Geologie (1959) Heft 10

Die Quecksilberauftriebswaage in der angewandten Geologie

THOMAS KAEMMEL & ERICH KNAUER, Berlin

Das Raumgewicht, das mit Hilfe des Auftriebes bestimmt wird, hat in der angewandten Geologie eine große Bedeutung. Seine exakte Bestimmung ist in einigen ihrer Disziplinen unumgänglich.

1. In der Vorratsbestimmung: Mineralvorräte werden letzten Endes nach folgender Formel bestimmt (STAMMBERGER 1956):

$$Q = V \cdot D$$

Q = Vorratsmenge
V = Lagerstätteninhalt
D = Raumgewicht

2. In der technischen Gesteinskunde: Direkt benötigt wird das Raumgewicht bei der Prüfung von Leichtbaustoffen. Indirekt ist es notwendig zur Feststellung der absoluten Porosität und der daraus abgeleiteten Größen (Baustoffkunde, Erdölerkundung und -förderung, Baugrundforschung).

3. In der angewandten Geophysik zur Auswertung von Schwerekarten und u. U. auch zur Auswertung elektrischer Bohrlochmessungen.

Die Kenntnis des Raumgewichtes ist auch für theoretische Fragen von Interesse. Beim Studium von geochemischen Stoffwechselvorgängen ist die Kenntnis des Raumgewichtes unbedingt notwendig, besonders dann, wenn man von dem Lindgrenschen Gesetz der Volumenkonstanz (isochore Verhältnisse) bei metasomatischen Vorgängen ausgehen kann. Ferner können mit Hilfe des Raumgewichtes und der volumetrischen Integration im Schliff oder Handstück auch die Gewichts- oder Volumenanteile eng miteinander verwachsener mineralogischer

Abb. 1. Waagschale und Quecksilbergefäß der Quecksilberauftriebswaage mit eingetauchtem Probekörper

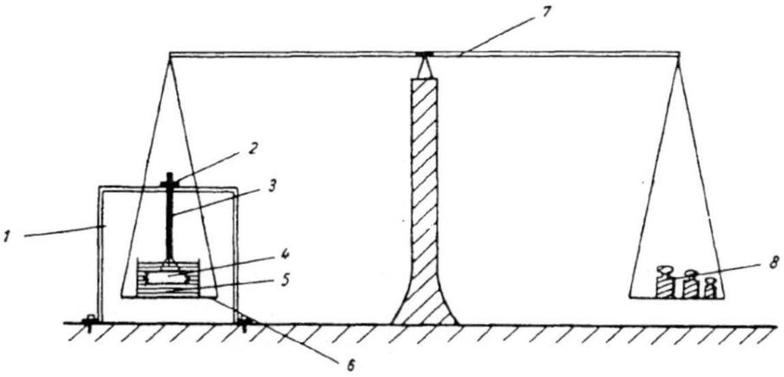

Abb. 2. Schematische Darstellung der Quecksilberauftriebswaage

1 – Feststehende Brücke, 2 – Schraube zum Verstellen des Stabes, 3 – Stab mit 5 Spitzen zum Eintauchen der Gesteinsproben, 4 – Probe, 5 – Glasgefäß mit Quecksilber, 6 – Waagschale, 7 – Waagebalken, 8 – Gegengewichte

Dispersionen ermittelt werden. Dies geschieht nach folgenden Formeln:

Gesucht seien die relativen Volumenanteile einer optisch nicht mehr getrennt integrierbaren Verwachsung, bestehend aus zwei Komponenten.

$$V_1 = \frac{G - \gamma_2 \cdot V}{\gamma_1 - \gamma_2}$$

V_1 = Volumen der einen Komponente (1)
G = Gewicht der Gesamtprobe
V = Volumen der Gesamtprobe
γ_1 = spezifisches Gewicht der einen Komponente (1)
γ_2 = spezifisches Gewicht der anderen Komponente (2)

Gesucht sei das spezifische Gewicht einer natürlichen Gefügeeinheit eines Gesteins, das aus zwei Gefügeeinheiten besteht.

$$\gamma_1 = \frac{G_b \cdot V_{2a} - G_a \cdot V_{2b}}{V_b \cdot V_{2a} - V_a \cdot V_{2b}}$$

γ_1 = spezifisches Gewicht der einen Gefügeeinheit (1)
G_a = Gewicht der einen Gesteinsprobe
G_b = Gewicht einer zweiten Gesteinsprobe
V_a = Volumen der einen Gesteinsprobe
V_b = Volumen einer zweiten Gesteinsprobe
V_{2a} = Volumen der Gefügeeinheit (2) in der Probe a
V_{2b} = Volumen der Gefügeeinheit (2) in der Probe b

Im allgemeinen wird das Raumgewicht fester Stoffe durch den Auftrieb in Wasser an paraffienrten Gesteinsproben gemessen (nach VON MOOS und DE QUERVAIN 1948):

$$\gamma_e^+ = \frac{G_e^+ \cdot \gamma_w}{G_1 + G_e^+ - G_2 - G_p\left(\frac{\gamma_w}{\gamma_p} - 1\right)} \text{ g/cm}^3$$

G_e^+ = Gewicht des Probekörpers ohne Paraffin in g
G_p = Gewicht des Paraffinüberzuges in g
γ_w = Raumgewicht des Wassers in g/cm³ = 1,0 g/cm³
γ_p = Raumgewicht des Paraffins in g/cm³ = 0,878 g/cm³
G_1 = Gewicht: Gefäß + Wasser in g
G_2 = Gewicht: Gefäß + Wasser + paraffinierter Probekörper in g

In einigen Fällen kann diese Methode nicht einwandfrei durchgeführt werden. Dann hat die Quecksilberauftriebswaage Vorteile gegenüber der herkömmlichen Methode, nämlich bei der Raumgewichtsbestimmung stark poröser Gesteine mit bis $^1/_2$ cm³ großen Hohlräumen. Während durch die Paraffinierung ein systematischer Fehler durch das in die Hohlräume eingedrungene Paraffin entsteht, wird dieser Fehler bei der Quecksilberauftriebswaage vermieden, da das Quecksilber eine sehr hohe Oberflächenspannung hat. Eine derartige Waage, wie sie von den Autoren konstruiert worden ist (s. Abbildung und Skizze), arbeitet nach folgendem Prinzip: Auf der einen Waagschale der Waage steht der Behälter mit dem Quecksilber und der darauf schwimmenden möglichst scheibenförmigen Gesteinsprobe. Auf der anderen Waagenseite liegt das entsprechende Gegengewicht. Mit einem an einer Brücke festklemmbaren Stab, an dessen unterem Ende ein Dreifuß befestigt ist, wird die Gesteinsprobe unter die Quecksilberoberfläche gedrückt und die Gewichtszunahme gemessen. Das Raumgewicht wird nach folgender Formel bestimmt:

$$\gamma' = \frac{13{,}6 \cdot G_L}{G_1 - G_2}$$

γ' = Raumgewicht der Probe
G_L = Gewicht des Probekörpers in Luft
G_1 = Gefäß mit Quecksilber gefüllt. Der Probekörper befindet sich unter der Quecksilberoberfläche
G_2 = Gefäß mit Quecksilber gefüllt mit eingetauchtem Dreifuß

Der Bau einer solchen Waage ist denkbar einfach und kann in jeder institutseigenen mechanischen Werkstatt vorgenommen werden. Als Grundlage dient am besten eine gute Balkenwaage mit einer Tragkraft von 6000—8000 g. Über die eine Waagschale wird eine am Boden befestigte, in der Höhe verstellbare Brücke montiert. In der Mitte dieser Brücke sitzt ein Stab, der an einem Ende 3—5 Spitzen hat. Eine an der Brücke sitzende Klemmschraube gestattet eine beliebige Höhenverstellung. Der Stab sowie eine der Spitzen sind mit Marken versehen, damit der Stab beim Wiegen sowohl mit als auch ohne Gesteinsprobe stets gleich tief in das Quecksilber eintaucht.

Quecksilber ist ein giftiger Stoff, deshalb ist beim Arbeiten mit dieser Waage Vorsicht geboten. Außerdem sind besondere Schutzmaßnahmen zu treffen. Während der Arbeit wird die Waage am besten in einem Abzug aufgestellt. Ihre Unterlage soll zweckmäßig aus einem flachen Becken aus Glas oder Vinidur bestehen, damit etwa verschüttetes Hg leicht aufgefangen werden kann. Das Umgießen des Quecksilbers erfolgt am besten mit einem eigens dafür hergestellten gläsernen Quecksilberheber.

Reorganisation und Perspektive der geologischen Kartierung im Raum Mecklenburg

HERBERT-LOTHAR HECK, Schwerin

Im Gepräge und Inhalt amtlicher geologischer Karten vermag sich das im jeweiligen Staat erreichte Wissensniveau durchaus widerzuspiegeln. So nimmt es im Hinblick auf die immer mehr zunehmende Bedeutung und Verwendungsmöglichkeit geologischen Kartenmaterials für Wirtschaft, Wissenschaft und Technik nicht wunder, daß alle Kulturstaaten ganz besonderen Wert auf zuverlässige, laufend verfeinerte Kartenwerke in den verschiedensten Maßstäben legen und auch auf diesem Gebiet ein Wettbewerb eingetreten ist. Während der letzten Jahrzehnte ist das Bestreben, die geologischen Untersuchungen intensiver als zuvor nachzuholen, in einigen sozialistischen Ländern so deutlich geworden, daß besondere Ministerien für Geologie geschaffen worden sind (W. A. APRODOW 1952; E. LANGE 1959; A. SCHÜLLER 1958), die die Fertigung geologischer Karten vorrangig veranlassen.

Auch auf deutschem Boden gilt es noch nachzuholen, denn nicht überall fand die jahrzehntelange Kartierungstätigkeit der früheren Preußischen Geologischen Landesanstalt eine entsprechende Nachahmung. Zu diesen kartiermäßig vernachlässigten Ländern gehörte auch das alte Mecklenburg, dessen Regierung dem hochangesehenen geologischen Wissenschaftler und Direktor der Mecklenburgischen Geologischen Landesanstalt E. GEINITZ einfach nicht gestattete, die geologische Kartierung in diesem Lande durchzuführen. Zutiefst beschämt sah er sich daher veranlaßt, sein vielfaches in dieser Hinsicht vergebliches Bemühen der wissenschaftlichen Welt bekanntzugeben (GEINITZ 1902, S. 121 u. 123):

„Über die wiederholt abgelehnte landesherrliche Landtagsvorlage, betreffend die geologische Kartierung Mecklenburgs, glaube ich folgende Mitteilung den Fachgenossen schuldig zu sein, schon um zu zeigen, daß zur Erreichung der Arbeit nichts versäumt worden ist, weder seitens des mit der geologischen Durchforschung des Landes Betrauten, noch . . . . . .
Man wird die Ablehnung des großen Werkes auch in Hinblick auf die in den anderen Bundesstaaten dem Interesse einer Erforschung des Grund und Bodens zu Teil gewordene nachhaltige und mit allen Mitteln nachdrücklich verfolgte Fürsorge im Interesse der Wissenschaft wie der Praxis nur lebhaft bedauern können."

Weder bis zum Ableben von E. GEINITZ († 1925, vgl. das entspr. Zitat nach F. SCHUH (1925) in H.-L. HECK (1956 a, S. 18) noch später hatte sich darin Wesentliches geändert: die staatlich zu betreibende geologische Landesaufnahme hatte in Mecklenburg zu unterbleiben.

Wie grundlegend jedoch haben sich seit dem Bestehen der Deutschen Demokratischen Republik auch auf geologischem Erkundungsgebiet die Verhältnisse geändert! So galt das Augenmerk der Regierungsorgane schon alsbald der wissenschaftlichen wie technischen Verbesserung und kadermäßigen Verstärkung in der Geologie. Das war um so bedeutsamer, als es noch für lange und harte Jahre nach den Verwüstungen durch einen totalen Krieg doch so viele näher liegende und für das Leben der Menschen entschieden wichtigere Dinge zu bewältigen galt. Dennoch wurden der geologischen Forschung und der Feldtätigkeit nun eine Bedeutung beigemessen und staatliche Hilfe zuteil wie noch niemals zuvor (vgl. STAMMBERGER 1958, S. 51). Allerdings bewirkte das organisatorische und ökonomische Wandlungen, eine grundlegende Veränderung in der Struktur (siehe „Anordnung über das Statut der Staatlichen Geologischen Kommission" — Gesetzbl. d. DDR, Teil II, Nr. 1, S. 1—3, Berlin 1959) und auch die Reorganisation für die geologische Kartierung. Personelle Hilfen durch befreundete Fachkollegen des sozialistischen Auslandes, Methodik der Aufnahme, technische Unterstützung und Inhalt wie Verwendungsmöglichkeiten der Karten wurden erweitert und verbessert. Es wurde angestrebt, den höchstmöglichen ökonomischen Nutzeffekt bei geringstem Zeitaufwand zu erreichen, wobei wissenschaftliche Erkenntnisse und wirtschaftliche Ergebnisse von gleichrangiger Bedeutung sind.

Unter dem Aspekt der gründlicheren geologischen Untersuchung eines Gebietes wird der Begriff Kartierung jedoch nicht mehr ausschließlich für die Oberfläche im Flachland verwendet, sondern es ist unter dem gegenwärtigen Zeitpunkt bereits eine eingehendere Erkundung auch des mittleren und des tieferen Untergrundes eingeleitet worden, die in der Perspektive ganz erheblich verstärkt werden wird, wobei Informationsbohrungen zur Klärung der Schichtenfolge und Lagerungsverhältnisse bis zu 3000 m keine Seltenheit bleiben werden. Sonach umfaßt bei der Staatlichen Geologischen Kommission die Tätigkeit der geologischen Kartierung durch den Geologischen Dienst Schwerin folgende Aufgaben in den drei Bezirken Mecklenburgs:

1. Kartierung der Oberfläche und des nahen Untergrundes;
2. Kartierung des Untergrundes mittlerer und großer Teufen;
3. Untersuchung größerer Erdaufschlüsse über und unter Tage;
4. Betreuung und Auswertung der für die Kartierung angesetzten Bohrungen und Basisbohrungen;
5. Dokumentation der Feld- und Bohrarbeiten sowie Erarbeitung druckreifer Karten verschiedener Maßstäbe.

Damit im Zusammenhang stehen ein Kernarchiv und ein Bohrprobenarchiv des Geologischen Dienstes Schwerin nebst Geräte- und Ausrüstungspark.

*

Die in Mecklenburg noch zu bewältigenden Aufgaben der geologischen Oberflächen-Kartierung sind recht umfassend. Sind doch von dem 26622 km² (nach HURTIG 1957, S. 6) betragenden Gebiet (nach der am 23. 8. 1952 durchgeführten Verwaltungsreform), von dem beinahe 1000 km² auf Bodden, Binnengewässer und größere Seen entfallen, erst etwa 6900 km² vor 1945 geologisch aufgenommen worden, die sich auf 76 Meßtischblätter der von Mitarbeitern der Preußischen Geologischen Landesanstalt untersuchten Gebiete verteilen. Danach hat die Staatliche Geologische Kommission durch ihren Geologischen Dienst Schwerin von 1953 bis 1958 für den Maßstab 1 : 100000 weitere 82 Meßtischblätter bearbeiten lassen, so daß von insgesamt 271 Meßtischblättern des heutigen Mecklenburgs noch 113 mit etwa 12500 km² Flächeninhalt in geologischer Hinsicht offenstehen. Die Aufnahme 1 : 100000 ist als Vorlauf deshalb gewählt worden, weil, wie oben ausgeführt, der Raum Mecklenburg von jeher in der geologischen Kartierung vernachlässigt worden war und somit die Beseitigung der „terra incognita" beschleunigt werden muß (HECK 1956 a, S. 19).

Die neue Perspektive sieht nun vor, daß bis zum Jahre 1975 die geologische Übersichtskartierung Mecklenburgs nicht nur abgeschlossen, sondern auch mit einer Spezialkartierung, die in wirtschaftlichen Schwerpunktsräumen auf der Grundlage 1 : 10000 zu erfolgen hat, begonnen sein soll. Die Bereitstellung von Hoch- und Fachschulkadern bereitet in Kürze keine Schwierigkeiten mehr (STAMMBERGER 1958, S. 51), es gilt nur die jungen Mitarbeiter recht gründlich in die Methodik der Kartierungen einzuführen. Dennoch wird die feldmäßige Beendigung sämtlicher mecklenburgischer Meßtischblätter und ihre Drucklegung noch Jahrzehnte in Anspruch nehmen. Inzwischen allerdings erscheinen die geologischen Übersichtskarten laufend, worunter sich im Maßstab 1 : 100000 bereits das Großblatt 10 (Stralsund — Bergen a. R. — Barth) im Ausdruck befindet (s. u. HECK 1958 in BENEK, S. 1091). Eine geologische Übersichtskarte von Mecklenburg im Maßstab 1 : 200000 steht als Druckvorlage vor der Vollendung, eine Karte 1 : 500000 der Deutschen Demokratischen Republik ebenfalls.

*

Die geologischen Karten dienen, soweit sie die Oberfläche bis zu geringer Tiefe beinhalten, der vielseitigen Planung und den Zweigen der Volkswirtschaft, die oberflächennahe mineralische Rohstoffe benötigen oder die, wie Land- und Forstwirtschaft sowie die Bauwirtschaft, an der Kenntnis der Zusammensetzung und Ausbildung der Bodenverhältnisse interessiert sind. Für die Fragen der Wasserwirtschaft (Grundwasser) und des Bergbaus reichen solche Karten trotz der beigegebenen Erläuterungen und geologischen Schnitte allerdings nicht aus. Deshalb werden Kartierungen des Untergrundes, aufgegliedert bis in möglichst große Teufen, angestrebt. Diesem Zweck gelten über die gesondert laufenden geophysikalischen Untersuchungen hinaus reine Kartierungsbohrungen mit Teufen um 1000 m, mit denen 1958 begonnen wurde und die von Jahr zu Jahr in verstärktem Umfang zunehmen werden. Ihre Ergebnisse bilden in Ergänzung der vornehmlich von privater Seite vorgenommenen und vom Geologischen Dienst Schwerin überarbeiteten Bohrungen die Grundlage für schrittweise wie teufenunterschiedliche Kartendarstellungen unseres Untergrundes. Es werden also Karten entstehen, welche die Lagerung, Stratigraphie, Paläogeographie, Sedimentologie, Tektonik u. a. m. zum Ausdruck bringen, worin durch Geophysik und Bohrungen festgestellte Lagerstätten einzubeziehen sind. Auch der Grundwasserwirtschaft (HECK 1956 b) können die von der Staatlichen Geologischen Kommission durchgeführten Bohrungen und herausgegebenen Karten nur von Nutzen sein.

Die letzte Ergänzung schließlich erfährt die Kartierung des Untergrundes durch sogenannte Basisbohrungen, die in manchen Fällen die gravimetrisch in Erscheinung tretenden alten Schilde und Sockel anfahren oder bis ins Präsalinar vorstoßen werden (vgl. KOSSYGIN 1959).

*

Schon heute, nach zehnjährigem Bestehen der Deutschen Demokratischen Republik, muß zugestanden werden, daß die von der Staatlichen Geologischen Kommission und ihrem Zentralen Geologischen Dienst veranlaßte Reorganisation auch auf dem Gebiete des geologischen Kartierung Mecklenburgs Fortschritte und Ergebnisse gebracht hat, auf die Geologen in früheren Jahren kaum zu hoffen wagten. So wird er künftig auch eine Selbstverständlichkeit sein, in die Kartierung auch die bodenkundliche Geologie (Bodengeologie) einzubeziehen und die sedimentologische Erkundung der Seen und Binnengewässer (Limnogeologie) wie auch der Bodden- und Küstenbereiche nicht zu vernachlässigen. Reorganisation, bisherige Erfolge und Perspektive der jüngsten geologischen Erkundung des Flachlandes, vorangetrieben durch die große finanzielle und technische Hilfe in der Deutschen Demokratischen Republik, sind also ein wahrer sozialistischer Ausdruck der staatlichen Anerkennung und Förderung der geologischen Wissenschaft zu ihrem und der Volkswirtschaft Nutzen.

Literatur

APRODOW, W. A.: Geologisches Kartieren. – Moskau 1952 (bes. Kap. I, S. 6–32 „Die Entwicklungsgeschichte der sowjetischen geologischen Kartierung vor und nach der Großen Sozialistischen Oktoberrevolution").

BENEK, R.: Die 5. Jahrestagung der Geologischen Gesellschaft in der Deutschen Demokratischen Republik. – Z. Geologie 7, S. 1089–1092, Berlin 1958.

BÜLOW, K. von: Geologisches Kartieren – Grundlage und Ziel der Nachwuchsbildung. – Z. angew. Geologie 1, S. 129–132, Berlin 1955.

GEINITZ, E.: Die geologische Kartierung Mecklenburgs. – Arch. d. Ver. d. Freunde d. Naturgesch. in Mecklenburg 56, S. 121–123, Güstrow 1902.

HECK, H.-L.: Bedürfnis, Methodik und Ökonomie geologischer Kartierungen des Flachlandes. – Z. angew. Geologie 2, S. 18–24, Berlin 1956 (1956 a).

Heck, H.-L.: Die hydrogeologische Situation Mecklenburgs als Grundlage für Planung und Wirtschaft. – Ebenda S. 51–59 (1956 b).

HURTIG, TH.: Physische Geographie von Mecklenburg (252 S.). – Berlin 1957.

KOSSYGIN, J. A.: Über die Entwicklung der Basisbohrungen in der UdSSR. – Z. angew. Geologie 5, S. 23–27, Berlin 1959.

LANGE, E.: Chinas „großer Sprung nach vorn". – Ebenda S. 148–151.

SCHÜLLER, A.: Die Bedeutung der Geologie beim Aufbau des neuen China. – Ebenda 4, S. 545–553, Berlin 1958.

– Neue Fortschritte in der geologischen Erforschung der Volksrepublik China. – Ebenda 5, S. 133, Berlin 1959.

STAMMBERGER, F.: Siehe „Erste ökonomische Konferenz der Staatlichen Geologischen Kommission am 4. 11. 1958 in Leipzig". – Ebenda, S. 49–56.

STEINER, W.: Zur Geschichte der geologischen Karte. – Ebenda 3, S. 417–424, Berlin 1957.

Ein Rohstoffproblem im Abraum des künftigen Braunkohlen-Großtagebaues Welzow-Süd westlich Spremberg

WALTER MEHNER, Berlin

Der projektierte Tagebauneuaufschluß Welzow-Süd wird bereits ab 1964 Hauptlieferant für die vom Kokskombinat Schwarze Pumpe benötigten Mengen an Rohbraunkohle, die aus dem 2. Lausitzer Flözhorizont (= Lausitzer Unterflöz) zu gewinnen sind. Es liegt auf der Hand, daß bei den vorgesehenen Ausmaßen dieses Tagebaues (BILKENROTH 1956, ARNOLD 1958) große technische Probleme in kürzester Frist gelöst werden müssen. Bei aller Würdigung dieser Probleme sollte ein weiteres Problem nicht außer acht gelassen werden, das einen wertvollen Rohstoff im Abraum betrifft.

Im Vorschnitt des künftigen Tagebaues Welzow-Süd liegen besonders im Raum Gosda—Jessen große oberflächennahe Lagerstätten eines hell- bis dunkelgrauen fetten Tons über dem oberen Kohlenflöz, dem sogenannten Lausitzer Oberflöz (siehe Abb. 1). Sie gehören den gleichen geologischen Horizonten des höheren Miozäns an, aus denen die Tonindustrie der Niederlausitz das Rohmaterial für wertvolle grobkeramische Produkte entnimmt. Keramische Untersuchungen dieses Tones aus Proben von Trockenbohrungen haben erwiesen, daß der Ton im Tagebaugebiet Welzow-Süd zur Herstellung von Steinzeug, Dachziegeln und Klinkern gut geeignet ist und wegen seiner guten bis hohen Plastizität sogar entsprechend gemagert werden muß. In seiner Güte steht er nur den feuerfesten Tonen nach.

Abbildung 2 veranschaulicht die Lagerungsverhältnisse des bauwürdigen Tons in den Längsachsen der jährlichen Kohlenbauabschnitte von Welzow-Süd. Bei allgemein söhliger Lagerung sind die welligen Unter- und Oberkanten der Tonlagerstätte nicht durch Eisdruck bestimmt, sondern durch stärkere Aufspaltung und Durchsetzung mit sandigen und kohligen Mitteln im Hangenden oder Liegenden, die als unbauwürdig nicht zur Lagerstätte gezogen wurden. Deshalb wechselt auch die Mächtigkeit des Tones zwischen 3 und 20 m, im Durchschnitt beträgt sie 10 m und umfaßt somit etwa die Hälfte der gesamten Vorschnitthöhe über der 1. Arbeitsebene. Nach Südosten keilt der bauwürdige Ton vor allem in den ersten Bauabschnitten (Profil I und II) rasch aus, teils durch ursprüngliche Begrenzung, teils durch eiszeitliche Auswaschung der Tonlagerstätte.

Nach Abbildung 1 umfassen die bauwürdigen Tonlagerstätten im Vorschnitt der 4 Bauabschnitte bis 1967 einen berechneten Vorrat von etwa 30 Millionen m³. Vergleichsweise reichte diese Menge aus, um Zehdenick, das größte Ziegelkombinat der DDR, auf 50 Jahre mit Rohstoff zu versorgen. Im gesamten Tagebaufeld Welzow-Süd, das in den kommenden Jahrzehnten weiter nach Osten und Norden übergreifen wird, liegt schätzungsweise das Drei- bis Vierfache dieser bisher nachgewiesenen Vorräte. Das Problem ist hier, ob diese Steinzeugtone aus Welzow-Süd mit dem Kohlenabbau verlorengehen sollen.

Die Staatliche Geologische Kommission hat sich im Interesse einer sozialistischen Rohstoffwirtschaft stets dafür eingesetzt, daß wertvolle Rohstoffe im Abraum des Kohlentagebaues, sofern günstige Bedingungen vorliegen, nicht verlorengehen dürfen. In diesem Bemühen wurden Teilerfolge erzielt; der Haselbacher Ton im mitteldeutschen Revier wird gesondert gewonnen, desgleichen ein Spezialton für die chemische Industrie im Braunkohlenfeld Heide bei Hosena in der Niederlausitz.

Auch in den Kreisen der Braunkohlenindustrie wird dieses Problem der Nutzbarmachung wertvoller Rohstoffe im Abraum neuerdings mehr beachtet (BILKENROTH 1958, LEHMANN 1959).

Nach bisheriger Kenntnis ist ein derart großes und günstig gelagertes wie qualitativ wertvolles Tonvorkommen wie Welzow-Süd in der gesamten Niederlausitz

Abb. 1. Lagerstätten tertiärer Steinzeugtone im Vorschnitt des künftigen Großtagebaues Welzow-Süd (Meßtischblattausschnitt Jessen 4451)

1. Süd- und Ostgrenze der Tonlagerstätte, 2. berechnete und teilweise bemusterte Tonvorräte in den Kohlenbauabschnitten bis 1967

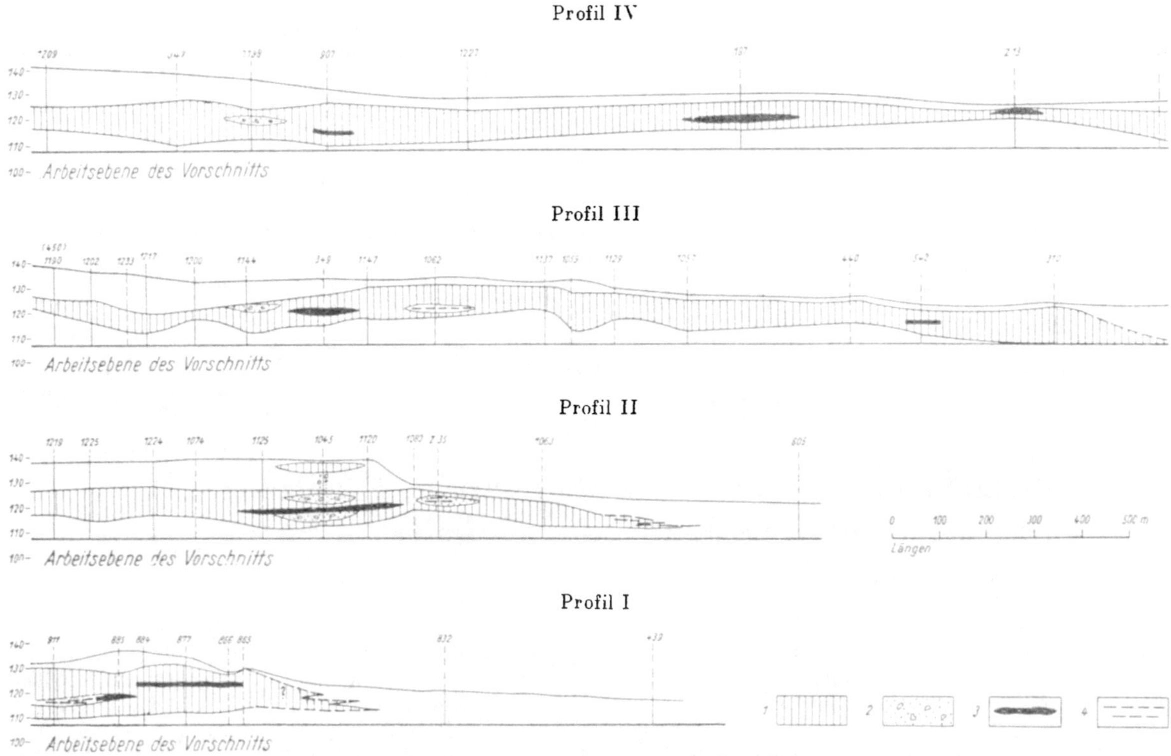

Abb. 2. Lagerstättenprofile für Ton Welzow-Süd (fünffach überhöht)
1. Ton, 2.—4. Zwischenmittel von Sand und Kies, Braunkohle und „Kohlenletten“

nicht mehr vorhanden. Zwei Varianten der Tongewinnung stehen hier zur Diskussion:

A) Gewinnung durch die Tonindustrie vor dem Kohlenabbau

B) Gewinnung durch die Braunkohlenindustrie während des Kohlenabbaues

Variante A. Die Ziegelei Jessen baut bereits einen minimalen Teil dieser Tonvorräte ab und kann höchstens noch ein Jahrzehnt abbauen, bis der Kohlentagebau in ihr Gebiet vordringt. Die außerhalb des Tagebaues gelegenen Ziegeleien Neupetershain, Bröthen bei Hoyerswerda, Kombinat Großräschen haben keine Gelder, Geräte und Transportmittel, um sich einen derartig großen Tonabbau im Kohlenfeld Welzow-Süd leisten zu können. Selbst wenn das möglich wäre, könnte es sich in den Kohlenbauabschnitten bis 1967 nur um geringe Teilmengen handeln, und zwar dort, wo der Ton unter geringem Abraum praktisch ansteht. Denn die Abraummächtigkeit spielt in der Tonindustrie für die Rentabilität des Grubenbetriebes eine entscheidende Rolle. Außerdem wäre die Tonindustrie gegenwärtig an einem forcierten Tonabbau Welzow-Süd kaum zu interessieren, da sie noch genügend Vorräte in ihren eigenen Gruben hat. Nach Ansicht des Verfassers hat diese Variante einer Tongewinnung aus den nächsten Kohlenbauabschnitten auszuscheiden.

Variante B. Es soll noch einmal darauf hingewiesen werden, welche riesigen Probleme technischer Art der Aufschluß von Welzow-Süd zu bewältigen hat. Das ist wohl auch der Grund, warum die Vertreter der Kohlenindustrie einer gesonderten Gewinnung und Aufhaldung des Tones bisher nicht zugestimmt haben.

Trotzdem hält der Verfasser diese Variante für durchführbar und stellt sie zur Diskussion. Er stützt sich dabei auf Besprechungen im Projektierungs- und Konstruktionsbüro Kohle, Berlin. Hiernach werden die über der obersten Arbeitsebene im Vorschnitt liegenden Abraummassen für Rekultivierungsmaßnahmen zum großen Teil auf Innenkippe gehaldet. Dabei wäre technisch eine Sondergewinnung der Tone durch Schaufelradbagger wohl möglich, ebenso eine laufende Aufhaldung durch Bandstraßen im Süden des Tagebaues als Reserve für die Tonindustrie. Doch bedeutet diese Maßnahme einen Tempoverlust des Vortriebs im tonhöffigen Vorschnitt um 50%. Es wäre zu prüfen, inwieweit durch erhöhten Geräteeinsatz oder durch Gewinnung nur der mächtigeren Tonlagerstätten dieser Verlust auszugleichen ist.

Die Sondergewinnung der Tone für industrielle Nutzung würde zugleich eine Verbesserung der Vorschnittmassen für die späteren Rekultivierungsmaßnahmen bedeuten, da die tertiären Tone wegen ihrer großen Hygroskopizität und Nährstoffarmut ungünstige Reaktionsverhältnisse aufweisen und höchstens forstwirtschaftlich nutzbare Böden bei Kalkzugaben zulassen (KOPP 1958).

Diese aufgeworfenen Probleme sind nicht leicht zu lösen und müssen allseitig untersucht werden, ehe höheren Orts darüber entschieden werden kann. Es braucht nicht besonders betont zu werden, daß die Verantwortlichen bei Lösung des Problems von den Gesamtinteressen unserer Wirtschaft ausgehen werden.

Zusammenfassung

In den ersten Kohlenbauabschnitten des künftigen Großtagebaues Welzow-Süd fallen im Vorschnitt zusammenhängende große Tonlagerstätten in günstiger Lagerung an, die 30 Millionen m³ Ton umfassen. Dieser Rohstoff im Abraum ist zur Herstellung von Steinzeugwaren, Dachziegeln und Klinkern gut geeignet. Derartige riesige Tonlagerstätten sind in der Niederlausitz nach bisheriger Kenntnis nicht mehr vorhanden; sie stellen mächtige Reserven der Tonindustrie für künftige Jahrzehnte dar. Sie mit dem Abraum des Tagebaues zu schneiden und zu verkippen, läßt sich mit den Interessen einer gesunden sozialistischen Wirtschaft nicht vereinbaren.

Die Tonindustrie der weiteren Umgebung von Welzow-Süd ist mangels Geräte, Gelder und Transportmittel kaum in der Lage, diese Gebiete vor dem Kohlenabbau in den nächsten Jahren auszutonen. Nur durch den Tagebaubetrieb Welzow-Süd können diese Tonvorräte gesondert gewonnen und gehaldet werden. Diese Maßnahme würde nicht nur Reserven für die industrielle Nutzung schaffen, sondern zugleich die Wertigkeit der restlichen Vorschnittmassen für die Zwecke späterer Rekultivierung erhöhen.

Literatur

ARNOLD, W.: Betriebsgröße und technische Entwicklung deutscher Braunkohlentagebaue. – Bergbautechnik 12, Berlin 1958.

BILKENROTH, G.: Braunkohlenenergie und Braunkohlenveredlung. – Freib. Forschgsh. A 61, Berlin 1956.

– Untersuchung und Erfassung von Braunkohlenlagerstätten in der Deutschen Demokratischen Republik und Auswertung der Ergebnisse für Planung und Projektierung. – Bergbautechnik 12, Berlin 1958.

KOPP, E.: Gutachten über die Deckgebirgsverhältnisse und Rekultivierungsmöglichkeiten des Neuaufschlusses Welzow-Süd. – Archiv Staatl. Geol. Komm. 1958.

LEHMANN, H.: Die Aufgaben des Betriebsgeologen im Braunkohlenbergbau. – Freib. Forschgsh. C 50, Berlin 1959.

MEHNER, W.: Erste Stellungnahme zu den im Vorschnitt des künftigen Tagebaues Welzow-Süd anfallenden Lagerstätten an miozänem „Flaschenton". – Archiv Staatl. Geol. Komm. 1959.

Aufgaben des Instituts für angewandte Mineralogie, Dresden, und seine neue Versuchshalle

SIEGFRIED SCHIEKEL, Dresden

Am 21. Januar 1957 wurden durch Statut die Aufgaben des Institutes für angewandte Mineralogie als selbständige wissenschaftliche Einrichtung und juristische Person mit dem Sitz in Dresden festgelegt.

Das Institut ist ein Organ der Staatlichen Geologischen Kommission und untersteht unmittelbar dem Direktor des Zentralen Geologischen Dienstes.

Im Rahmen der staatlichen Pläne hat das Institut technisch-wissenschaftliche Forschungs- und Entwicklungsaufgaben auf dem Gebiet der Mineralrohstoffe durchzuführen. Im einzelnen ergeben sich hieraus folgende Aufgaben:

Unterstützung der Staatlichen Geologischen Kommission sowie der ihr unterstellten Betriebe und Einrichtungen bei der Durchführung der geologischen Erforschung des Gebietes der Deutschen Demokratischen Republik; Untersuchung von Mineralen und Gesteinen auf wirtschaftliche Verwertbarkeit zur Sicherung der Rohstofflage, Beratung und Unterstützung von staatlichen Institutionen und Organen in Fragen, die sich mit der Nutzung und dem Import mineralischer Rohstoffe befassen.

Allen Arbeiten des Instituts ist das Ziel gesteckt, bei der Veredelung und Nutzung mineralischer Rohstoffe nach dem neuesten Stand der Technik zu verfahren, die Qualität der Erzeugnisse sowie die Wirtschaftlichkeit der produzierenden Betriebe zu verbessern.

Der komplexe Charakter der Aufgaben erfordert gute Gemeinschaftsarbeit zwischen Vertretern verschiedener Zweige der Wissenschaft und der Technik innerhalb des Institutes und mit den Mitarbeitern der Staatlichen Geologischen Kommission und ihrer Organe. Gelöst werden die Aufgaben aber nur, wenn die Ergebnisse der Institutsarbeit in der Praxis nutzbar gemacht werden können. Dazu ist engste Zusammenarbeit mit der einschlägigen Industrie und anderen Institutionen sowie die praktische Arbeit und der Erfahrungsaustausch mit den Werktätigen am Arbeitsplatz erforderlich. So können auch Zentrale Projektierungs- und Konstruktionsbüros bei der Lösung ihrer Aufgaben, soweit es sich um Verfahren zur Gewinnung und Verarbeitung von Mineralrohstoffen handelt, beraten und unterstützt werden.

Dieser Arbeitsweise entspricht die Ausrüstung des Institutes mit Laboratorien zur Durchführung mineralogischer, chemisch-analytischer, chemisch-technologischer und physikalischer Untersuchungen. Neuerdings wurden die Arbeitsmöglichkeiten durch den Bau einer fast 2000 m^2 großen Halle und entsprechenden Laboratorien, die zur Durchführung kleintechnischer Versuche eingerichtet sind, wesentlich erweitert.

Das Institut beschäftigt sich auch mit Aufgaben, die im Rahmen der technisch-wissenschaftlichen Zusammenarbeit mit den sozialistischen Ländern anfallen. In Erfahrungsaustausch und gegenseitiger Ergänzung wird auch dabei das Ziel angestrebt, mineralische Rohstoffe in wirtschaftlicher Weise zu veredeln und zu nutzen.

Abb. 1. Institut für angewandte Mineralogie Dresden, Versuchshalle Reick

Lesesteine

Rückständige Forschung in den USA!

An die Feststellung, daß von den Literaturhinweisen zu acht Artikeln über ein „Symposium on Watershed Erosion and Sediment Yields“ (Transactions, Amer. Geophys. Union, 38, 1957) kein einziger sich auf ausländische Literatur bezieht, knüpft der Kritiker eines dieser Artikel, G. C. AMSTUTZ (Department of Geology, Missouri School of Mines, Rolla, Mo.) in Transactions A. G. U., 39, Nr. 6, 1958, die folgende Bermerkung:

„Nachdem die Russen ihre Sputniks hochgebracht hatten, konnten wir in den meisten Zeitungen lesen, daß wir keine Zeit versäumen sollten, in vielen wichtigen wissenschaftlichen Problemen einen besseren Anschluß zu finden. Als ein mit einigen Fremdsprachen Vertrauter bemerke ich dazu: Fast die Hälfte der in den US veröffentlichten Artikel sind entweder durch vorher in ausländischen Zeitschriften publizierte Ergebnisse überholt oder sie wiederholen teilweise, was andere ebenso gut oder besser ausgeführt haben, oder sie sind im Vergleich mit ausländischer Arbeit unvollständig. Oft bringen sie Gedanken als neu, die in der ausländischen Literatur bereits wohlbekannt sind. ... Allzu oft hat ein Forschung-Betreibender wenig Ahnung davon, was auf seinem Gebiet in anderen Ländern an Interessantem getan worden ist. Der Grund ist die mangelnde Kenntnis fremder Sprachen. Wir wissen, daß die Sputnik-Wissenschaftler völlig up-to-date informiert waren über die in unserem Lande letztveröffentlichten Fortschritte in der Metallurgie, Physik, Mathematik und anderen für die ballistische Forschung wichtigen Gebieten und daß manche unserer Publikationen reiner Forschung ihnen geholfen haben. Warum? Weil sie diese lesen und nutzen und unsere Messungen und Rechnungen nicht wiederholen, wenn sie gut sind. Wir müssen uns entscheiden, ob wir in der Illusion ersticken wollen, daß alles in den USA am großartigsten und besten ist, oder ob wir Geld für Übersetzungen und Zeit für Sprachenerlernung verwenden wollen.“

Der Rat, den G. C. AMSTUTZ, bezeichnenderweise ein nach den USA emigrierter Schweizer Geologe, hier erteilt, wird der amerikanischen Anmaßung, Verblendung und Rückständigkeit wenig abhelfen. Denn diese beruht weit mehr als auf dem angelsächsischen Mangel an Sprachkenntnissen auf den Übeln des kapitalistischen Systems. Sie begreifen dort nicht und wollen nicht begreifen, was sozialistische Kollektivarbeit, frei von Kapital-Interessen, zu leisten vermag. Hn

Krise und Kohle-Öl-Kartell

Die gegenwärtige Krise des westdeutschen Steinkohlenbergbaus nimmt immer schärfere Formen an. Die schwarzen Berge wachsen unaufhaltsam, sie sind ein Ergebnis der zyklischen Krise, die durch die Einfuhr vor allem amerikanischer Kohle und durch die Konkurrenz des Heizöls verschärft wird. Um die gegenwärtige Absatzkrise der Zechengesellschaften etwas zu mildern, wurde nun ein neues Patent gefunden. — Zu Beginn des Jahres 1959 wurden Vereinbarungen zwischen dem Steinkohlenbergbau und den größten westdeutschen Ölkonzernen (Esso AG, Deutsche Shell AG, Deutsche Erdöl AG [DEAG] u. a.) getroffen, die darauf abzielen, einen Waffenstillstand zwischen den beiden Konzerngruppen abzuschließen.

In dem Abkommen sind u. a. vorgesehen:

a) die Aufstellung von Preislisten für schweres Heizöl auf der Grundlage der Weltmarktpreise;

b) Verpflichtungen für alle Teilnehmer, bis zur Beendigung der Absatzkrise im Steinkohlenbergbau keine Finanzierungsbeihilfen für die Umstellung von Verbrennungsanlagen von festen auf flüssige Brennstoffe zu gewähren;

c) keine Maßnahmen mit dem Ziel zu treffen, feste Brennstoffe durch schweres Heizöl zu verdrängen;

d) keine neuen Abnehmer für schweres Heizöl zu werben.

Die westdeutschen Kohlenbarone werden durch die Kartellbildung die zyklische Krise nicht eindämmen können, jedoch haben sie dadurch gegenüber den Ölkonzernen einen klaren Vorteil auf dem Energiemarkt. Auf Druck des Bonner-Wirtschaftswunder-Ministers ERHARD setzten die Ölkonzerne „freiwillig“ die Preise für Heizöl herauf. Die Verbraucher, die zum großen Teil erst im vergangenen Jahr wegen der niedrigen Ölpreise ihre Feuerungsanlagen hatten umbauen lassen, sind nun gezwungen, die erhöhten Preise zu zahlen. Wenn durch die Kartellabmachungen die Ölkonzerne auch im Augenblick keine neuen Kunden anwerben können, so gleicht sich das im Gewinn durch die erhöhten Preise wieder aus.

Aus den zahlreichen Pressemeldungen um und über das Kohle-Öl-Kartell ergibt sich ein sehr betrübliches Fazit, das typisch für das westdeutsche Wirtschaftwunder ist:

1. Treffen zwei Monopolgruppen ein vorübergehendes Übereinkommen, dann zahlt der Verbraucher die Zeche.

2. Wieder einmal triumphierte der kapitalistische Widersinn und siegte die Profitgier über den zur Ölheizung drängenden technischen Fortschritt. -ul-

Die Würzburger Fossilienfälschungen

ZDENĚK V. ŠPINAR hat sich in „Véstnik Ústředního Ústavu Geologického“ 1959, S. 219—221, der Mühe unterzogen, den ehemaligen Würzburger Professor und Dekan J. B. BERINGER zu rehabilitieren. Diesem sind die vor mehr als 230 Jahren in der „Lithographia wircenburgensis“ erschienenen plumpen Fossilfälschungen irrtümlicherweise zugeschrieben worden. ŠPINAR stellte fest, daß diese Fälschungen überhaupt nicht von BERINGER stammten. Ihr Verfasser war vielmehr der Medizinalkandidat G. L. HUEBER, der seine Dissertation mit einer langen und schwülstigen Widmung zu Ehren des Würzburger Bischofs D. F. CHRISTOPHORUS als „untertänigster Diener“ unterzeichnet hatte. Die Übersetzung des lateinisch abgefaßten Titelblattes der „Lithographia wircenburgensis“ lautet:

„Das erste Exemplar

der Würzburger durch zwei hundert wunderschöne Abbildungen der Versteinerungen, meistens von Insekten, verzierten Lithographie, die in seiner physisch-historischen Inauguraldissertation mit angeschlossenen medizinischen Nachträgen

zur öffentlichen Überprüfung der Gelehrten

auf Grund des Beschlusses und mit Zustimmung der berühmten medizinischen Fakultät der Alma mater ostfränkischen Universität in Würzburg unter dem Vorsitz des allbekannten, berühmten und erfahrenen

Herrn Johan Bartholomaeus Adam BERINGER

Philosophiae und Medizindoktors, ordentlichen Universitätsprofessors derselben Disziplin, derzeit Dekans und Senior der Medizinfakultät, Rates und Oberarztes des hochverehrten und großmütigen Herzogs, Hofprimarius, Vorstandes des fürstlichen Adel- und Klerikerseminars und des großen Julian-Krankenhauses,

um nach Ablegung der üblichen Rigorosen den höchsten Grad des Medizindoktorats

mit den entsprechenden nur nach der altertümlichen Ordnung erreichbaren Privilegien zu erreichen,

der Bakkalaureus der Wissenschaften, Kunst und Philosophie und Medizinkandidat

GEORG LUDWIG HUEBER,

geboren in Herbipol,

vorlegt

in dem üblichen Medizin-(Fakultäts-)Hörsaal

am . . . . Mai des Jahres 1726.

Dieses Exemplar ist in Würzburg beim Hof- und akademischen Buchhändler PHILIP WILHELM FUGGART verkäuflich.

Gedruckt beim MARKUS ANTON ENGMANN, Universitätsdrucker.“

Trotz dieser eindeutigen Sachlage hat sich die Behauptung, die falschen Fossildarstellungen stammten von BERINGER, über mehr als 2 Jahrhunderte in der Literatur erhalten und wurde von einem Lehrbuch in das andere übernommen.

ŠPINAR beschließt seinen interessanten Beitrag mit dem beachtenswerten Hinweis:

„Wir wissen nicht, inwieweit die sonstigen historischen Angaben, die heute in den paläontologischen Lehrbüchern farbenreich geschildert und verbreitet werden, wahrheitsgetreu sind. Fest steht aber, daß die „Lithographia wircenburgensis“ nicht J. B. BERINGER, sondern G. L. HUEBER verfaßt hat. Der ganze Fall ist ein klassisches Beispiel, das uns lehrt, daß auch scheinbar klare und traditionsgebundene Angaben immer wieder kritisch überprüft werden müssen.“

E.

Der Eisblock auf Reisen

30 km vom nördlichen Polarkreis entfernt liegt unweit der norwegischen Küste Mo i Rana. Von dort ging am 22. 2. 1959 ein 3050 kg schwerer Eisblock auf eine mehr als 11000 km lange Autoreise. Nach einem Monat traf der durch eine 25 cm mächtige Glasfaserschicht gut isolierte Block am 21. 3. 1959 südlich des Äquators in Libreville (Gabon) ein. Seine Reise hatte ihn also quer durch Europa über das Mittelmeer und über Algier, durch die Sahara, Nigeria und Kamerun nach Gabon geführt. Er verlor auf dieser Fahrt 336 kg, das sind etwas mehr als 11% seines ursprünglichen Gewichtes. Dabei war der Substanzverlust während der einwöchigen Fahrt durch Europa so gering, daß man ihm keine Beachtung zu schenken brauchte. Der Transport ging zum großen Teil nicht über normale Straßen, sondern über Wüstenpisten. Die zahlreichen Erschütterungen, denen der Eisblock und sein Isoliermaterial ausgesetzt waren, wurden gut überstanden.

Dieses geglückte Experiment der Glasfaserproduzenten dürfte sich für die Erkundungs- und Exploitationsarbeiten in tropischen Erz- und Ölfeldern einmal günstig auswirken können.

E.

Die atmende Erdkruste

Auf der diesjährigen Münchener Tagung der European Association of Exploration Geophysicists berichtete der Präsident der Internationalen Kommission zur Erforschung der Erdgezeiten, Prof. R. Tomaschek, auf Grund der jüngsten Untersuchungs- und Beobachtungsergebnisse über die täglichen Auf- und Abbewegungen der „festen“ Erdkruste. Sie betragen an der Erdoberfläche 25—50 cm. Die Alpen bewegen sich in einem ständigen, an Ebbe und Flut erinnernden Rhythmus in jeweils 6 Stunden auf und ab. Es besteht kein Zweifel, daß diese Gezeiten der festen Erdkruste genauso wie die Gezeiten des Meeres durch Sonne und Mond bewirkt werden. Es handelt sich um elastische Bewegungen des Erdkörpers.

Im Geophysikalischen Jahr sind durch ein weltweites Netz von Beobachtungsstationen gleichzeitige und aufeinander abgestimmte Erdgezeiten-Messungen durch die von Tomaschek geleitete Sonderkommission erfolgreich durchgeführt worden.

E.

Besprechungen und Referate

Schatski, N. S., & A. A. Bogdanow

Grundzüge des tektonischen Baues der Sowjetunion

Fortschr. d. sowj. Geol., H. 1, 84 S., 1 Karte, Akademie-Verlag Berlin 1958; gebunden 8,50 DM.

Mit den „Grundzügen des tektonischen Baues der Sowjetunion“ ist das erste Heft einer Schriftenreihe erschienen, deren Aufgabe es sein soll, grundlegendes Wissen über ein geradezu riesiges Areal zu vermitteln, mit dessen systematischer Erforschung eigentlich erst seit dem Bestehen der Sowjetmacht begonnen wurde, und aus dem wir künftig wesentliche Erkenntnisse erwarten dürfen. Die vorliegende Arbeit ist ursprünglich als Erläuterung zur tektonischen Karte der UdSSR (1:5000000) gedacht, ist aber auch ohne diese zu benutzen, da eine kleinformatige Karte in Schwarzweißdruck beigefügt ist, die Wesentliches erkennen läßt.

Nach einer kurzen Einführung folgt im Kapitel über „Die Grundlagen der tektonischen Gliederung“ eine Besprechung der Faltungsepochen, die ganz allgemeine Bedeutung besitzt und näheres Eingehen erfordert.

Die archäische und die proterozoische Faltungsgruppe werden auf der Karte getrennt dargestellt. Als besondere Eigenart gerade dieser Faltungen wird u. a. die Bildung ausgedehnter Migmatitgebiete angesehen.

Vom Ende des Präkambriums sind intensive Bewegungen aus verschiedenen Gegenden bekannt geworden (Baikal-, ripheische oder assyntische Faltung). Hierher gehört z. B. die eine einheitliche Sibirische Tafel schaffende Tektogenese und die Timaniden-Faltung, wobei letztere wahrscheinlich mit stärkeren Bewegungen in der Umrandung der russischen Tafel überhaupt im Zusammenhang steht.

Die paläozoischen Faltungen werden in eine altpaläozoische und eine jungpaläozoische Faltungsgruppe gegliedert, die jeweils wieder in zwei oder mehr Faltungsepochen zu scheiden sind, einfach aus dem Grunde, weil eine strenge zeitliche Korrelation zwischen den Faltungen verschiedener Gebiete infolge primärer zeitlicher Faltungsabstände undurchführbar ist. Von besonderem Interesse sind dabei die südsibirischen Kaledoniden, deren Fundamentalfaltungen je nach der Örtlichkeit vom Oberkambrium bis ins Obersilur stattfanden und die dementsprechend von altersungleichen Molassebildungen begleitet werden.

Ebenfalls von Bedeutung ist die jungpaläozoische Faltungsgruppe. Neben einer älteren karbonisch-unterpermischen wird hier eine permisch-mitteltriadische Faltungsepoche, welch letztere im Gebiet der Turan-Platte und deren Randeinheiten verbreitet ist, ausgeschieden.

Das Vorhandensein einer von der alpidischen Faltung unabhängigen mesozoischen Tektogenese (Oberjura/Kreide) im östlichen Teil der UdSSR ist gesichert. Jüngere Faltungen sind die alpidische (S-Teil der UdSSR) und die Kamtschatka-Faltung, die nach sowjetischen Geologen als selbständige, erst in der Entwicklung begriffene neozoische Tektogenese zu werten sind.

Der Abschnitt III (Legende der tektonischen Karte) enthält wie der vorige ein Konzentrat allgemeiner Erkenntnisse, hier solche über den Stockwerkbau und die Strukturelemente tektonischer Großgebilde im Bereich der Sowjetunion. Vieles ähnelt den Gedankenzügen westeuropäischer Geotektoniker und ist zweifellos in Anlehnung an diese Ideen entstanden, manches aber ist neu, anders oder exakter gefaßt.

Die vorhergehenden Kapitel dienen gewissermaßen dem Verständnis des nun folgenden vierten, das zwar den meisten Raum einnimmt, dessen Einzelheiten zu schildern hier jedoch nicht der Platz ist. Es behandelt die regionaltektonischen Einheiten, angefangen von den (im Oberbau) einfach strukturierten großen Tafelgebieten bis zu den jüngsten Gebirgszügen im äußersten Osten.

Weitere Hefte dieser begrüßenswerten Folge sind bereits angekündigt. Die Übersetzung besorgte H.-J. Teschke, mit der redaktionellen Bearbeitung war G. Möbus betraut.

S. M. Chrobok

Weeks, L. G.

Geologic architecture of Circum-Pacific

Bull. Am. Ass. of Petr. Geol. Vol. 43, Nr. 2, 1959

In den Entwicklungsvorgängen, welche in dem erdumspannenden Gürtel der mobilen Gebiete rings um den Pazifik in der geologischen Gesamtzeit stattgefunden haben, sucht der Verfasser den Schlüssel zu Ursprung, Werdegang und grundsätzlicher Beschaffenheit der Kontinente. Von Öl ist in dieser Arbeit, die in einem Organ der Petroleum-Geologie erscheint, nur in wenigen Sätzen die Rede. Diese reichen aber hin, um einmal wieder zu zeigen, von welchem Nutzen es für die angewandte Geologie sein kann, auch Untersuchungen der Grundlagenforschung heranzuziehen. Der Verfasser gibt nämlich im Rahmen seiner Ergebnisse mehrere Hinweise,

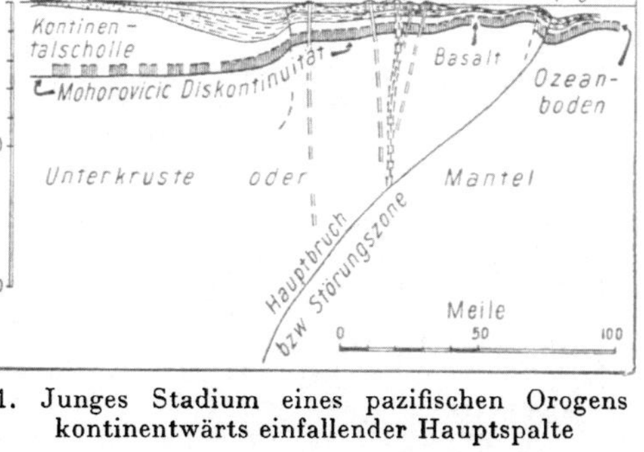

Abb. 1. Junges Stadium eines pazifischen Orogens mit kontinentwärts einfallender Hauptspalte

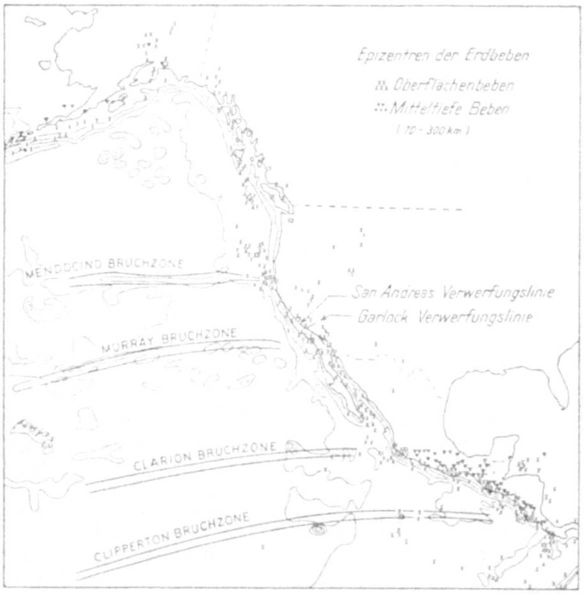

Abb. 2. Nordostpazifisches Becken mit ostwestlichen Bruchzonen

in Gebieten von welcher Lage und Tektonik aus erdgeschichtlichen Gründen Ölvorkommen zu erwarten sind.

Gestützt auf die zircumpazifischen Untersuchungen anderer — er nennt 16 Namen — sowie auf die besonders hoch gewerteten, neuerdings veröffentlichten geologischen und tektonischen Karten der Sowjetunion, hebt der Verfasser u. a. hervor, daß von den Senkungszonen zwischen den kontinentalen Massen von im Mittel dem Andesit angenäherter Komposition und den basaltischen Ozeanböden bald die eine, bald die andere den orogenetischen Zyklus durchlaufen habe, so daß heute rings um den Pazifik alle Stadien von der jungen Entwicklung über die Reife bis zum hohen Alter vorhanden sind. Geschmolzenes andesitisches Material, das aus mehr basischen subkrustalen Gesteinen herausdifferenziert wurde und entlang den Hauptfrakturen intrusiv und extrusiv emporquoll, habe zusammen mit den kontinentbürtigen Sedimenten der Tröge den Kontinenten antiklinale Randstreifen hinzugefügt.

Bei dem Pazifikboden, dem größten Erdgebiet von krustaler Stabilität, hoher Rigidität und ruhiger Entwicklung durch Jahrmilliarden, unterscheidet er die breiten niedrigen Schwellen, auf denen sich alle vorkommenden submarinen Vulkane („seamounts" und „guyots") befinden, und die mittelozeanischen Rücken mit ihren Bruchsystemen. Beide Erscheinungen führt er auf isostatische Hebung im Gefolge von Herausdifferenzierung etwas leichteren basaltischen Materials aus der hochbasischen Subkruste zurück. Aus der heutigen Tiefenlage der seamount-Gipfel, deren Abflachung auf Flachwasser-Wellenwirkung deutet, schließt er, daß der Pazifikboden sich seitdem — die seamounts datieren bis zur unteren Kreide — und vielleicht auch vorher während der geologischen Gesamtzeit ständig gesenkt habe. Diese Senkung könne durch die Abwanderung leichteren Materials nach den Ozeanrändern, wo es den Massen der leichten Kontinentgesteine hinzugefügt wurde, entstanden sein. Aus den allgemein geradlinigen, auf steiles Einfallen deutenden Spalten der Bruchsysteme schließt er ebenfalls auf kontinentwärts gerichtete subkrustale Materialbewegungen, welche Dehnungen im Ozeanboden bewirkten. Außer dem mittelpazifischen sind kleinere, weniger bedeutende, aber sonst ähnliche gerade Rücken und Bruchlinien gefunden worden, die zu einem noch unbekannten ausgedehnteren System gehören könnten. Abb. 2, S. 358 der Pbl. zeigt deren vier, die ostwestlich vom nord- und mittelamerikanischen Randgebiet aus laufen. Neu ist auch, daß die Strukturlinie der bekannten, längs Kalifornien laufenden San-Andreas-Spalte zunächst in der gleichen Richtung durch den kalifornischen Golf weiterläuft, dann aber nach SW umbiegend über die Osterinsel als Teil des weltweiten Rücken- und Spaltensystems sich fortsetzt.

Weit bedeutender und tiefreichender als die intraozeanischen sind die durch die Beben bezeugten, kontinentwärts einfallenden und z. T. bis zur Region der tiefsten Beben (d. h. bis —700 km) hinabreichenden großen Hauptbruchspalten des zircumpazifischen mobilen Gürtels. Die tiefen Gräben an der Konvexseite der Inselbögen markieren den Oberflächenbereich dieser großen Bruchspalten. Die Bogenform ist n. M. d. Verf. die normale Wirkung der Emporschiebung eines Krustenteils an einer einfallenden Bruchebene. Der Grad der Bogenkrümmung variiere normalerweise mit dem Einfallwinkel. Extreme Krümmungen, wie sie sich besonders an Bogenenden finden (Bandabogen, Antillenschleifen) seien regionalen Untersuchungen zufolge jedoch auf lateralen Zug zurückzuführen. Wegen der Plastizität der Gesteine in den großen Tiefen dürfe man sich aber dort keine permanenten Spaltflächen vorstellen. Die Druckentlastung bei Ruckbewegungen müsse ferner mit dem Aufstieg verflüssigten Materials verbunden sein.

Was die möglichen Ursachen der Geosynklinalbildung betrifft, so nennt der Verfasser die Theorie der Krustenhinabbeugung durch konvektive Unterströmungen und ferner die einer Krustendehnung durch eine Erdexpansion, neigt aber mehr jener neueren Form der Kontraktionstheorie zu, wonach die Schrumpfung einer tieferen subkrustalen Schicht krustale Kompressionen verursacht. Er legt dabei das Hauptgewicht auf den Massenverlust in dieser Schicht durch die differentielle Abgabe leichteren Materials an die mobilen Gürtel der Kruste und von diesen her an die Kontinente und unterstützt die Meinung, daß eine Unterschiebung der als extrem steif und solide angenommenen pazifischen Platte unter die Kontinente die circumpazifischen Geosynklinalen erzeugt habe. Er erwähnt dabei die von Gutenberg aus seismischen Daten gefolgerte NW-Bewegung des Pazifikbodens und macht geltend, daß der geringere Widerstand der relativ jungen und tektonisch besonders aktiven Randgebiete von den Aleuten bis Indonesien eine solche Bewegung begünstige.

Die Untersuchung gilt sodann hauptsächlich der Phasenfolge des diastrophischen Zyklusses sowie der im Querschnittprofil verdeutlichten Gliederung und sukzessiven Erzeugung der orogenen Bauelemente zwischen dem Tiefseegraben und dem stabilen Kontinent. Die einzelnen Stadien

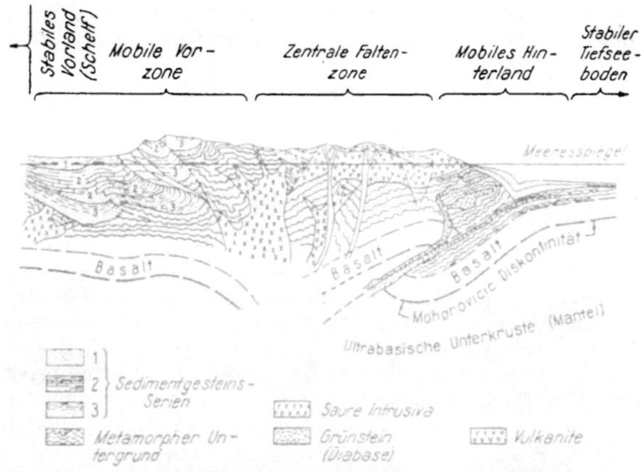

Abb. 3. Reifestadium eines pazifischen Orogens mit vulkanisch aktivem Rückengebiet, Batholithen der Mitte und kontinentwärts vorrückender Schub- und Faltungsfront

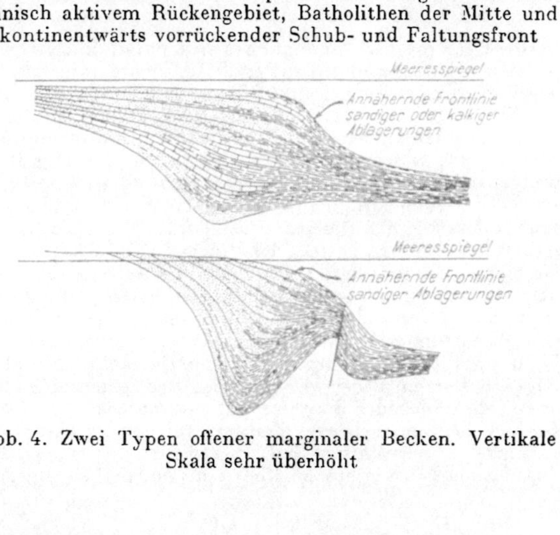

Abb. 4. Zwei Typen offener marginaler Becken. Vertikale Skala sehr überhöht

von der „offenen" Geosynklinale über die Bildung von Inselbögen und marginalen Becken, die kontinentwärts gerichtete Frontbewegung von der in- und extrusiv aktiven ozeanrandlichen Rückseite her zum fortschreitenden, vulkanismusfreien Schub- und Faltungsvorgang der Front bis schließlich zur sedimentären Beckenfüllung und Beckenanpressung werden vom Verfasser zunächst in allgemeiner Form und sodann an Hand der verschiedenen Typen der einzelnen Randgebiete eingehend und aufschlußreich behandelt, wobei er sich auf eigene Erforschung vieler Gebiete berufen kann. Die frontalen Gebirge mit ihren synklinalen Vortiefen sind, wie er hervorhebt, von dem größten Interesse für den Öl-Geologen. In den nordwestpazifischen marginalen Becken vor allem müßten große submarine Öl-Vorkommen vorhanden sein.

Das so gewonnene grundsätzliche Entwicklungsbild ist verständlicherweise rein pazifisch orientiert und die z. T. stark abweichenden, ja gegensätzlichen und mehr zweiseitigen tektogenetischen Vorgänge im mediterranen Gürtel werden vom Verfasser wenig berücksichtigt. Statt einer grundsätzlichen Verschiedenheit der bogenreichen asiatischen und der mehr gestreckte Formen aufweisenden amerikanischen Randgebiete nimmt er ferner an, daß dies mehr Unterschiede der Altersstadien seien. Die gestreckten amerikanischen Formen seien erst nach Füllung und Anpressung auch hier einst vorhandener marginaler Becken mit Bogentektonik entstanden.

Was die Fragen der Polwanderung und der Kontinentverschiebung betrifft, so negiert der Verfasser die letztere und plädiert für eine Permanenz der ozeanischen Krustenteile sowie für eine Wanderung der Gesamtkruste über dem Erdkörper, bei welcher Unregelmäßigkeiten des Widerstandes gegen die Gleitbewegung Torsionen verursacht und so ein Mosaik von meist etwa viereckigen Schollen und Bruchsystemen erzeugt hätten. Er betont abschließend, daß die Frage der Ursachen für die Entstehung der großen mobilen Gürtel der Erde noch unbeantwortet sei.

HAVEMANN

BREYER, F., & G. DOHR

Betrachtungen über den Bau der gefalteten Molasse im westlichen Bayern (mit Beziehung auf das Molasse-Vorland und die angrenzenden Teile der Alpen auf Grund geophysikalischer Untersuchungen).

Erdöl und Kohle, Bd. 12 (1959), Nr. 5, S. 315–323

Die Verfasser geben in vorliegender Arbeit zunächst einen Überblick über die in dem betrachteten Gebiet bisher durchgeführten seismischen und gravimetrischen Untersuchungen. Es ergibt sich eine recht gute Übereinstimmung zwischen den seismischen und gravimetrischen Meßergebnissen insofern, als die gravimetrischen Minima mit den aus der Seismik erkennbaren Mulden zusammenfallen, während die Maxima sich mit den Überschiebungszonen zwischen den einzelnen Mulden decken. Aus diesen Ergebnissen versuchen die Verfasser Schlußfolgerungen über den geologischen Aufbau des Gebietes zu ziehen. Entsprechende Darstellungen sind der Arbeit beigefügt.

H. WOLF

KRAUS, E.

Die Entwicklungsgeschichte der Kontinente und Ozeane

285 Seiten mit 99 Abb., Akademie-Verlag, Berlin 1959

Der Titel erinnert an den des bekannten Buches von A. WEGENER, fügt jedoch den Begriff Geschichte ein und damit das Wesentliche. Denn ERNST KRAUS geht es nicht darum, wie WEGENER eine bestimmte Theorie über einen ab Jungkarbon angesetzten Vorgang zu verfechten; sein Buch bringt wirklich eine Geschichte der Kontinente und Ozeane mit so weitgehenden Einzelbehandlungen, räumlich und zeitlich, wie eben Geschichte auch bei der gebotenen knappen Zusammenfassung des riesigen geologischen Materials es erfordert. Diesem Hauptteil des Buches gibt KRAUS eine Grundlage durch einen einleitenden kritischen Überblick über die bisherigen Theorien der äußeren Erdgestaltung und sodann durch grundsätzliche Erörterungen, die vor allem dem Wachstum der Kontinente durch geosynklinale Gebirgsbildung gelten. Auf die regionalen Einzelbetrachtungen aber folgt ein Abschnitt, der wiederum den Deutungen und Theorien, aber auch der Synthese gilt und nunmehr aus dem Ganzen die Summe zieht. Gestützt auf das im Hauptteil entwickelte vielgestaltige Bild, werden hier in umfassender Zusammenschau die großen Linien herausgehoben, werden Problematik und Theorien eindringlich beleuchtet, wird herausgeschält, was den Gegebenheiten am besten entspricht, und werden vorwärtsweisende Gedanken entwickelt, die der künftigen Forschung gewichtige Erkenntnisse mit auf den Weg geben.

Zu einer solchen Zusammenschau, die nach den großen Fortschritten der letzten Jahrzehnte in der regionalen geologischen Forschung wieder dringend notwendig wurde, war ERNST KRAUS sicherlich einer der Berufensten. War er doch an diesen Fortschritten sowohl als regionaler Geologe wie auch als erstrangiger Grundlagenforscher der Geologie stärkstens beteiligt, besonders hinsichtlich der Problematik der Tektogenese oder — mit seiner Formulierung — : Orokinese. Verfügt er doch ferner über ein umfassendes Wissen von dem, was andere erarbeitet haben, und hat selber aus so manchem Erdgebiet reiche Ergebnisse eigener Forschung heimgebracht. Das bekunden neben vielen anderen Publikationen seine grundlegenden Werke „Die Baugeschichte der Alpen" und „Vergleichende Baugeschichte der Gebirge" (beide im Akademie-Verlag, Berlin). Bei dieser weitgespannten Lebensarbeit konnte KRAUS bestimmte, schon früh von ihm ausgesprochene Leitgedanken immer mehr festigen und durch ein sich ständig häufendes Tatsachenmaterial stützen. Seine auf dem Unterströmungsgedanken beruhende Grundauffassung, insbes. seine Theorie des Hinabbaus der Gebirge unter dem Sog konvektiver Senkströme und seine Salsima-Theorie lieferten ihm den Schlüssel zum Werdegang der Kontinente. So kann er in dem neuen Buch eingangs auf seine Publikation von 1928 „Das Wachstum der Kontinente nach der Zyklus-Theorie" hinweisen, um sodann die bestätigende großangelegte Darstellung dieses Wachsens folgen zu lassen.

Dieser erdgeschichtliche Prozeß aber steht für KRAUS in enger Verbindung mit dem Werdegang der Ozeane, die an den „fertilen Küsten" ihren Beitrag zu den Kontinenten liefern, ferner mit der Bildung von Neuozeanen und damit auch mit der Epeirophorese der Kontinente am Pazifikrande. KRAUS bejaht im wesentlichen die von WEGENER postulierten Kontinentbewegungen, gibt jedoch dieser Kinetik auf der Basis der Unterströmungen und der magmatisch-geochemischen Vorgänge eine grundsätzlich andere Deutung, wobei — über manches schon in seinen früheren Arbeiten Enthaltene hinaus — auch der Werdegang der Arktis und die Bildung der mittelozeanischen Schwellen in neuem Lichte erscheinen. Die Faktizität der Kontinentbewegungen wird von KRAUS durch eine Fülle von zu den schon bekannten hinzukommenden Tatsachen erhärtet.

In dem von den Fakten auf die Deutung der Zusammenhänge hinblickenden Buch, das mit seinen 99 Abbildungen das Gesagte bei jedem Schritt durch Anschauliches unterstützt, bekundet sich von neuem die dem Verf. eigene Weite der Auffassungen, sein Offensein für jede ernste Bemühung, jeden neuen Gedanken und eine Kraft der Darstellung, der es gelingt, dem Vorhaben gemäß das Wesentliche eines großen Themas auch einem weiteren Kreise zugänglich zu machen.

HANS HAVEMANN

ANDRES, J. & A. SCHAD

Seismische Kartierung von Bruchzonen im mittleren und nördlichen Teil des Oberrheintalgrabens und deren Bedeutung für die Ölansammlung

Erdöl und Kohle, Bd. 12 (1959), Nr. 5, S. 323–334

In vorliegender Arbeit wird ein Überblick über das seismische Erkundungsprogramm im mittleren und nördlichen Teil des Oberrheintalgrabens gegeben, das seit 1950 zur Entdeckung von 7 Gas- und 14 Ölvorkommen geführt hat. Nach einem Überblick über die Geschichte des Erdölaufschlusses und einigen Bemerkungen zur Stratigraphie des Gebietes geben die Verfasser einige Hinweise zur Festlegung von Bruchsystemen auf Grund seismischer Meßergebnisse. Hierbei ist die Erkennung von Verwerfungen und Horizonten aus dem Seismogramm besonders wichtig. Die hierbei auftretenden Probleme werden an einzelnen Meßbeispielen und deren Interpretation erläutert. Das Erkundungsprogramm ist noch nicht abgeschlossen.

H. WOLF

FRITZ, R.

Erdöl und Erdgas in der sowjetischen Energiebilanz

„Glückauf" 95, 1959, S. 718–719

Der Verfasser bringt eine gute Übersicht über die Veränderungen, die sich auf Grund des Siebenjahrplanes in der Energiebilanz der Sowjetunion vollziehen werden. Nach

D. I. NOTKIN (Umschichtungen in der Energiebilanz. — Planowoje Chosiastwo (Planwirtschaft) 1959, Nr. 1; Heizöl- und chemische Industrie in der UdSSR in erneutem mächtigem Aufschwung. — Chim. Techn. Topl. 1958 Nr. 11, S. 1—10) werden folgende Prozentsätze im Verbrauch der verschiedenen Energieträger unter Ausschaltung von Kokskohlen angegeben:

	1955	1958	1960	1965
Kohle	72,9	69,4	63,9	49,2
Heizöl	10,9	12,1	13,1	17,8
Gas	2,6	7,5	13,1	24,8
Torf	5,1	4,7	4,1	3,6
Ölschiefer	0,8	1,0	1,1	1,1
Holz	7,7	5,3	4,7	3,5

A. A. KELLER (Die Erdöl- und Gasindustrie der UdSSR in den letzten Jahren; Moskau, Gostostechisdat 1958) erwartet für die gesamte Gasproduktion 1960 einen Anteil des Erdgases von 90% gegenüber einem Anteil der Industriegase (Kokerei-, Schwel-, Generatorgase) von nur 10%. Nach NOTKIN ist die Arbeitsproduktivität in der Ölproduktion 6mal, bei der Gasgewinnung 21mal so hoch wie bei der Kohle.

Nach N. W. MELNIKOW (Beschleunigter Ausbau der Kohlentagebaue; Ugol 1959, 3, S. 5—7) stellt sich der Investitionsbedarf bei Öl auf 70—80%, bei Gas auf nur etwa 30% gegenüber 100% von einer Tonne SKE. Der Vorteil der Reinhaltung der Luft spielt eine wesentliche Rolle bei der Umstellung der Energieversorgung von Kohle auf Erdgas.

Große Vorteile im Verbrauch bieten die flüssigen und gasförmigen Brennstoffe auch bei der Mechanisierung kleinerer Kraftwerke (SCHAPIRO, M. & W. WINOGRADOW: Gas und flüssige Brennstoffe für kleinere Kraftwerke; Prom. Ekon. Gaz. 1959, S. 2). „Während sich hier nach russischen Berechnungen der relativ hohe Kostenaufwand der Mechanisierung beim Betrieb mit festen Brennstoffen wirtschaftlich zu langsam amortisiert, ermöglicht die Verwendung von Öl oder Gas eine einfachere, aber wirksame und erheblich weniger kostspielige Mechanisierung, die sich auch bei kleineren Einheiten bezahlt macht."

DRUMISCHJAN, A. G.

Gas- und Kondensatlager im Raum Karadag

„Geologija nefti" H. 4/1958, S. 63—70

1955 wurden im südwestlichen Teil der Halbinsel Apscheron, 30 km von Baku entfernt, im Raum von Karadag ausgedehnte Erdöl- und Erdgasvorkommen entdeckt. Hiermit begann ein neuer Abschnitt in der Geschichte des Bakuer Erdölrevieres. Nicht nur die Karadag-Antiklinale, sondern der ganze Nordwestrand der Kaspischen Senke erwies sich als ölhöffig und muß durch Tiefbohrungen erkundet werden.

Das erste Erkundungsbohrloch traf in 3886 m Teufe das 125 m mächtige Speichergestein der pliozänen „Schichtlückenfolge". Die tägliche Anfangsförderrate betrug 400000 m³ Erdgas und 80 t Kondensat durch 10-mm-Düse bei einem Druck von 290 Atmosphären am Bohrlochmund. Bis 1958 waren 14 Erkundungsbohrlöcher niedergebracht, von denen 12 eruptiv fündig waren und durch 10- bis 15-mm-Düse zusammen pro Tag 7 Mio m³ Gas und erhebliche Mengen Kondensat ausgaben.

Die Porosität des produktiven Horizontes VII beträgt 4,7 bis 23%, die Permeabilität schwankt zwischen 10 und 350 m. D. und liegt im Durchschnitt bei 52 m. D. Horizont VIIa weist eine Porosität von 5,5—29,5% und eine Permeabilität von 6 bis 684 m. D., im Mittel 153 m. D. aus.

Das aus den Sonden der Schichtlückenfolge erhaltene Kondensat stellt eine durchsichtige, hellgelbe Flüssigkeit mit einer Wichte von 0,788—0,758 dar. Der Benzingehalt erreicht 40—50%, die Ligroin-Petroleum-Fraktion 30—40%, die Fraktion 300—350° bis zu 10%, während der Gehalt an Harzen nach der Schwefelsäureprobe nicht über 0,5% liegt.

Das Vorhandensein reinen Kondensates im Top der Antiklinale und eines Gaskondensatgemisches auf den tiefer lagernden Flanken weist voraussichtlich darauf hin, daß eine Gaskappe und eine Gas-Öl-Kontaktzone vorhanden sind. Weiter zeigte es sich, daß häufig nach monatelangem Fördern der Gasfaktor anstieg, während gleichzeitig die Wichte des Kondensates fiel. Während des Förderbetriebes hatten sich also die schwersten Komponenten des Kondensates in den Poren des Speichergesteins ausgeschieden.

Die Ergebnisse der Sonde 105, die an der Küste des Kaspischen Meeres liegt, die größte Tiefe erreicht und in 24 Stunden 900000 m³ Gas und 185 t Kondensat eruptiert, zeigen, daß sich die Lagerstätte der „Schichtlückenfolge" weit unter dem Meeresboden des Kaspischen Meeres hinzieht.

E.

Atomic shale test year away

The Oil and Gas Journal, February 16, 1959, p. 80

Nach Ansicht des kalifornischen Wissenschaftlers Dr. ROLAND S. HERBST ist mit einem Atom-Sprengversuch in den Ölschiefern von Colorado nicht vor dem Frühjahr 1960 zu rechnen. HERBST hatte die Sprengung in Dallas vorgeschlagen (OGJ, Jan. 12, p. 58) unter Beteiligung von Staat und Privatindustrie. Der Versuch, wie er jetzt von der AEC und dem Bureau of Mines angestrebt wird, würde die Explosion einer 10 Kiloton Atom-Ladung in 1000 ft. Tiefe in den riesigen Piceance-Creek-Ölschieferlagern im Garfield Country von NW-Colorado sein (OGJ, Febr. 9, p. 69).

Die Durchführung kann aber nicht eher erfolgen, bis alle Teilnehmer und Sicherheitsorgane ihre Zustimmung geben.

HERBST sagte, daß die Atom-Experten nicht davon überzeugt sind, daß die Kernsprengung in irgendeiner Weise helfen könnte, die Schiefer nutzbar zu machen. Die bisherigen Erfahrungen aus der Sprengung in den vulkanischen Tuffen in Nevada (RAINER-Versuch 1957) und aus späteren Versuchen lassen sich nicht auf die Verhältnisse in den Ölschiefern übertragen.

Es werden Zweifel darüber geäußert, ob die Hitzewirkung bei einer Atomsprengung benutzt werden kann, um unterirdisch aus Schiefern Öl zu gewinnen. Im Februar 1959 will die AEC 3 Tiefen-Sprengungen mit konventionellen Sprengstoffen in den Salzlagern von Neu-Mexiko durchführen. Es soll damit untersucht werden, ob Untergrundsprengungen Ölsonden und Salzbergwerke in der Umgebung zerstören würden. Die AEC nimmt dies jedoch nicht an.

PCHALEK

MARESCH, O.

Anwendung der Differenzen-Thermoanalyse auf Spuren organischer Substanzen

Erdöl-Zeitschrift, 75. Jg. (1959), H. 3, S. 67—71, 6 Abb.

Bei der Untersuchung von Ton- und Mergelgesteinen aus erdölführenden Formationen mittels DTA machte sich der adsorptiv gebundene Gehalt an Kohlenwasserstoffen unangenehm bemerkbar, eine quantitative Messung war jedoch mit den handelsüblichen Geräten nicht erreichbar. Das Gerät wurde deshalb so umkonstruiert, daß der Meßkopf eine ständige Sauerstoffdurchflutung gestattete und somit eine vollständige Verbrennung mit Abtransport der Reaktionsprodukte erlaubte. Der Bau des Gerätes wird kurz geschildert. Damit wurden nun Bohrkerne untersucht, die jahrelang gelagert hatten, und man fand, daß mit Annäherung an die Lagerstätte die adsorbierten Mengen zunahmen, was Verf. als Nachweis der vertikalen Migration deutet. Gleichzeitig fand man eine relative Anreicherung der höheren Kohlenwasserstoffe mit Annäherung an die Lagerstätte, was mit den Vorstellungen von der Adsorption der Kohlenwasserstoffe übereinstimmt. Ein Versuch, aus Blindproben den Abstand von der Lagerstätte zu ermitteln, gelang gut. Analysen mit Massenspektrometer bestätigten die Methode.

Da Mengen von 10^{-5} g nachweisbar sind, hat die DTA gute Aussicht, für die geochemische Prospektion wertvoll zu werden, auch für die Analyse von Bodenproben, die ja gegenüber der Bodengasanalyse gewisse Vorteile bringt.

In diesem Zusammenhang ist eine redaktionelle Meldung in „Petroleum Week" vom 30. 1. 1959 interessant, welche über Forschungsarbeiten der Fordham Universität berichtet, die in gleicher Richtung gehen. Auch hier versuchte man, aus den adsorbierten Kohlenwasserstoffen den Weg derselben zu verfolgen und Hinweise auf die Lage der Lagerstätten zu bekommen. Es öffnet sich damit ein Weg zur Auffindung stratigraphischer Fallen.

R. MEINHOLD

Miscible drives: A growing tool for oil recovery

The Oil a. Gas-Journal, Vol. 57 (1959), Nr. 13, S. 64ff.

Das Verfahren, das schon mehrfach in der Literatur beschrieben wurde, dient der sekundären Entölung von Erdöllagerstätten. Meist flutet man zuerst mit Wasser, dadurch wird das Öl in die weiteren Poren gedrängt, dann folgt ein Stoß mit Flüssiggas (Butan, Propan und andere), welches das Öl in den größeren Poren löst, und schließlich läßt man dahinter trockenes Gas folgen, das als Triebkraft dient. Es sind auch Varianten ohne Wasserfluten im Gebrauch. Der vorliegende Bericht faßt nun die Erfahrungen von etwa 10 Jahren zusammen, welche 39 Sekundärprojekte dieser Art umfassen. Allgemein wird das Verfahren als teuer bezeichnet — man bekommt mehr Öl, aber für teueres Geld. Viel Forschungsarbeit ist noch nötig. Mehrfach kamen Gasdurchbrüche vor, man versuchte, sie zu verhindern, indem man abwechselnd Wasser und Gas eindrückte, um dadurch die Viskosität zu erhöhen und damit die relative Permeabilität für Gas herabzusetzen. Besonders bei druckschwachen Lagerstätten sind Durchbrüche häufig, so daß sich dafür die Methode nicht eignet. Mißerfolge treten auch bei ungeeignetem Speichergestein auf. Wirtschaftlich und erfolgreich war die Methode in den Fällen, in denen ein Überfluß an Flüssiggas zum Speichern zwang. Hier erreicht man durch Einpressen dieses Produktes gleichzeitig mit der Speicherung noch nützliche Arbeit, die sich in Erhöhung des Ölertrages auswirkt. Man schätzt, daß 80% des Flüssiggases wiedergewonnen werden. Mehrfach wurde die Methode auch als tertiäre Gewinnungsmethode nach Wasserfluten mit Erfolg verwendet. R. MEINHOLD

LÖHNERT, E.

Notizen über italienische Braunkohlentagebaugebiete

„Braunkohle" Nr. 2/59, Seite 59—62

Autor gibt einen Überblick über Faziestypen befahrener italienischer Tagebaugebiete.

1. Tagebau Santa Barbara

10 bis 150 m	Tone und Schluffe, pflanzenführend (untergeordnet Schotter)	Pleistozän u.
20 bis 30 m	Lignit	Pliozän
20 bis 60 m	Ton mit Sand- u. Kieseinlagerungen	
	Sandstein	Eozän

Die flözführenden Schichten sind nicht ins Miozän zu stellen. Kohlefazies und Pflanzen in den Hangendtonen sprechen für höheres Pliozän bis Alt-Pleistozän (Villafrancha-Stufe). Das Flöz ist sehr hart und xylitreich, besonders in seinem Hangenden. Die hellbraunen unzersetzten Holzreste liegen meist in der Schichtung, teilweise sind sie auch unregelmäßig dem Flöz eingelagert. Vereinzelt auftretende Stubben sind nicht an bestimmte Horizonte gebunden. Durch Tonbänder läßt sich das z. Z. im Südwesten des Tagebaufeldes aufgeschlossene Flöz in einzelne stratigraphische Horizonte gliedern.

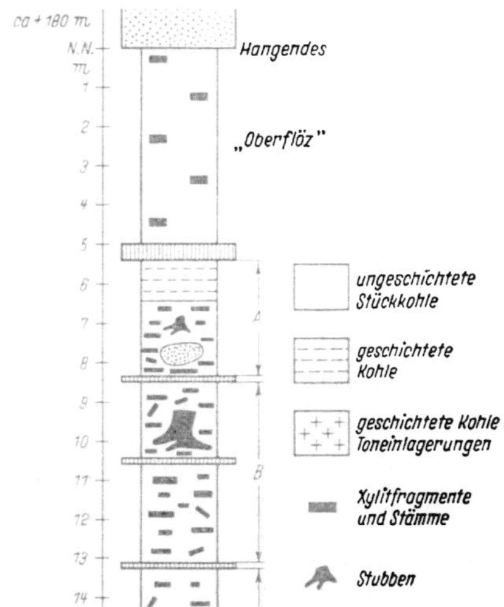

Schematisches makropetrographisches Flözprofil

Zur Flözbildung kam es in einem morphologisch deutlich ausgeprägten Becken. Gegen den das Becken umrahmenden eozänen Sandstein steigt das Flöz steil an. Bei den am Westrand erreichten Neigungen von 1:3 bis 1:6 handelt es sich offenbar um einen staffelförmigen tektonischen Abbruch des Flözbildungsraumes. Im Südwesten lassen sich im Flöz synthetische NW-SE, d. h. parallel zum westlichen Beckenrand streichende Sprünge mit Verwerfungsbeträgen bis zu einigen Metern beobachten. Dem Flöz eingeschaltete Tonschmitzen und -bänder sind in der Störungszone ausgequetscht, die Kohle zeigt Spiegelharnische. Gegen Ende der Flözbildung wurden neben Baumstämmen auch riesige Gerölle in das Moor eingeschwemmt.

Unregelmäßigkeiten in der Höhenlage, Mächtigkeit und Beschaffenheit des Flözes zwangen zum Einsatz von auf Raupen fahrbaren Schaufelradbaggern. Durch eingelagerte Tone und Randstörungen treten Gleitrutschungen auf.

2. Vorkommen östlich Siena

Zwei kleine Gruben bei Castelnuovo Berardenga, ein Tiefbau bei Sala di Bossi und ein Tagebau bei Nebbiano bauen ein Unter- und ein Oberflöz von je 1 bis 2,5 m Mächtigkeit ab. Die geringe Ausdehnung des Vorkommens scheint tektonisch bedingt zu sein.

3. Tagebau Pietraffitta

Die Schichtfolge des der Versorgung eines neuerbauten Kraftwerkes dienenden Tagebaues lautet wie folgt:

12 bis 30 m	fluviatile Schotter	Holozän
	Tone und Schluffe mit Lignitschmitzen und Pflanzenresten	
5 bis 12 m	Lignit	Alt-
70 m	Ton, im Hangenden unbauwürdiges Flöz	Pleistozän
etwa 50 m	Sande und Kiese	
	Sandstein	Oligozän (?)

Eine genaue Bestimmung der reichen Wirbeltierfauna ist noch nicht erfolgt. Die Kohle unterscheidet sich von der aus dem Tagebau S. Barbara her bekannten. Sie ist dunkler, geschichtet, verwittert blättrig, weniger fest und fast xylitfrei. Besonders im Liegenden auftretende Tonbänder von max. 5 cm Mächtigkeit verschlechtern die Kohlenqualität. Weiter lassen sich dünnwandige Muschelschalen und fein verteilter Pyrit beobachten.

4. Vorkommen östlich Terni und bei Aquila

Im Gebiet von Leonessa östlich Terni beträgt die Mächtigkeit eines geschichteten Flözes 2—3 m. Im Tagebau bei Aquila erreicht das ähnlich beschaffene Flöz 7—10 m Mächtigkeit, ist aber durch Schluffeinlagerungen verunreinigt und nur örtlich verbreitet. DRESSEL

WALENTA, K.

„Uranprospektion mit der UV-Lampe"

Erzmetall, Bd. 12 (1959), Nr. 2, S. 51—55

In vorliegender Arbeit werden zunächst die zur Uranprospektion verwendeten deutschen und amerikanischen UV-Lampen beschrieben. Als Grundlage zur erfolgreichen Uranprospektion gibt der Verfasser einen Überblick über die Uranmineralien und ihre Eigenschaften sowie einige zu beachtende praktische Hinweise. Als Anwendungsbeispiel werden abschließend die Vorkommen fluoreszierender Uranmineralien im Schwarzwald angeführt. H. WOLF

ROWE, R. B.

Niobium (Columbium) Deposits of Canada. — Geological Survey of Canada

Economic Geology Series No. 18, Ottawa 1958

Die vorliegende Abhandlung beschäftigt sich eingehend mit den in neuester Zeit in Kanada erschlossenen Niob-Lagerstätten, ihren Mineralparagenesen und ihrer Genese. Das Metall Niob, obgleich schon über 150 Jahre bekannt, wurde erst in neuester Zeit zu einem gefragten Material, da es von der Flugzeugindustrie zur Herstellung hochtemperaturbeständiger Legierungen, die für Düsenaggregate Verwendung finden, in steigendem Maße benötigt wird.

Der genauen Beschreibung der kanadischen Lagerstätten ist eine allgemeine Information über den geochemischen Charakter des Elementes Niob, der einzelnen Niobmineralien und ihrer kristallphysikalischen und -optischen Eigenschaften sowie der Lagerstättentypen vorangestellt. Diese

Information wird vervollständigt durch einen Überblick über die Nioblagerstätten der Welt.

Nioblagerstätten können sowohl an saure, als auch an basische Gesteine gebunden sein. Primärlagerstätten in Graniten haben aber meist keine wirtschaftliche Bedeutung, sondern sind nur von wissenschaftlichem Interesse. Die Niobmineralien Columbit, Euxenit, Samarskit, Fergusonit und Eschynit treten nur als akzessorische Mineralien in sehr niedrigen Konzentrationen auf. Lediglich die Seifenlagerstätten, meist rezenten Alters, aus verwittertem Granit zeigen höhere Konzentrationen an Niob, Uran, Thorium, seltenen Erden und Zirkon und werden damit bauwürdig.

Nioblagerstätten in Alkaligesteinskomplexen sind von weit größerer Bedeutung, besonders für Kanada, weil im Bereich des Kanadischen Schildes und seiner Ausläufer eine ganze Reihe dieser Anreicherungen entdeckt wurden und wohl noch entdeckt werden. Nioblagerstätten finden sich meist in kieselsäurearmen, natronreichen, und zwar intermediären bis basischen Alkaligesteinen. Die in diesen Gesteinen vorherrschenden Niobmineralien sind Betafit, Niobperowskit, Uranpyrochlor und Pyrochlor, welch letztere großes wirtschaftliches Interesse fanden, da die Vorräte an Columbit aus sauren Gesteinen in der Welt relativ gering sind und Columbit meist nur als Nebenprodukt gewonnen wird.

Der allgemeine Teil der Abhandlung schließt mit einigen Hinweisen auf verschiedene geologische Gegebenheiten, die dem Prospektor die Erkundung von Nioblagerstätten erleichtern sollen. Obwohl diese Hinweise nur für die Geologie Kanadas Gültigkeit haben dürften, sollten sie doch allgemeine Beachtung finden, da Niobmineralien meist mit Uran, Thorium und anderen Schwermineralien vergesellschaftet sind.

Die wichtigsten kanadischen Nioblagerstätten und die darin vorkommenden Mineralien und ihre Paragenesen wurden vom Verfasser mittels optischer Methoden (Dünnschliffuntersuchungen) erforscht. Der Autor verzichtete auf die fotografische Wiedergabe von Dünnschliffen und verwandte statt dessen Zeichnungen, die sich durch gute Übersichtlichkeit auszeichnen. Genauere Kenntnis über die Struktureigenschaften der Niobmineralien wurde mit Hilfe von DEBYE-SCHERRER-Aufnahmen gewonnen. Chemische Analysen und spektralanalytische Methoden dienten zur Festlegung des Chemismus weniger bekannter Niobmineralien. Bei diesen Untersuchungen wurde das Mineral Niocalit entdeckt.

Die Mehrheit der kanadischen Lagerstätten (übersichtliches Kartenmaterial als Beilage) ist an Alkaligesteinskomplexe gebunden, wie z. B. Manson Creek und Blue River (Brit. Kolumbien), Multi Minerals (Chapleau Region), Newman Island (Lake Nipissing), Basin Deposit im Bancroft-Gebiet und die Lagerstätten des Oka-Komplexes (Ontario). Diese Komplexe sind durch eine komplizierte Struktur und das Auftreten einer Vielfalt von basischen Alkaligesteinen, wie Ijolith, Urtit, Melteigit, Okait, Lamprophyren als Ganggesteinen, sowie Karbonatiten und Feniten als Umwandlungsprodukten gekennzeichnet. Vorherrschende Niobmineralien sind hier Pyrochlor, Uranpyrochlor, Niobperowskit und Ilmenorutil. All diese Lagerstätten sind radioaktiv. Dieser Tatsache verdanken sie auch ihre Entdeckung.

Lediglich ein Komplex von rezenten Seifenlagerstätten ist bekannt, die Bugaboo-Seifen im südöstlichen Brit. Kolumbien. Ihr Material, Pyrochlor, Euxenit, Uraninit und Schwermineralien, stammt aus Graniten.

Eine Tabelle am Schluß gibt eine Übersicht über weitere weniger wichtige Nioblagerstätten in Kanada.

E. HERFORTH

BUDDE, E.

On the Detection of a Spring of Mineral Water at Bad Peterstal, Schwarzwald, as a Result of Previous CO_2-Measurements in the Ground Air[1])

Geophysikal Prospecting, Bd. 7 (1959), Nr. 1, S. 119–126

In neun kleinen Gebieten im Schwarzwald wurden Messungen des CO_2-Gehaltes der Bodenluft unter Verwendung eines Verfahrens durchgeführt, das auf der Differenz in der Wärmeleitfähigkeit zwischen CO_2 einerseits und N_2 und O_2 andererseits beruht. Messungen an vier Tagen ergaben vier starke CO_2-Anomalien. An einer davon wurde eine Bohrung niedergebracht, die auf eine beträchtliche Mineralwasserquelle stieß.

[1]) Autorreferat übersetzt

H. WOLF

Nachrichten und Informationen

Ein bedeutungsvolles Geschenk zum Geburtstag der Deutschen Demokratischen Republik

Am 7. Oktober 1959, dem Tag des zehnjährigen Bestehens unseres Arbeiter-und-Bauern-Staates, des ersten deutschen Staates, in dem die wahren Traditionen unserer großen Humanisten und Wissenschaftler gepflegt und weitergeführt werden, wird der Hervorragende Wissenschaftler des Volkes, das Mitglied der Deutschen Akademie der Wissenschaften, der Senior-Geologe der Staatlichen Geologischen Kommission Prof. Dr. KURT PIETZSCH, das Manuskript seines bedeutungsvollen Werkes „Geologie von Sachsen“ als Geburtstagsgeschenk für die Deutsche Demokratische Republik dem Leiter der Staatlichen Geologischen Kommission druckfertig übergeben.

Kein anderer Geologe Deutschlands ist so prädestiniert, eine umfassende „Geologie von Sachsen“ zu schreiben wie Prof. Dr. PIETZSCH, der beste Kenner des sächsischen Raumes, der Lausitz, des Erzgebirges und des Vogtlandes. Bereits seine 1951 erschienene „Kleine“ Geologie von Sachsen hat in der Fachwelt allseitige Anerkennung gefunden. Daher wurde die Ankündigung des Abschlusses des umfassenden neuen Werkes von Prof. Dr. PIETZSCH von den Geologen mit lebhaftestem Interesse begrüßt. Zweifellos wird die deutsche geologische Literatur durch Prof. Dr. PIETZSCHs „Geologie von Sachsen“ um einen wertvollen Beitrag bereichert werden.

Die Verpflichtung des Gelehrten, diese große Arbeit bis zum 7. Oktober 1959 druckfertig vorzulegen, ist nicht nur Ausdruck der engen Verbundenheit mit unserem Arbeiter-und-Bauern-Staat, sie kennzeichnet zugleich das beispielhafte, hohe Verantwortungsbewußtsein gegenüber unseren großen ökonomischen Aufgaben, zu deren Lösung das Werk Prof. Dr. KURT PIETZSCHs als wertvolle Grundlage für die weitere geologische Erkundungsarbeit einen nicht zu unterschätzenden Beitrag darstellt. Die „Geologie von Sachsen“ wird noch im Jahre 1960 gedruckt vorliegen.

Tagung der Gesellschaft Deutscher Berg- und Hüttenleute

Am 17. und 18. 4. 1959 führte die Gesellschaft Deutscher Berg- und Hüttenleute in Unterwellenborn ihre mit Fachtagungen verbundene 7. Mitgliederversammlung durch. Bei dieser Veranstaltung war Gelegenheit gegeben, aus den richtungweisenden Plenarvorträgen sowie aus einzelnen Referaten der parallel miteinander laufenden Fachsitzungen sich ein Bild über die gegenwärtigen Probleme und die Perspektive insbesondere des Eisenerzbergbaus und der Eisenhütteníndustrie zu machen. Im folgenden soll versucht werden, einen Gesamteindruck zu vermitteln.

Einen aufschlußreichen Überblick über die in der ganzen Welt teils in stetiger, teils in unregelmäßiger Steigerung begriffene Roheisenerzeugung gab G. RICHTER, Unterwellenborn, in seinem Vortrag „Perspektiven der Roheisenerzeugung“ (demnächst veröffentlicht in „Neue Hütte“). Man erwartet, daß sich die Gesamtproduktion von gegenwärtig rd. 300 Mill. jato in den nächsten 20 Jahren auf das Doppelte erhöhen wird. Der weitaus größte Anteil (ca. 90%) wird nach wie vor von den Hochofenanlagen geliefert. In der SU und in den USA geht man daran, Riesenhochöfen mit 10 m Gestelldurchmesser und 30 m Höhe zu bauen, die etwa 5000 tato Roheisen liefern sollen. Hierbei ist von der Rohstoffseite her gesehen die Frage des hochwertigen Kokses die entscheidende.

Von den Niederschachtofenanlagen ist bisher Calbe in der Welt das einzige Werk von Bedeutung. Die Pläne, seine jetzigen Öfen von quadratischem Querschnitt durch runde Öfen von erheblich größerem Querschnitt zu ergänzen bzw. zu ersetzen, nehmen greifbare Gestalt an. Durch halbtechnische Versuche ist die Auffassung begründet worden, daß unter bestimmten Voraussetzungen die Leistung eines großen Niederschachtofens an die eines Hochofens üblicher Bauart herangebracht werden kann. Die dabei resultierende sehr kurze Durchsatzzeit ist durch Maßnahmen zur Erhöhung der

Reaktionsgeschwindigkeit, wie optimale Klassierung der Einsatzmaterialien und Vorbehandlung der zum Einsatz kommenden geringwertigen Rohstoffe, zu kompensieren.

Als Vorbehandlung zur Verbesserung der Eigenschaften der Eisenerze und zur direkten und indirekten Einsparung von Stückkoks für die Verhüttung — nicht nur im Niederschachtofen — sind zu nennen die Agglomerierung mit Kalk, die magnetisierende Röstung (teilweise Reduktion), evtl. mit anschließender Magnetaufbereitung, wobei als Reduktionsmittel Staubkohle oder billige Industriegase in Betracht kommen, und schließlich die Pelletisierung und Brikettierung mit Koksgrus und Kalk. Mit all diesen Fragen befassen sich bereits das Forschungsinstitut für Roheisenerzeugung und verschiedene Werke experimentell sehr intensiv.

Der Zusatz von Kalk bei der Agglomerierung fördert den Sintervorgang und gestattet es, nicht nur kleinstückiges Erz ofenfähig zu machen, sondern dem Sinter auch gleichzeitig ein günstiges Basen/Säuren-Verhältnis zu verleihen. Es hat sich gezeigt, daß Buna-Kalk besser geeignet ist als Kalkstein; er gestattet eine höhere Bandgeschwindigkeit und liefert ein festeres Agglomerat.

Im Zuge der Rekonstruktion der Roheisenhütten ist besonders auch eine Mechanisierung der Möller-Transport- und -Beschickungsanlagen vorgesehen. Diese Anlagen sind in der Maxhütte veraltet. Aber auch auf den anderen Werken sollen diese Einrichtungen weiter verbessert und mechanisiert werden. Eine weitgehende Automatisierung der Möllerzufuhr unter Wahrung bzw. Schaffung der Möglichkeit, verschiedene vorgegebene „Programme" in bezug auf die Möller-Zusammensetzung zu fahren, ist vorgesehen. Hierbei wird eine kurzfristige Umstellung, je nach den Betriebserfordernissen, möglich sein. Bei der Planung der Rekonstruktion der Öfen selbst hat man besondere Sorgfalt auf die Auswahl eines optimal wirkenden Gichtverteilers verwendet. Diese Konstruktionsteile stellen rotierende Schurren dar, welche eine möglichst gleichmäßige Verteilung der einzelnen Bestandteile des Möllers über den ganzen Ofenquerschnitt bewirken sollen. Dies ist wichtig, um den Reduktionsvorgang gleichmäßig intensiv und schnell zu gestalten. Bei bestimmten Formgebungen, Abmessungen und Drehzahlen der Verteiler wird eine optimale Wirksamkeit erreicht.

Mit der Rohstoffseite der Eisenerzeugung, und zwar mit dem Erz, befaßten sich zwei Vorträge. Zunächst ist der Doppelvortrag von H. DECKER und A. JEDICKE, Unterwellenborn, über „Ergebnisse von Schwimm-Sink-Versuchen an Chamositerzen des Untersilurs" zu nennen. Die Autoren haben umfangreiche halbtechnische Aufbereitungsversuche an Erzen einer ganzen Reihe von Vorkommen gemacht. Als Ergebnis ist zu verzeichnen, daß sich selbst aus den schlechtesten Erzen, z. B. stark verquarzten Partien von Gebersdorf, bei gutem Ausbringen Konzentrate mit Wertzahlen größer als 20 herstellen lassen, die unmittelbar oder nach Agglomerierung im Schachtofen verhüttet werden können. Als Mittelgut fällt ein für das Rennverfahren geeignetes Material an. Die Wirtschaftlichkeit der Aufbereitung wird als durchaus gewährleistet betrachtet.

Die Perspektiven der Erzversorgung der Maxhütte wurden durch den Plenarvortrag „Ordovizische Eisenerzvorkommen im Vorland des Thüringer Waldes (Raum Saalfeld—Rudolstadt)" von R. HUTH, Berlin (demnächst in „Neue Hütte"), angeschnitten. Es wurden die geologischen Ideen entwickelt, die zur Inangriffnahme der Erkundungsarbeiten führten und sie weiterhin leiten. Die bisherigen Ergebnisse bestätigen diese Vorstellungen und eröffnen beste Aussichten für den Nachweis nutzbarer Vorräte. Auch über diese Arbeiten ist — wie über den Inhalt der meisten anderen Vorträge — noch nichts veröffentlicht, und es soll den Autoren nicht durch Wiedergabe von Einzelheiten vorgegriffen werden.

Schließlich sei ein letzter Plenarvortrag von allgemeinem Interesse erwähnt: R. SCHRÖDER, Hennigsdorf, berichtete über die Aufgaben, die der Stahlindustrie durch die Erzeugung von Sonderstählen für das Chemieprogramm zufallen. Die Apparateindustrie benötigt ein Sortiment von 65 Stahlsorten, wovon die Mehrzahl zur Gruppe der mit Cr und Ni hochlegierten, säurefesten Stähle gehört. Weitere Gruppen sind die bei hoher Temperatur wasserstoffesten, die gut hitze- und zunderbeständigen und die Inchromier-, Aluminier- und Nitrier-Stähle. Für einige der Stahlsorten müssen zusätzliche Produktionseinrichtungen, z. B. Hochfrequenz-Schmelzöfen, geschaffen werden. Die Herstellung plattierter Bleche, d. h. von Blechen aus Baustählen, auf die verhältnismäßig dünne Schichten von Sonderlegierungen aufgebracht sind, muß stark gefördert werden. Diese Sparte ist bei uns in der DDR noch ungenügend entwickelt.

Die Absicht der Gesellschaft Deutscher Berg- und Hüttenleute, mit dieser Tagung neue Forschungsergebnisse und wissenschaftliche Erkenntnisse auszutauschen, kann durchaus als gelungen angesehen werden.

H. GRASSMANN

Bayerisches Erdöl und Erdgas

Im April hat die bayerische Erdölförderung die 7000-Tonnen-Grenze überschritten. Etwa 90% wurden in Ostbayern gefördert; der Rest in Westbayern bei Heimertingen. Die gewonnene Erdölmenge ist im Vorjahr auf 52700 t gegenüber 32000 t im Jahre 1957 gestiegen. Besonders groß ist die Zunahme an Erdgas; von den 1958 geförderten 46,5 Mio m³ wurden 36 Mio nach München geleitet. Von 34 Bohrungen, die 1958 in Bayern begonnen wurden, werden zur Zeit 9 weitergeführt. 12 Bohrungen blieben erfolglos. An neun Stellen wurde Erdgas, an vier Erdöl gefunden. Man rechnet im laufenden Jahr mit einem Ertrag von 70000 t Rohöl. E.

Erdölsuche im arktischen Nordamerika

In Kanada ist ein Ölrausch ausgebrochen. 20 große Ölgesellschaften haben in den arktischen Regionen um Schürfrechte in einem Gebiet von über 35 Mio ha nachgesucht. Es werden bereits Pläne erwogen, das kanadische Arktisöl durch große U-Boot-Tanker nach Europa zu transportieren. Diese sollen mit Atomkraft angetrieben werden. Von einer britischen Firma sind Pläne für den Bau von derartigen, 50000 und 100000 t Wasserverdrängung aufweisenden U-Boot-Frachtern an die kanadische Regierung geleitet worden. Bei dem erdölhöffigen Gebiet handelt es sich vorwiegend um die Inselgruppen zwischen dem Nordpol und der kanadischen Festlandküste, die teilweise unter Eis liegen. Ölbohrungen können nur im Winter durchgeführt werden, da sich im Sommer die Tundra häufig in ein Sumpfgebiet verwandelt. Über die Vorräte liegen noch keine Berechnungen vor; man nimmt aber von kanadischer Seite an, daß sie sehr groß sein werden. E.

Neues Strahlungsmeßgerät für Erdölerkundung

Vielfach ist beobachtet worden, daß sich über Erdöllagerstätten Anomalien radioaktiver Strahlungen feststellen lassen, wobei über der Lagerstätte ein Minimum ausgebildet ist, das von einem Ring erhöhter Strahlung umgeben ist. Strahlungsmessungen zur Erdölerkundung sind deshalb seit längerer Zeit in Gebrauch. Bei den Strahlungen handelt es sich um Gammastrahlungen des Urans. Im Erdölinstitut der Akademie der Wissenschaften der UdSSR ist nun ein verbessertes Gerät entwickelt worden, das diese Messungen vom Flugzeug aus mit großer Schnelligkeit auszuführen gestattet. Es erlaubt, mittels Gammaspektroskopie die energiereiche Strahlung des Urans von Strahlungen anderer Elemente zu trennen. Die Empfindlichkeit dieses Gerätes wird dabei automatisch der Fluggeschwindigkeit angeglichen. An einem Tag können damit 1000 km² erkundet werden. Ein ähnliches Gerät zum Gebrauch auf See wurde ebenfalls entwickelt.

Es ist zu hoffen, daß durch diese Messungen sehr viel Material zusammenkommt, das gestattet, die umstrittene Natur dieser Anomalien und ihre Brauchbarkeit für die Erdölerkundung endgültig zu klären.

R. MEINHOLD

Ferngasleitungen aus der UdSSR nach den Volksdemokratien

Sowjetische Spezialisten haben den Gesamtentwurf für die Pipeline, die sowjetisches Erdöl nach der DDR, Polen, Ungarn und der ČSR bringen wird, abgeschlossen. Die Leitung führt mit einer Gesamtlänge von über 4000 km, das entspricht etwa der Entfernung Nordkap—Kairo, von den Erdölfeldern im Wolgagebiet durch den europäischen Teil der RSFSR und teilt sich in der Belorussischen SSR. Die nördliche Abzweigung versorgt die DDR und Polen und der südliche Arm Ungarn und die ČSR.

Nach Berechnung sowjetischer Experten reicht die Kapazität der Pipeline aus, um künftig den Rohölbedarf der vier Länder voll zu deckeu. E.

Erdgas von Hassi R'Mel

In dem Erdgasfeld von Hassi R'Mel, das in der algerischen Sahara liegt und dessen Vorräte Mitte 1958 auf etwa 1,8 Billionen Kubikmeter berechnet wurden, sind die Sonden HR 1—7 und TR 1 produktiv. Die jüngste Gassonde HR 7 gab bei einem Test in 2258 m Teufe je Stunde 7000 m³ feuchtes Gas aus. Der Druck am Eruptionskreuz betrug 234 at.

Im Oktober 1958 billigte der Europarat der UNO in einer Entschließung die Prüfung der Möglichkeit der Versorgung Westeuropas mit Erdgas aus der Sahara (Hassi R'Mel und Hassi Messaoud). Er empfahl den in Frage kommenden Regierungen, sich mit einem Projekt zu befassen, das den Bau einer Erdgasleitung von der algerischen Sahara bis zum Ruhrgebiet und darüber hinaus vorsieht. Bei Gibraltar soll diese Leitung am Boden des Mittelmeeres verlegt werden, um dann über Barcelona und Avignon nach Straßburg zu führen. Von dort aus sollen weitere Fernleitungsstränge in den Richtungen Freiburg—München—Wien, Heidelberg—Ruhrgebiet—Hamburg sowieLuxemburg—Brüssel—Amsterdam verlaufen. Es ist sogar daran gedacht, eine Nebenlinie über Ostende nach London und Mittelengland zu verlegen. Die Entfernung Hassi R'Mel nach Straßburg beträgt in

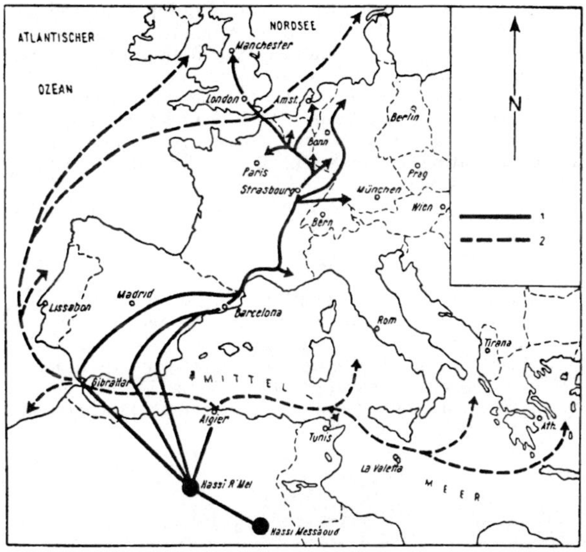

Projekt zur Versorgung Europas mit Erdgas aus der Nord-Sahara (nach „Revue Petrolière" November 1958, S. 10).

der Luftlinie 1800 km und in der Trasse über Gibraltar, Spanien und Frankreich etwa 3000 km. Aus der beigegebenen Skizze ist die vorgeschlagene Trasse der Fernleitungen zu ersehen (1). Gleichzeitig zeigt sie die beabsichtigten Routen für verflüssigtes Methan (2). Dieses soll bei minus 160° C im Hafen Algier verflüssigt und dann nach den nord- und südeuropäischen Häfen transportiert werden.

Man hat berechnet, daß bei Verwirklichung des Projektes der Preis je 1 Kubikmeter des Sahara-Erdgases sich im Ruhrgebiet auf etwa 6 Pf. stellen würde. E.

Kohle

Weltkohlenproduktion

Nach einer Untersuchung der Montanunion belief sich die Weltkohlenproduktion 1958 auf 1802 Mio t. Die größten Steigerungen fanden in der Sowjetunion und der Volksrepublik China statt, während die Produktion in den USA stark zurückging.

Folgende Produktionszahlen in Mio t wurden im Vergleich zu 1950 angegeben:

	1958	1950
Europa (außer UdSSR)	610	552
Sowjetunion	350	185
USA	380	519
Übrige amerikanische Länder	15	5
VR China	270	41
Andere asiatische Staaten	113	80
Afrika	43	30
Ozeanien	21	18

E.

Hauptkohlenlagerstätten der UdSSR nach dem Stand von 1956[1])

Lagerstätten	Vorräte in Md. t	Gesamtvorräte der UdSSR in %
Donbass	240 (89)	2,8
Moskauer Becken	24 (12)	0,3
Kamsk	30	0,3
Petschora	344 (60)	4,0
Ubagan	36	0,4
Karaganda	51 (63)	0,6
Maikjubensk	21	0,2
Ekibastus	12	0,1
Kusbass	905 (450)	10,5
Kans-Atschinsk	1220 (85)	14,1
Minussinsk	37 (29)	0,4
Irkutsk	89 (81)	1,0
Süd-Jakutien	40	0,5
Lena	2648 (203)	30,5
Tunguska	1745 (450)	20,1
Taimyr	583	6,7
Insgesamt	8025	92,5

In den Klammern sind einige Vorratszahlen von 1937, damals insgesamt 1654 Mrd. t, angegeben. Damals nahm die Sowjetunion den 2. Platz unter den Ländern der Erde ein. 1913 betrugen die bekannten Vorräte 234 Mrd. t und das ehemalige Rußland nahm den 5. Platz unter den Ländern der Erde ein. Heute steht die Sowjetunion mit 57% der derzeit bekannten Weltvorräte an der Spitze der kohleführenden Länder. I.

[1]) Nach: A. ZIMM „Kohle, Eisenerz, Hüttenindustrie; Neues über Bodenschätze in der Sowjetunion", Sonderbeilage zur „Presse der Sowjetunion" Nr. 47 vom 17. 4. 1959, S. 12.

Verwertung der Schlacke aus Lausitzer Braunkohlen

Die Ofen- und Generatorenschlacken, die aus Lausitzer Kohle herrühren und von der Zentralen Leitung der VHZ Schrott erfaßt werden, enthalten bis zu 28% Fe. 1959 wird die VHZ Schrott 85000 t dieser Schlacke erfassen und unseren Hüttenwerken anliefern.

Auch in Berlin wird in drei Betrieben diese Schlacke erfaßt. Ein Lichtenberger Betrieb liefert eine Schlacke mit 27% Fe, 29,3% CaO und 1,12% S.

E.

Uran

Rückgängige Nachfrage nach Uran

Bis 1923 war der Uran-Radiummarkt ein Monopol der Carnotit-Konzerne der USA, von da bis 1933 ein Monopol der Union Minière des Belgisch-Kongo. Die nächsten zehn Jahre stand die Uranwirtschaft im Zeichen des kanadischen Bärensee-Erzes. Ab 1948 wurde von den USA die bekannte Uranerzsuche in Gang gesetzt, die nun neuerdings abgebremst wird. Die Uranmetallerzeugung des Westens erreichte 1958 über 38000 t, und sie wird 1961 auf etwa 42000 t kommen, wenn alle vorhandenen Ausbaupläne realisiert werden sollten. Die USA, der Hauptabnehmer für Uranmetall im kapitalistischen Wirtschaftsbereich, wollen für ihre militärische Aufrüstung in den 60er Jahren jährlich nur noch etwa 25000 t Metall kaufen. Schon jetzt müssen einzelne Uranerzgruben Kanadas Fördererze auf Lager nehmen. In Südafrika wandert das Uranerz einzelner Goldbergwerke ungenutzt auf die Abraumhalden. Im Staate Wyoming (USA) wurde kürzlich eine Großlagerstätte mit einem Gehalt von 0,8% Uranoxyd entdeckt. Vor fünf Jahren wäre eine solche Feststellung einiger Millionen Tonnen Uranerz eine Sensation gewesen — z. Zt. lohnt die Ausbeutung der Lagerstätte nicht mehr und sie bleibt unverritzt. E.

Uran im Elsaß

Der Sitz der Zentralstelle der französischen Atomenergie-Kommission für das Elsaß ist Colmar. Dort gab man bekannt, daß am 15. 4. des laufenden Jahres mit der Ausbeutung der Uranvorkommen bei Thannkirch in den Vogesen begonnen werden soll. Das eine Vorkommen im „Teufelsloch" führt ungefähr 2,2 Mio t Erz; am „Kochersberg" sind es voraussichtlich etwa 1,5 Mio t, und die Vorräte beim sogenannten „Schäntzel" schätzt man auf 2,6 Mio t Erz.

Man nimmt an, daß die elsäsischen Uranvorkommen die größten von ganz Frankreich sind, bedeutungsvoller als die von Ambazac bei Limoges. E.

Eisenerze

Erschließung der Eisenerzlagerstätten in Ost-Liberia

Seit 1954 wurden kleinere Eisenerzlager bei Putu im Süden Liberias, bei Buchanan unweit der Küste und bei den Bassa Hills durch schwedische Gesellschaften ausgebeutet. Nunmehr ist zwischen der schwedischen Grängesberg AG und der nordamerikanischen Bethlehem Steel Corp. ein Übereinkommen zur gemeinsamen Erschließung der großen Eisenerzlagerstätte von Nimba Range im Osten Liberias getroffen worden. Die Erschließung der Lagerstätte bei Nimba erfordert den Bau einer 260 km langen Eisenbahnstrecke und eines Tiefhafens südlich von Monrovia. Man erwartet aus dem neuen Vorkommen eine jährliche Eisenerzproduktion von 10 Mio t. Durch ein Sonderabkommen hat die Grängesberg AG für 20 Jahre das alleinige Vertriebsrecht für das Nimba-Erz erhalten und dadurch ihre Stellung als größter kapitalistischer Erzexporteur der Welt weiter gestärkt. E.

Neue Hochöfen in der Sowjetunion

Im ersten Jahr des Siebenjahrplanes werden in der Sowjetunion fünf neue Hochöfen in Betrieb genommen, nämlich in den Hüttenwerken von Nishni Tagil, Shdanow, Dnepropetrowsk und der westsibirischen Stadt Stalinsk sowie im neu entstehenden Hüttenwerk von Temir-Tau in Kasachstan. Drei von ihnen werden die größten Hochöfen Europas sein.

In diesem Jahr soll die Roheisenerzeugung der UdSSR 42,7 Mio t erreichen und damit die Produktion des Vorjahres um mehr als 3 Mio t übertreffen. Dieser Produktionszuwachs wird nicht nur dank der 5 neuen Hochöfen, sondern auch durch eine weitgehende Intensivierung der Hüttenproduktion erreicht werden. Eine Maßnahme hierzu ist die Umstellung von mehr als 50 Hochöfen auf Erdgas- un Sauerstoffbetrieb. E.

Indisch-polnische Zusammenarbeit im indischen Kupferbergbau

Zwischen dem polnischen Außenhandelsminister und dem indischen Bergbauminister soll eine grundsätzliche Übereinstimmung über eine indisch-polnische Zusammenarbeit beim Ausbau des indischen Kupferbergbaus erzielt worden sein. Polen wird Bergbaumaschinen und ein Kupferschmelzwerk liefern. Der indische Kupferbedarf liegt z. Zt. bei etwa 50000 t pro Jahr, wovon nur etwa 8000 t im Inland gewonnen werden. Die polnischen Maschinen sollen in den Kupferbergwerken bei Khetri in Rajasthan Verwendung finden. E.

Produktionseinschränkung für Blei und Zink

Der Blei- und Zinkausschuß der Vereinten Nationen hat seinen Mitgliedstaaten Produktionseinschränkungen empfohlen, die den Weltüberschuß an Blei auf die Hälfte und den Zinküberschuß auf ein Fünftel reduzieren würden. Der Bericht ist den Regierungen der Mitgliedstaaten und einer neugebildeten Studiengruppe für Blei und Zink zugestellt worden, die den derzeitigen nichtständigen Ausschuß als Dauereinrichtung ersetzen soll. Man rechnet damit, daß in der zweiten Hälfte 1959 die Weltversorgung von Blei um rd. 45500 t und die von Zink um rd. 52000 t verringert wird. E.

Ägyptische Zinkerzforschung

Geologen sind zur Zeit damit beschäftigt, die Ausdehnung und Vorräte der Zink-Bleivorkommen in den Gruben von Om-Goneig, Rohel Bohar und Wadi festzustellen. Sie werden Vorschläge für die Steigerung der Erzförderung ausarbeiten. In Suez soll eine Zinkraffinerie mit einer Jahreskapazität von 5000 t Zink mit späterer Erweiterungsmöglichkeit auf 10000 t gebaut werden. E.

Kurznachrichten

Der **sowjetische Siebenjahrplan** sieht die Bewässerung einer Gesamtfläche von 79,9 Mio ha Weide- und Ackerland vor.

Nigeria wird ab Ende 1959 voraussichtlich jährlich $^1/_2$ Mio t **Rohöl** exportieren, wurde in einem Regierungsbericht angekündigt.

In der **Sowjetunion werden bis 1965 4 Hauptgasfernleitungen** mit einer Gesamtlänge von 26000 km verlegt werden. 1965 werden 83 Millionen Personen, das sind 65% der Stadtbevölkerung, und 35% der Landbevölkerung mit Gas versorgt werden können.

Ein **neues österreichisches Braunkohlenfeld** mit 9 Mio t Vorrat wurde in der Nähe der ungarischen Grenze bei Deutsch-Schützen/Höll entdeckt. Der Urangehalt beträgt angeblich 350 g/t Asche.

Die Uranerzvorräte der kapitalistischen Länder werden nach einer Aufstellung des „Engineering and Mining Journal" vom Februar 1959, S. 120, folgendermaßen geschätzt:

Land	Mio. t	Gehalt (U_3O_8)
USA	81,9	0,27 %
Kanada	320,0	2,4 lb
Südafrikanische Union	55,9	0,565 lb
	21,6	0,468 lb
Australien	10,0	0,15 %
Frankreich	0,2	0,1 %
Madagaskar	nur 2500 t	15,0 %
Belgisch-Kongo	2,0	0,3 %
Nord-Rhodesien	unbekannt	
Indien	15,1	0,3 %
Portugal	unbekannt	
Schweden	2,600	0,038%
Italien	3,0	0,2 %
Westdeutschland	0,1	0,1 %

Mit 88,8 Mio t Eisenerz lag 1958 die Förderung der Sowjetunion um annähernd 34 Mio t höher als die der USA.

Die **größte Eisenerzgrube „Gigant-glubokaja"** wird im Eisenerzrevier Kriwoi Rog errichtet. Die Arbeitsproduktivität wird im Vergleich zu den bisher besten Gruben des Revieres um 70% höher liegen.

Die **neuentdeckten Eisenerzlager von Kribi (Kamerun)** werden gemeinsam von der Montanunion und dem Bureau Minière de la France d'Outremer auf ihre Vorräte untersucht.

Im **Südiran** wurden Lagerstätten von 100 Mio t verkokbarer **Kohle** und 30 Mio t **Eisenerz** (= 17 Mio t Fe) entdeckt.

1958 wurden in **Neu-Kaledonien** 425000 t **Nickelerz** gegenüber 670000 t im Jahre 1957 gefördert.

Die **Eisenerzlagerstätten von Labrador** sollen, wie der Ministerpräsident von Neufundland mitteilte, mit Investitionen von über 400 Mio $ weiter erschlossen werden. Es sollen Aufbereitungsanlagen mit einer Jahreskapazität von 18 Mio t Konzentraten errichtet werden.

Die Welt-Kobaltproduktion ging nach Mitteilung des Bureau of Mines auf 14000 sht 1958 zurück. Die Produktion war damit um 10% niedriger als 1957.

Größere **Kupfervorkommen** wurden 40 Meilen nordöstlich von Karoi in **Südrhodesien** gefunden. Der Gehalt des Erzes an Cu soll bei 2,5% liegen gegenüber 1,8% in der neuen Grube Alaska und 1,5% in der Mangula-Grube bei Sinoia.

Die Produktion von Kadmium in den USA betrug 1958 4765 sht, das sind 10% weniger als im Vorjahr.

Die Beryll-Produktion der Welt, die 1957 etwa 11300 sht betragen hatte, wurde nach einer vorläufigen Mitteilung des US-Bureau of Mines für 1958 auf etwa 9500 sht geschätzt.

MIX
Papier | Fördert gute Waldnutzung
FSC® C083411

Zeitfracht Medien GmbH
Ferdinand-Jühlke-Straße 7
99095 Erfurt, Deutschland
produktsicherheit@kolibri360.de